JN086158

新・し・い 高校教科書に学ぶ 大人の教養 高校物理

いまどきの
高校生は知っている。
現代人に必須の
科学的素養！

鈴木誠治 著

秀和システム

はしがき

筆者が物理を教えていることを初対面の方にお伝えすると、多くの場合、怪訝そうな表情で次のような返事が返ってきます。

「ええっ、物理ですか……私は、物理苦手でした。記号と数式が並んでいて、そうそう先生も嫌いだったなあ……」

どうやら物理という科目は評判が良くないようです。そもそも先生が嫌いで物理そのものを嫌いになるなんて人生損をしてると思います。

本来、知らないことを学ぶことはとても楽しいはずです。本書は**「楽しく物理を学びなおす」**ことを目的としています。

そこで本書では、速さってどうして距離÷時間なの？という、小学校レベルの話から始めて、エネルギー等の身近な言葉の意味を示しながら、最終的に原子から素粒子までの高校物理の範囲をごまかし無しに説明します。

日常生活で起きているあらゆることは、物理抜きで語ることができません。マンションなどの建築物の耐震設計、車のエンジン、スマホや携帯の構造やそこから出ている電磁波、最近話題の量子コンピューター……等々はすべて物理が土台となっていることは想像できると思います。しかしながら、こんなところにも物理が使われているの？って分野があります。

例えば、金融の世界で株式のオプションの価格を決定する理論があるのですが、ここにも物理の法則が役に立っています。

株で儲けたい！って思ったらまず物理を学ぶべきなのです。

＊物理を学んですぐに儲かるかどうかは保証できません。

気象の世界でも物理が使われることを読者のみなさんはご存知だと思います。2021年のノーベル物理学賞は気候モデル開発に対して真鍋淑郎博士をはじめとする研究者が受賞しました。

現代社会では、職場や家庭生活、さらには人生そのものにおいて複雑な要因が絡んだ問題が次々と現れます。このような問題をインターネットで調べたり人に聞いて解決出来ない場合、**自分の頭で考えて答えを見つける**しかありません。この解決には、**物理的思考力**や**物理的問題解決能力**が重要な手段となります。

物理的問題解決能力とはなにかというと、

1. 目の前の現象を観察、認識する
2. 現象を説明する普遍的な仮説を立てる
3. 再度現象と照らし合わせて仮説を検証
4. 他の現象にも当てはまるかの普遍性の確認

になります。

現在、高校では世界史が必須科目となっています。もちろん、過去の歴史から得るものはあるかもしれません。

しかしながら、**混とんとした現代の世の中を生きるためには物理こそ必修科目にするべき**だと筆者は考えています。

本書を読むことをきっかけに、読者のみなさんの豊かな人生を送る手助けになれば幸いです。最後に、筆者の稚拙な文章を丁寧に編集して頂いた秀和システム編集部には心から感謝いたします。

2023年3月　鈴木 誠治

● 本書の使い方 ●

特徴 1　概要が簡潔にわかる!

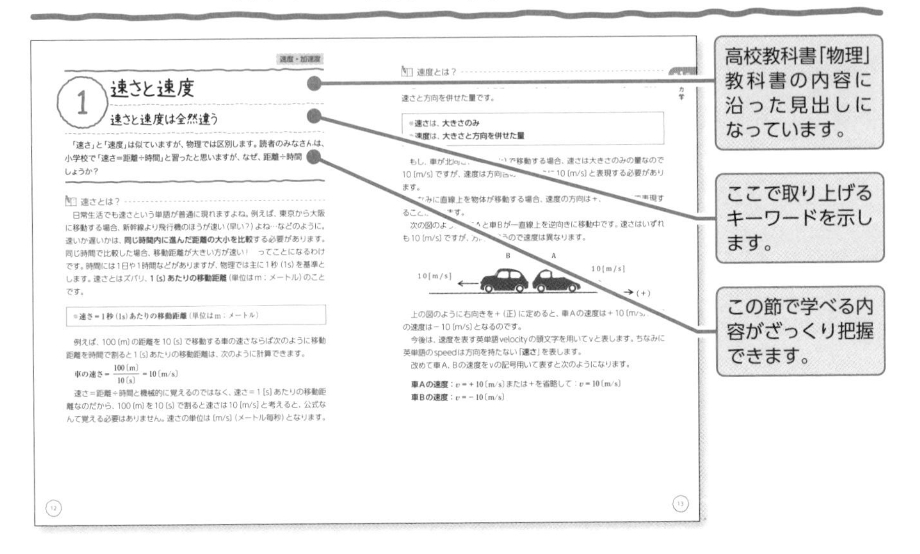

速度・加速度

1 速さと速度

速さと速度は全然違う

「速さ」と「速度」は似ていますが、物理では区別します。読者のみなさんは、小学校で「速さ＝距離÷時間」と習ったと思いますが、なぜ、距離÷時間しょうか?

速さとは?

日常生活でも速さという単語が普通に現れますよね。例えば、東京から大阪に移動する場合、新幹線より飛行機のほうが速い(早い?)よね…などのように。速いか遅いかは、**同じ時間内に進んだ距離の大小を比較する**必要があります。同じ時間で比較した場合、移動距離が大きい方が速い! ってことになるわけです。時間には1日や1時間などがありますが、物理では主に1秒(1s)を基準とします。速さとはズバリ、**1[s]あたりの移動距離**(単位はm:メートル)のことです。

◎速さ＝1秒(1s)あたりの移動距離(単位はm:メートル)

例えば、100[m]の距離を10[s]で移動する車の速さならば次のように移動距離を時間で割ると1[s]あたりの移動距離は、次のように計算できます。

$$車の速さ=\frac{100[m]}{10[s]}=10[m/s]$$

速さ＝距離÷時間と機械的に覚えるのではなく、速さ＝1[s]あたりの移動距離なのだから、100[m]を10[s]で割ると速さは10[m/s]と考えると、公式なんて覚える必要はありません。速さの単位は[m/s](メートル毎秒)となります。

速度とは?

速さと方向を併せた量です。

◎速さは、大きさのみ
◎速度は、大きさと方向を併せた量

もし、車が北向… 移動する場合、速さは大きさのみの量なので10[m/s]ですが、速度は方向… 10[m/s]と表現する必要があります。
…みに直線上を物体が移動する場合、速度の方向は+、… 表現することが…ます。
次の図のよう… Aと車Bが一直線上を逆向きに移動中です。速さはいずれも10[m/s]ですが、… ので速度は異なります。

B　A
10[m/s]　10[m/s]
→(+)

上の図のように右向きを+(正)に定めると、車Aの速度は+10[m/s]… の速度は−10[m/s]となるのです。
今後は、速度を表す英単語velocityの頭文字を用いてvと表します。ちなみに英単語のspeedは方向を持たない「速さ」を表します。
改めて車A、Bの速度をvの記号用いて表すと次のようになります。

車Aの速度: $v=+10$[m/s]または+を省略して: $v=10$[m/s]
車Bの速度: $v=-10$[m/s]

12　13

特徴 2　図解やイラストでラクラク理解

文章で解説を図版やイラストでわかりやすくまとめています。

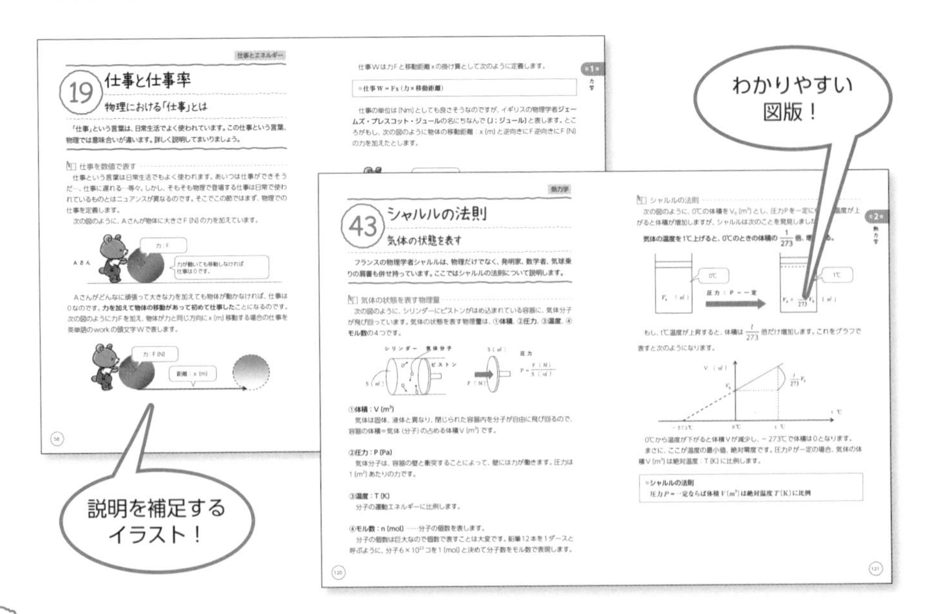

仕事とエネルギー

19 仕事と仕事率

物理における「仕事」とは

「仕事」という言葉は、日常生活でよく使われています。この仕事という言葉、物理では意味合いが違います。詳しく説明してまいりましょう。

仕事を数値で表す

仕事という言葉は日常生活でもよく使われます。あいつは仕事ができそうだ…、仕事に遅れる…等々。しかし、そもそも物理で登場する仕事は日常で使われているものとはニュアンスが異なるのです。そこでこの節ではまず、物理での仕事を定義します。
次の図のように、Aさんが物体に大きさF[N]の力を加えています。

Aさん　力:F　力が働いても移動しなければ仕事は0です。

Aさんがどんなに頑張って大きな力を加えても物体が動かなければ、仕事は0なのです。**力を加えて物体の移動があって初めて仕事した**ことになるのです。次の図のように力Fを加え、物体が力と同じ方向にx[m]移動する場合の仕事を英単語のworkの頭文字Wで表します。

力:F[N]　距離:x[m]

仕事Wは力Fと移動距離xの掛け算として次のように定義します。

◎仕事W＝Fx(力×移動距離)

仕事の単位は[Nm]としても良さそうなのですが、イギリスの物理学者**ジェームズ・プレスコット・ジュール**の名にちなんで**[J:ジュール]**と表します。ところがもし、次の図のように物体の移動距離:x[m]と逆向きにF逆向きにF[N]の力を加えたとします。

熱力学

43 シャルルの法則

気体の状態を表す

フランスの物理学者シャルルは、物理だけでなく、発明家、数学者、気球乗りの肩書も併せ持っています。ここではシャルルの法則について説明します。

気体の状態を表す物理量

次の図のように、シリンダーにピストンがはめ込まれている容器に、気体分子が飛び回っています。気体の状態を表す物理量は、①**体積**、②**圧力**、③**温度**、④**モル数**の4つです。

シリンダー　気体分子　ピストン　S[m²]　F[N]　圧力 $P=\frac{F[N]}{S[m^2]}$

①体積:V[m³]
気体は固体、液体と異なり、閉じられた容器内を分子が自由に飛び回るので、容器の体積＝気体(分子)の占める体積V[m³]です。

②圧力:P[Pa]
気体分子は、容器の壁と衝突することによって、壁には力が働きます。圧力は1[m²]あたりの力です。

③温度:T[K]
分子の運動エネルギーに比例します。

④モル数:n[mol]……分子の個数を表します。
分子の個数は巨大なので個数で表すことは大変です。鉛筆12本を1ダースと呼ぶように、分子6×10^{23}コを1[mol]と決めて分子数をモル数で表現します。

シャルルの法則

次の図のように、0℃の体積をV_0[m³]とし、圧力Pを一定に… 温度が上がると体積が増加しますが、シャルルは次のことを発見しました…

気体の温度を1℃上げると、0℃のときの体積の$\frac{1}{273}$倍、増…る。

0℃　V_0[m³]　圧力:P＝一定　1℃　$V_0+\frac{1}{273}V_0$[m³]

もし、t℃温度が上昇すると、体積は$\frac{t}{273}$倍だけ増加します。これをグラフで表すと次のようになります。

V[m³]　V_0　$\frac{t}{273}V_0$　t℃　−273℃　0℃　t℃

0℃から温度が下がると体積Vが減少し、−273℃で体積は0となります。
まさに、ここが温度の最小値、絶対零度です。圧力Pが一定の場合、気体の体積V[m³]は絶対温度:T[K]に比例します。

◎シャルルの法則
圧力P＝一定ならば体積V[m³]は絶対温度T[K]に比例

56　120　121

特徴３　理解が深まる記事が満載!

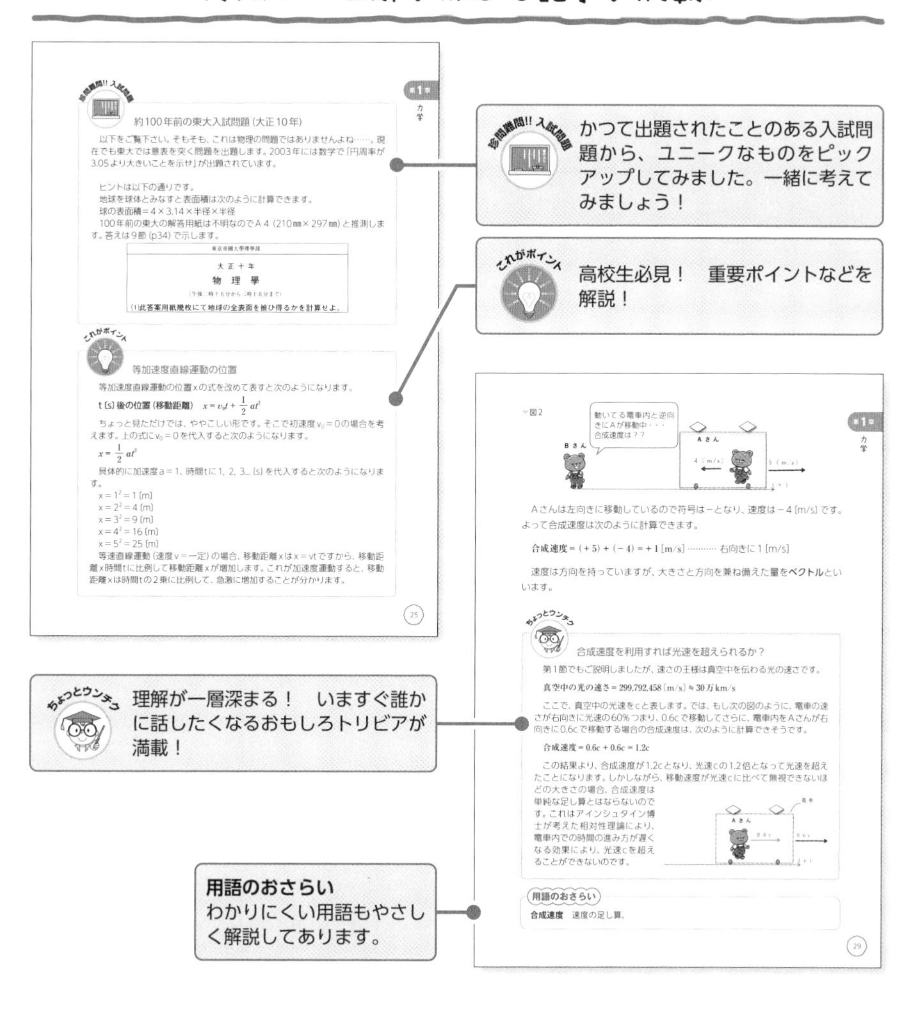

こんな人に読んでほしい!

学びなおしたい大人
複雑な要因が絡んだ現代社会の様々な問題を解決するには、物理的思考を身につけることがとても重要です。本書では、物理の基本と物理的思考が身に付きます。

先生
教育の現場で、どんなふうに教えたらいいのか悩んでいる先生は多いようです。本書は、生徒の興味を引く話題から、教えるヒントにもなります。

生徒
要点をコンパクトにまとめているので、参考書としても、副読本としても、使っていただけます。

新しい高校教科書に学ぶ大人の教養

高校物理

Contents

第1章 力学

第2章 熱力学

第3章 波

第4章 電磁気

第5章 原子

第1章 力学

力学とは、物体の落下や、円運動、単振動などの運動を扱う学問です。力学を考える際に最も大切な式はイギリスの物理学者アイザック・ニュートンが生み出した運動方程式です。

運動方程式は世界を変える数式と言っても過言ではないでしょう。この章では、なぜ速さが距離÷時間なのか？から始めて、第一宇宙速度の計算などを説明します。

アルキメデス
(紀元前287?～212)

アイザック・ニュートン
(1643～1727)

ジェームズ・
プレスコット・ジュール
(1818～1889)

速さと速度

速さと速度は全然違う

「速さ」と「速度」は似ていますが、物理では区別します。読者のみなさんは、小学校で「速さ＝距離÷時間」と習ったと思いますが、なぜ、距離÷時間なのでしょうか？

速さとは？

日常生活でも速さという単語が普通に現れますよね。例えば、東京から大阪に移動する場合、新幹線より飛行機のほうが速い（早い？）よね…などのように。速いか遅いかは、**同じ時間内に進んだ距離の大小を比較**する必要があります。同じ時間で比較した場合、移動距離が大きい方が速い！　ってことになるわけです。時間には1日や1時間などがありますが、物理では主に1秒（1s）を基準とします。速さとはズバリ、**1〔s〕あたりの移動距離**（単位はm；メートル）のことです。

●**速さ＝1秒（1s）あたりの移動距離**（単位はm；メートル）

例えば、100〔m〕の距離を10〔s〕で移動する車の速さならば次のように移動距離を時間で割ると1〔s〕あたりの移動距離は、次のように計算できます。

$$\textbf{車の速さ} = \frac{100\,〔\mathrm{m}〕}{10\,〔\mathrm{s}〕} = 10\,〔\mathrm{m/s}〕$$

速さ＝距離÷時間と機械的に覚えるのではなく、速さ＝1［s］あたりの移動距離なのだから、100〔m〕を10〔s〕で割ると速さは10［m/s］と考えると、公式なんて覚える必要はありません。速さの単位は〔m/s〕（メートル毎秒）となります。

速度とは？

速さは1秒あたりの移動距離であり、方向は無関係です。これに対して速度は速さと方向を併せた量です。

- **速さ**は、**大きさのみ**
- **速度**は、**大きさと方向を併せた量**

もし、車が北向きに10〔m/s〕で移動する場合、速さは大きさのみの量なので10〔m/s〕ですが、速度は方向含めて北向きに10〔m/s〕と表現する必要があります。

ちなみに直線上を物体が移動する場合、速度の方向は＋、－の符号で表現することができます。

次の図のように、車Aと車Bが一直線上を逆向きに移動中です。速さはいずれも10〔m/s〕ですが、方向が違うので速度は異なります。

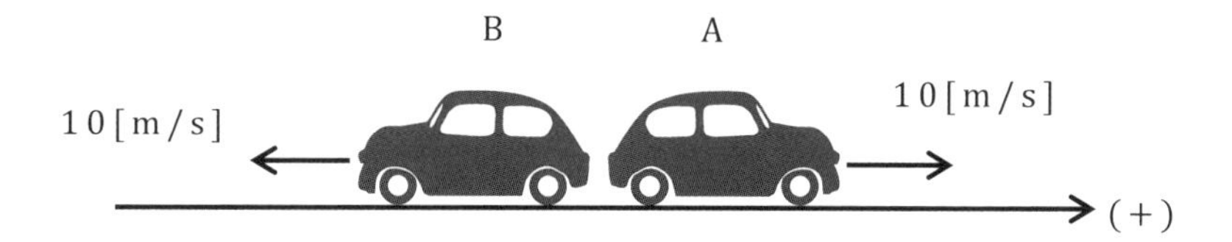

上の図のように右向きを＋（正）に定めると、車Aの速度は＋10〔m/s〕、車Bの速度は－10〔m/s〕となるのです。

今後は、速度を表す英単語velocityの頭文字を用いてvと表します。ちなみに英単語のspeedは方向を持たない「**速さ**」を表します。

改めて車A、Bの速度をvの記号を用いて表すと次のようになります。

車Aの速度：$v = +10$〔m/s〕または＋を省略して：$v = 10$〔m/s〕

車Bの速度：$v = -10$〔m/s〕

この世の中で一番速いものとは？

東海道新幹線N700系は、最高速度は時速285キロメートルです。時速は、1時間当たりに進んだ距離ですが、秒速○○メートルになおすことができます。1時間は60分、1分は60秒ですから、1時間は60×60＝3,600秒です。285キロメートルのキロは1000を表すので、285キロメートル＝285×1000＝285,000メートル（28万5千メートル）です。速さは**1秒あたりの距離**なので次のように計算できます。

$$新幹線の速さ = \frac{285000〔m〕}{3600〔s〕} = 79.166...〔m/s〕$$

N700系新幹線は、わずか1秒間に79mも進むのです。

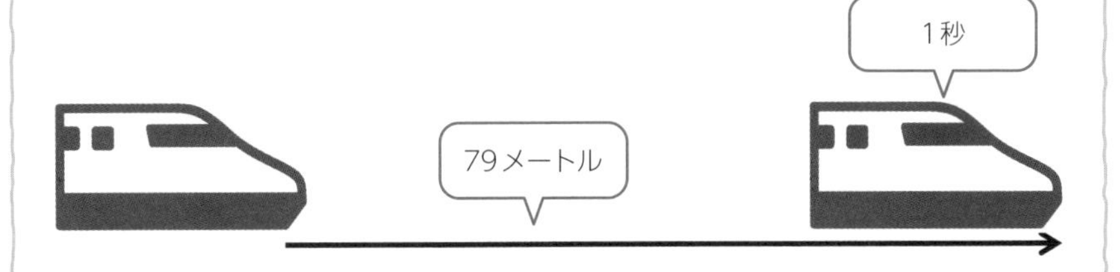

飛行機は、もっと速くて、旅客機の場合、速さは300〔m/s〕で新幹線よりはるかに速く、15℃の音速340〔m/s〕よりちょっと遅いぐらいだなってことが分かります。

ところで、この宇宙には、速さの王様がいます。それは真空中を伝わる光の速さです。

$$真空中の光の速さ = 299{,}792{,}458〔m/s〕 \fallingdotseq 30万〔km/s〕$$

とんでもない速さですが、スマホや携帯電話が使っている電波も光と同じ速さで伝わるのです。ちなみに真空中の速さを超える現象はありません。このことはアインシュタイン博士が考えた相対性理論によって証明されています。

用語のおさらい

相対性理論　アルバート・アインシュタインが発表した理論で、光の速さは一定であるとし、時空間は歪むものと捉える理論。

等速直線運動

宇宙一単純な運動は「静止」!

この宇宙で最も単純な運動は何でしょうか?　答えは簡単!　静止です。いつまでも静止を続ける状態が最も単純な運動といえるでしょう。動く状態で最も単純な運動は何でしょうか?　それが、今回登場する等速直線運動です。

等速直線運動

道路を車が移動しています。移動する物体の状態を表すには**時刻**と**位置**と**速度**を与える必要があります。

まず、シンプルな例として図1のような直線上を移動する車の運動を考えます。例えば、「**本日、12時50分(時刻)に表参道駅前(位置)を北向きに時速30km(速度)**で通過した」

直線に沿って右向きを正(+)とするx軸を与えます。車の**位置は、x軸上の座標:x〔m〕で表します**。

次に時刻(経過時間)ですが、車がスタートした時間を0〔s〕とすると**時間を表す英単語timeの頭文字を使って経過時間はt〔s〕で表し**ます。

図1のように、0〔s〕でx軸の原点(x=0)をスタートした車が時刻t〔s〕後に位置x〔m〕に達したとします。

▼図1

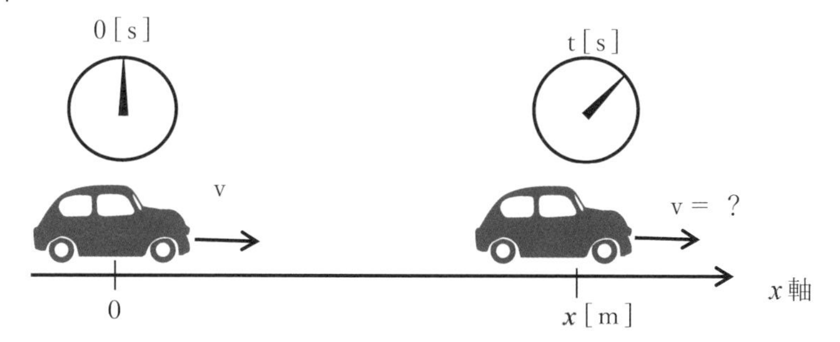

では、車の速度v〔m/s〕はどのように表すことができるでしょうか?　速さは1〔s〕あたりの移動距離ですから、t〔s〕間の間にx〔m〕移動した車の速度vは次

のように表すことができます。

$$\textbf{速度}\,v\,〔\mathrm{m/s}〕=\frac{x〔m〕}{t〔s〕}$$

距離÷時間で表された上の式は一見、単なる速さに見えますが、**右向き、左向きの方向を含む速度**を表しています。

例えば、図2のように車が左向きの負の方向に進んで時刻t＝2〔s〕にx＝−4〔m〕に到達した場合、速度vは次のように計算できます。

▼図2

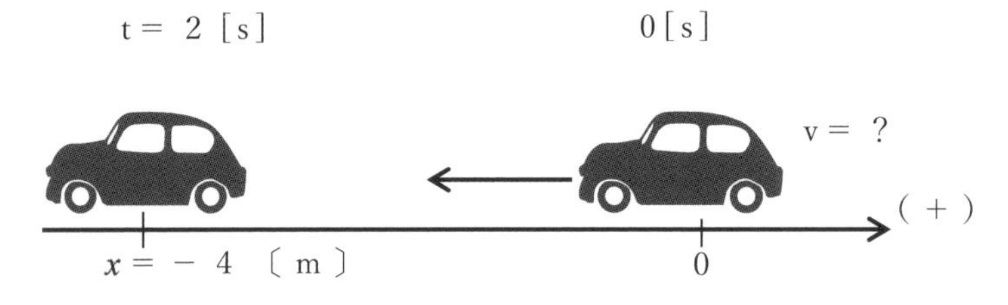

$$\textbf{速度}\,v=\frac{-4〔\mathrm{m}〕}{2〔\mathrm{s}〕}=-2〔\mathrm{m/s}〕$$

上の式のように、速度は−2〔m/s〕となり、−x方向（左向き）に進んでいることが分かります。ところで時刻t〔s〕と位置x〔m〕は自由な値を取ります。tならばt＝1〔s〕、2〔s〕…、xならばx＝1〔m〕、2〔m〕…などのように。ここでどんな時間t〔s〕、どんな位置x〔m〕を与えても速度vが同じ値となる場合があります。この場合の車の運動を**等速直線運動**と呼び、この世で最も単純な運動となるのです。

●**等速直線運動**

どんな時刻t〔s〕、どんな位置x〔m〕を与えても

$$\textbf{速度；}v\,〔\mathrm{m/s}〕=\frac{x〔m〕}{t〔s〕}=\text{一定}$$

物理を支配する3つの次元

とても大切なことですが、物理の世界、特に力学はたった3つの要素から成り立っています。3つの要素とは、**長さ（距離）**と**時間**と**質量**です。

長さを表す記号は未知数でよく用いる文字として**x〔m〕**で表し、時間は英単語timeの頭文字**t〔s〕**で表し、質量は英単語massの頭文字で**m〔kg〕**と表します。これら3つの要素を**次元**と呼びます。

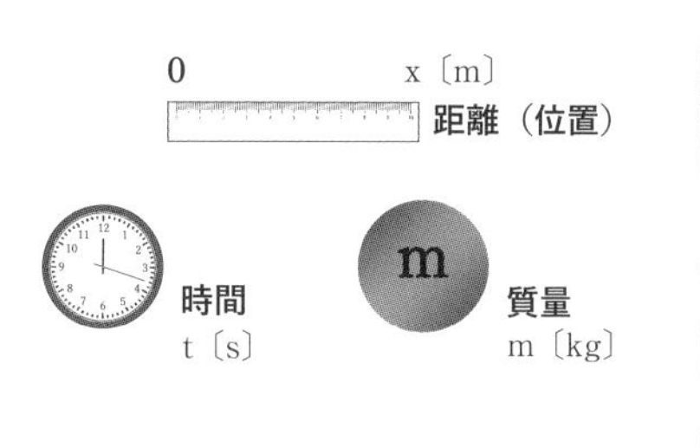

3つの次元に切り分けられる

力学の世界で登場する速度、加速度、力、エネルギー、仕事、モーメント…等のどんな**物理量**でも必ず3つの次元に切り分けることができます。

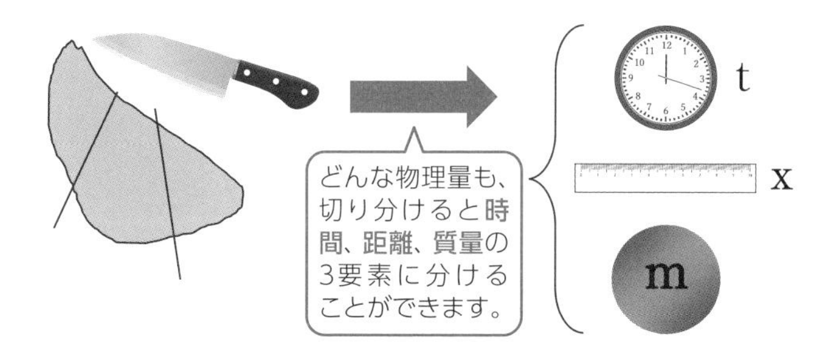

例えば、仕事やエネルギーなどの言葉は、日常生活でも使いますが、3つの次元を用いて、次のように表すことができます。

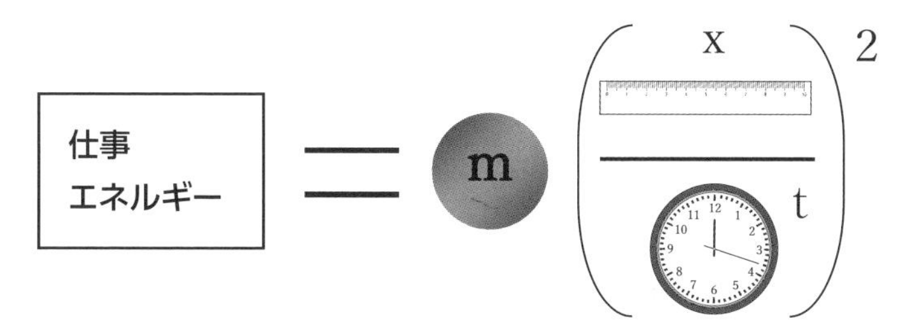

なぜ仕事やエネルギーがそのような式になるのかは、後ほど説明します。

どんな物理量でも3つの要素からなると分かっていることは、とても重要です。例えば、ある**物理量を式で表したいのだけど、物理の法則が分からないとか、いまだに法則が無い**なんて場合があります。

そんな場合、物理を構成する要素が「距離」「時間」「質量」の3つのピースだけからなり、この3つの要素をあたかもジグソーパズルのように、上手いこと組み合わせて法則を作ってみよう！　って考え方があります。

この考え方を**次元解析**というのですが、実生活でも目の前に問題が現れた場合、**最小要素に分割することで、問題の本質が見える**場合があります。

物理量とはなにか？

「物理量」とはそもそもどんなものなのでしょうか。**物理で計算に使う最も基本となる量**のことです。英語でいう英単語みたいなモノだと思ってもらえればよいと思います。例えば、速さ、速度、加速度、重力加速度、電位、電荷などです。

物理量は実は、2種類しかありません。**すべての物理量はベクトルとスカラーに分かれています。**

ベクトルは「向きと大きさで表せる量」のことで、スカラーは「大きさのみで表される量」です。ベクトルとスカラー、あまりふだん聞きなれない言葉かもしれませんが、「その物理量は向きと大きさを持つのか？」それとも「大きさだけなのか？」をきちんと理解することが大事です。

3 v−tグラフ 速度の時間変化を表す

時間と共に変化する事柄を捉える方法にグラフがあります。この節では、速度の時間変化を表すv−tグラフについて考えます。

速度の時間変化を表すグラフ

時間と共に変化する事柄を捉える方法にグラフがあります。右の図はトヨタ自動車の純損益の年度ごとの推移を表しています。グラフからは、様々な情報を読み取ることができます。リーマンショックの2008年に一時期損失がマイナスとなって以降は順調に純利益が生まれていることが分かります。グラフは数字だけでは見えない様々な情報が含まれていますね。

▼トヨタの業績推移

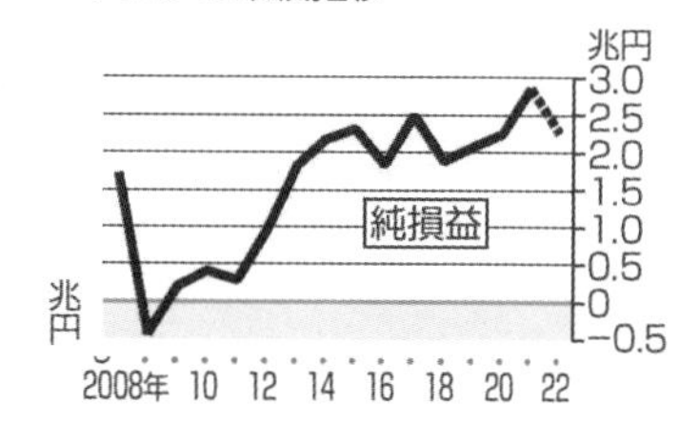

前節では、等速直線運動が登場しました。速度vは次のように表すことができます。

等速直線運動の速度；$v\,[\mathrm{m/s}] = \dfrac{x\,[m]}{t\,[s]} = $一定

上記の式をt〔s〕後の位置（移動距離）；x〔m〕について求めると、次のようになります。

等速直線運動のt〔s〕後の位置（移動距離）；$x = v \times t$

つまり、位置（移動距離）xは、速度vと時間tの掛け算であることが分かります。ここで**v−tグラフ**が登場します。

v−tグラフとは、縦軸に速度v、横軸に時刻tを与え、時間tと共に速度vがどのように変化するかを表したものです。

等速直線運動の場合、速度vが一定なので次の図のように横一直線のグラフとなります。

▼移動距離を表す

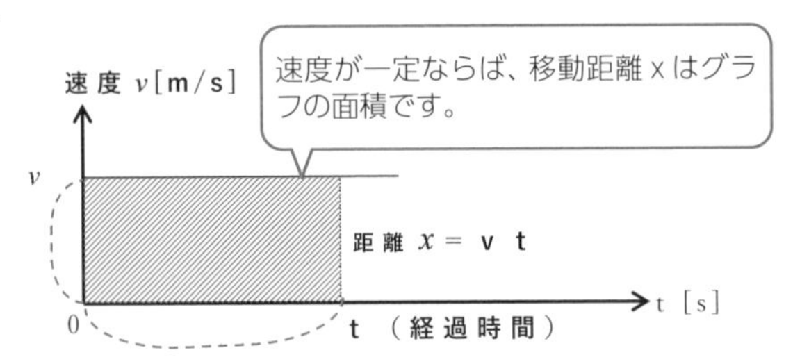

t〔s〕後の位置（移動距離）x〔m〕は、x＝vtと表すことができるので、グラフの面積で移動距離x〔m〕を表すことができます。

では、次の図のように速度vが時間と共に変化する場合、0〔s〕からt〔s〕間の移動距離x〔m〕はどのように求めるのでしょうか？

▼移動距離を求める

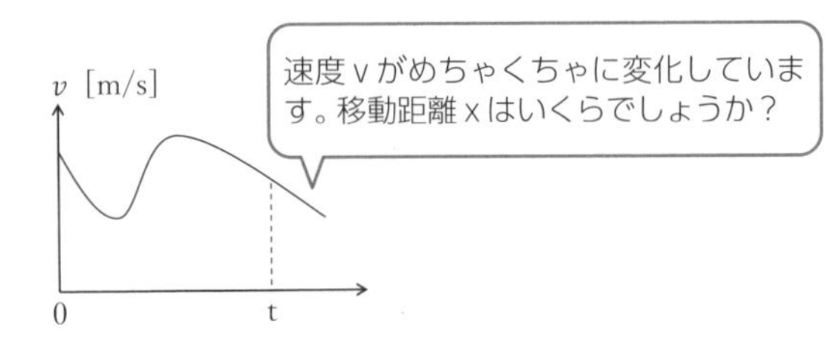

速度vが一定の場合、移動距離x＝v×tは、v－tグラフの面積でしたが、このことを一般化すると、速度vがどのような変化をしていても次の図のようにv－tグラフとt軸で囲まれたグラフの面積が、移動距離x [m] となるのです。

▼移動距離を表す式

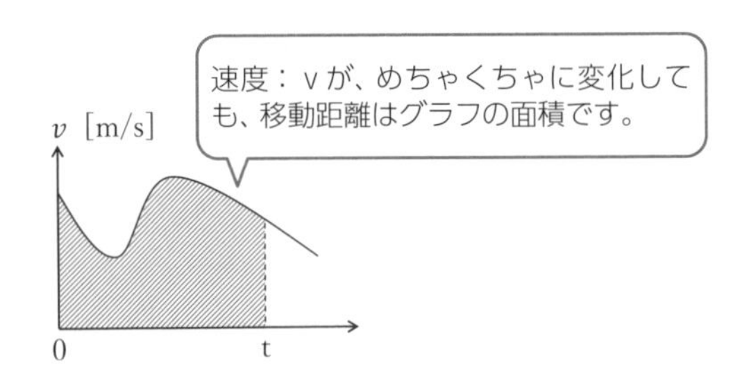

●**移動距離；x〔m〕＝$v-t$グラフの面積**

冒頭にあった、トヨタ自動車の純損益の年度ごとのグラフですが、グラフの面積は純損益の合計すなわち、トヨタの資産の増加を表します。

等加速度直線運動

加速度の式

この節ではまず加速度が登場します。加速度を表す英単語accelerationの頭文字を用いてaと表します。ちなみに車を加速する場合、アクセルを踏むといいますが、これは和製英語で、英語圏では通じません。

初速度

次の図のように、x軸上を右向きに移動する車の0〔s〕の速度がv_0〔m/s〕、t〔s〕後の速度がv〔m/s〕に増加したとします。

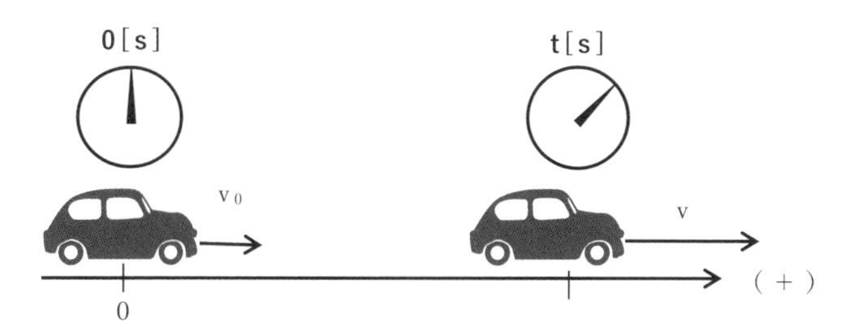

速度v_0の右下の数字0を**添字**といいます。v_0はt＝0〔s〕の速度を表し、**初速度**といいます。

●**加速度aの定義は、1〔s〕あたりの速度の増分（または変化量）**

加速度とは1〔s〕あたりの速度の増分（変化量）

例えば、初速度v_0がv_0＝2〔m/s〕でt＝3〔s〕後の速度が5〔m/s〕に増加する場合、加速度aは、1〔s〕あたりの速度の増分なので、増えた速度＝5－2〔m/s〕を経過時間t＝3〔s〕で割ると次のように計算できます。

$$\text{加速度}\,a = \frac{5-2\,[\mathrm{m/s}]}{3\,[\mathrm{s}]} = 1\,[\mathrm{m/s^2}]$$

上記の計算のように加速度の単位は〔m/s^2〕となります。

初速度v_0、t〔s〕後の速度v、経過時間t〔s〕の文字を用いると、加速度aは次のように表すことができます。

$$\textbf{加速度}；a = \frac{v_0 - v〔m/s〕}{t〔s〕} \cdots\cdots ❶$$

上記の加速度aがどんなt〔s〕に対しても一定である場合の運動を**等加速度直線運動**といいます。

等加速度とは、加速度が$a=3$〔m/s^2〕とか、$a=9.8$〔m/s^2〕のように数字で表されます。例えば$a=3$〔m/s^2〕であれば、1〔s〕ごとに3〔m/s〕ずつ速度が増加することを表します。

では等加速度運動している車のt〔s〕後の速度：v〔m/s〕はどのように表すことができるかを考えます。❶の両辺にtをかけると次のようになります。

$$at = v - v_0$$

さらに、上の式を速度vについて求めると次のようになります。

●**等加速度直線運動の速度；v〔m/s〕＝ v_0 ＋ a（加速度）× t（時間）**

具体的に数値を与えると、初速度v_0が3〔m/s〕、加速度aが2〔m/s^2〕の等加速度直線運動の場合、速度vがどのように変化するかを1〔s〕ごとに追うと次のようになります。加速度aが1〔s〕あたりの速度の増分ですから$a=2$は1〔s〕間に2〔m/s〕ずつ速度が増えることを考えれば公式に頼らず計算することができるのです。

t＝1〔s〕；v＝3〔m/s〕＋2〔m/s〕×1〔s〕＝5〔m/s〕
t＝2〔s〕；v＝3〔m/s〕＋2〔m/s〕×2〔s〕＝7〔m/s〕
t＝3〔s〕；v＝3〔m/s〕＋2〔m/s〕×3〔s〕＝9〔m/s〕…

上記の結果から速度vが5, 7, 9〔m/s〕…と1〔s〕間に2〔m/s〕ずつ増加しているのが分かります。

等加速度直線運動の位置

移動距離

前節では、等加速度直線運動の速度v〔m/s〕を求めましたが、この節では、等加速度直線運動の位置（移動距離）xを求めます。

等加速度直線運動の位置はどう表すことができる？

前節のおさらいですが、x軸上を右向きに移動する車の速度がt〔s〕間に初速度v_0〔m/s〕からv〔m/s〕に増加する場合の加速度aは次の通りです。

▼加速度

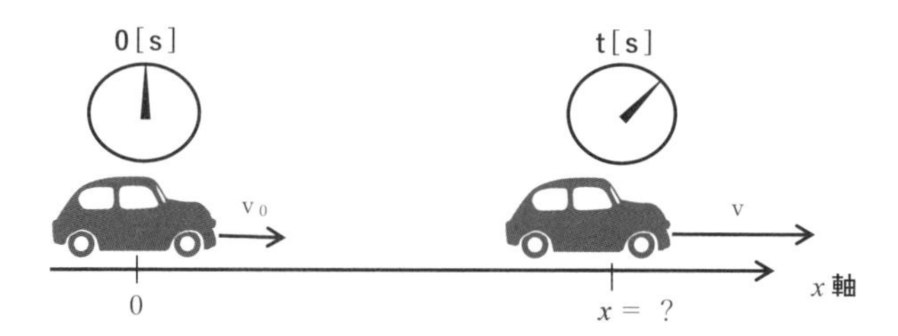

加速度；$a = \dfrac{v - v_0〔m/s〕}{t〔s〕} = $一定　⬅等加速度直線運動ですね！

上の式の加速度aが時間t〔s〕によらず一定となる運動が等加速度直線運動ですね。ここでt〔s〕後の車の位置x〔m〕（スタート原点の場合の移動距離）を計算します。もし車の速度vが初速度v_0を保った等速直線運動ならば、移動距離＝速度×時間なので、位置xは次のように計算できます。

等速直線運動の位置（移動距離）　$x = v_0 \times t$

ところが等加速度直線運動する車の速度vはどんどん増加しているので、距離＝速度×時間とは計算できません。そこで、等加速度直線運動のv－tグラフを考えます。次の図を見てください。v－tグラフは、縦軸に速度v、横軸に時刻tを定めた、時間と共に速度の変化を示すグラフです。

0〔s〕の速度がv_0〔m/s〕（初速度）からt〔s〕後の速度がv〔m/s〕に増加しますが、途中の変化はどうですか？

加速度；aは速度の増分＝$v-v_0$〔m/s〕を時間t〔s〕で割り算したものですから**v－tグラフの傾き**となります。

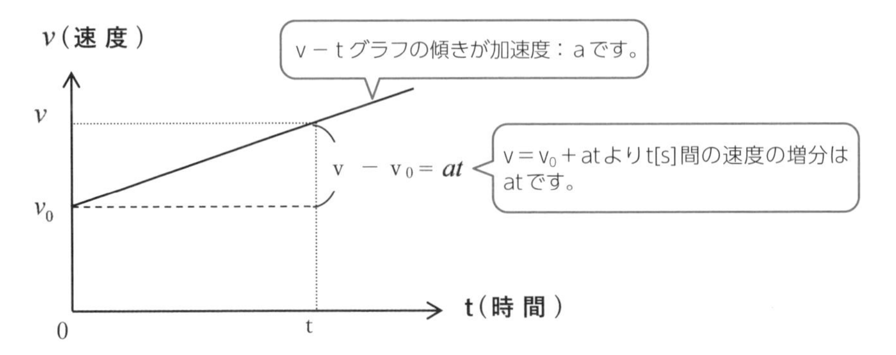

ここでv－tグラフのおさらいですが、v－tグラフとt軸とで囲まれた面積が車の移動距離；x〔m〕を表しています。次の図のように、黒斜線の長方形と、色の斜線の三角形に分けて考えます。

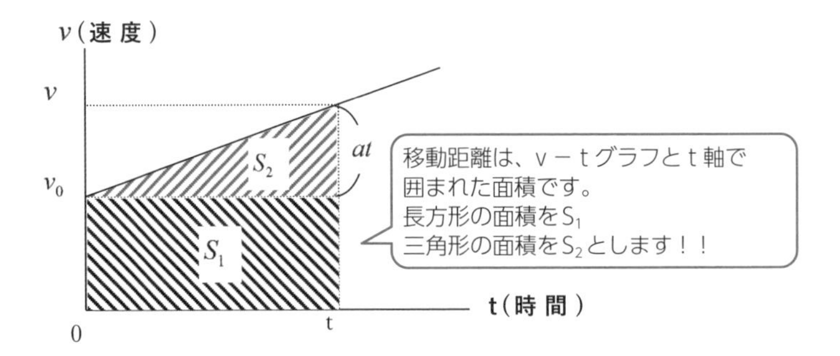

長方形の面積（黒い斜線）；$S_1=v_0\times t$

三角形の面積（赤い斜線）；$S_2=\frac{1}{2}\times t\times at=\frac{1}{2}at^2$

車の移動距離：x〔m〕は、S_1+S_2なので、次のように計算できます。

●**t〔s〕後の位置（移動距離）；**　$x=v_0t+\frac{1}{2}at^2$

上記の$v_0\times t$は速度×時間の要素ですが、$\frac{1}{2}at^2$は加速度運動する場合、**時間tの2乗に比例して急激に移動距離が増加する**ことが分かります。

約100年前の東大入試問題（大正10年）

以下をご覧下さい。そもそも、これは物理の問題ではありませんよね……。現在でも東大では意表を突く問題を出題します。2003年には数学で「円周率が3.05より大きいことを示せ」が出題されています。

ヒントは以下の通りです。
地球を球体とみなすと表面積は次のように計算できます。
球の表面積＝4×3.14×半径×半径
100年前の東大の解答用紙は不明なのでＡ４（210㎜×297㎜）と推測します。答えは9節（p34）で示します。

東京帝國大學理學部

大正十年

物理學

（午後二時十五分から三時十五分まで）

(1)此答案用紙幾枚にて地球の全表面を被ひ得るかを計算せよ。

等加速度直線運動の位置

等加速度直線運動の位置xの式を改めて表すと次のようになります。

t〔s〕後の位置（移動距離） $x = v_0t + \frac{1}{2}at^2$

ちょっと見ただけでは、ややこしい形です。そこで初速度v_0＝0の場合を考えます。上の式にv_0＝0を代入すると次のようになります。

$$x = \frac{1}{2}at^2$$

具体的に加速度a＝1、時間tに1, 2, 3...〔s〕を代入すると次のようになります。

$x = 1^2 = 1$〔m〕
$x = 2^2 = 4$〔m〕
$x = 3^2 = 9$〔m〕
$x = 4^2 = 16$〔m〕
$x = 5^2 = 25$〔m〕

等速直線運動（速度v＝一定）の場合、移動距離xはx＝vtですから、移動距離x時間tに比例して移動距離xが増加します。これが加速度運動すると、移動距離xは時間tの２乗に比例して、急激に増加することが分かります。

等加速度直線運動の3つの式

時間tを含まない式

この節では、時間tをまったく含まない式を考えます。これは、のちに登場する仕事とエネルギーを考える際に必要なのです。

等加速度直線運動の速度

ここまで等加速度直線運動を学んできましたが、改めておさらいします。まず、加速度aは1〔s〕あたりの速度の増分ですから、速度の増加を時間で割ると次のように表現できます。

$$\text{加速度}\,a = \frac{v - v_0\,[\mathrm{m/s}]}{t\,[\mathrm{s}]} = \text{一定} \quad \cdots\cdots ❶$$

❶をt〔s〕後の速度vについて求めると次のように表現できます。

等加速度直線運動の速度 $v = v_0 + at$

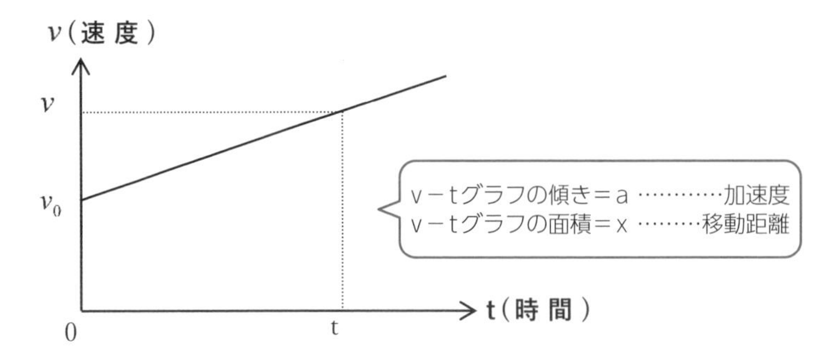

t〔s〕後の位置（移動距離） $x = v_0 t + \dfrac{1}{2}at^2$

＊xは上記のv－tグラフの面積です。

時間tを含まない式

等加速度直線運動の速度vも位置（移動距離）xも共通点があります。それは2式共に時間tが含まれていることです。この節では、時間tをまったく含まない式を考えます。そんなことを考えてどうするんだ！　と思うかもしれませんが、のちに登場する仕事とエネルギーを考える際に必要です。

物理で重要なテーマとして普遍量があります。時間とは無関係に変わらない何かを探す道具を作るのです。

改めてv－tグラフの面積は次の図のように、上底がv、下底がv_0、高さがtの台形の面積と考えることもできるので、移動距離xは次のように計算できます。

台形の面積＝（上底＋下底）×高さ÷2より、

移動距離 $x = \dfrac{(v+v_0)t}{2}$ ……………… ❷

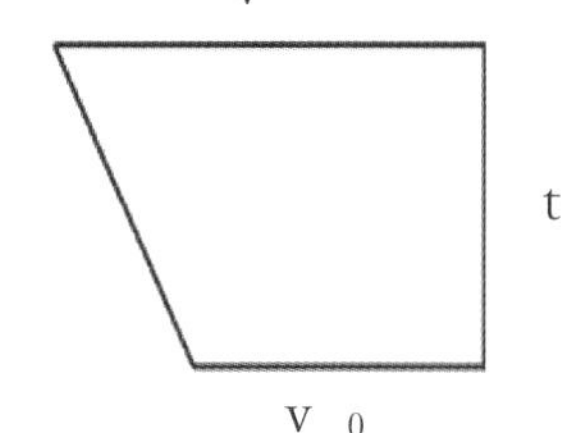

❶の加速度の式と、❷の移動距離xの掛け算を考えます。❶の右辺は分母にt、❷は分子にtがあるので時間tが消去されます。

$$ax = \frac{v-v_0}{t} \times \frac{(v+v_0)t}{2} \quad ❸$$

ここで次の因数分解の公式を確認します。

$$(a+b)(a-b) = a^2 - b^2$$

❸の両辺に2を掛けて上記の因数分解の公式を利用して式を整理すると次の通りです。

$$2ax = v^2 - v_0^2$$

この式は、まったく時間tが含まれていません。今は何の役に立つの？　と思うかもしれませんが、後ほどの仕事とエネルギーの関係を導くのに必要なのです。

改めて等加速度直線運動の速度、位置、時間無しの式をまとめると次のようになります。

- **等加速度直線運動のt〔s〕後の速度**；$v = v_0 + at$
- **t〔s〕後の位置（移動距離）**；$x = v_0t + \dfrac{1}{2}at^2$
- **時間無しの式**；$2ax = v^2 - v_0^2$

合成速度

動いている電車の中を移動する速さを表す

この節では、動いている乗り物の中を移動する際の速度について説明していきます。合成速度とは何かを考えます。

合成速度

図1をご覧ください。右向きに移動する電車の中を、電車の進行方向と同じ方向に移動するAさんがいます。外にいるBさんから眺めた場合、Aさんの速度はいくらになるのか？　今回は合成速度について考えていきます。

▼図1

電車の速度が右向きに5〔m/s〕、Aさんの電車に対する（電車から見た）速度が、右向きに4〔m/s〕であった場合、ホームで静止しているBさんから眺めた場合のAさんの移動速度が合成速度です。では、この場合の合成速度はいくらになるでしょうか？　合成速度は次のように計算できます。

合成速度＝（乗り物の速度）＋（乗り物内でのAさんの速度）

右向きを（+）とするならば、乗り物の速度は＋5〔m/s〕、乗り物内でのAさんの速度は＋4〔m/s〕なので合成速度は次のように計算できます。

合成速度＝（＋5）＋（＋4）＝＋9〔m/s〕

つまり、合成速度は＋ですから右向きに9〔m/s〕となるのです。

では、次の図のように、動いている電車と逆向きにAさんが移動する場合の合成速度はどのように計算できるでしょうか？

▼図2

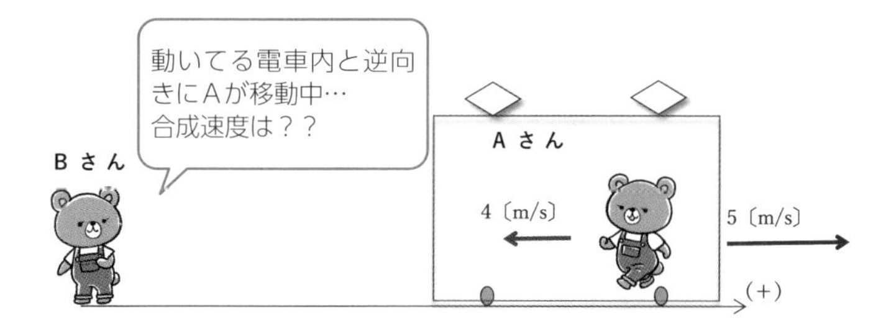

Aさんは左向きに移動しているので符号は－となり、速度は－4〔m/s〕です。よって合成速度は次のように計算できます。

合成速度＝(＋5)＋(－4)＝＋1〔m/s〕 ………… 右向きに1 [m/s]

速度は方向を持っていますが、大きさと方向を兼ね備えた量を**ベクトル**といいます。

合成速度を利用すれば光速を超えられるか？

第1節でもご説明しましたが、速さの王様は真空中を伝わる光の速さです。

真空中の光の速さ＝299,792,458〔m/s〕≒30万km/s

ここで、真空中の光速をcと表します。では、もし次の図のように、電車の速さが右向きに光速の60%つまり、0.6cで移動してさらに、電車内をAさんが右向きに0.6cで移動する場合の合成速度は、次のように計算できそうです。

合成速度＝0.6c＋0.6c＝1.2c

この結果より、合成速度が1.2cとなり、光速cの1.2倍となって光速を超えたことになります。しかしながら、移動速度が光速cに比べて無視できないほどの大きさの場合、合成速度は単純な足し算とはならないのです。これはアインシュタイン博士が考えた相対性理論により、電車内での時間の進み方が遅くなる効果により、光速cを超えることができないのです。

用語のおさらい

合成速度　速度の足し算。

相対速度

移動する観察者から眺めた相手の速度を表す

移動する観察者から眺めた相手の速度を表す方法を解説します。これを「相対速度」といい、合成速度とともに覚えておきたいものです。

相対速度

図1のように、右向きに10〔m/s〕で走っているAさんを、Bさんが同じ方向に9〔m/s〕で追いかけているとします。

Bさん（観測者）から見たAさん（見ている相手）の速度はいくらでしょうか？移動する観測者から眺めた相手の速度を、**相対速度**といいます。

▼図1

速度は1〔s〕あたりの移動距離です。図2のように、同じ位置からスタートしたAさん、Bさんの移動距離の差が相対速度です。

1〔s〕間にAさんが10〔m〕進む間に、観測者Bさんは9〔m〕進むので、Bさんからみて Aさんは1m前方にいます。このBさんから見たAさんの1〔s〕あたりの移動距離1〔m〕前方が相対速度となるわけです。式で表すと次のように計算できます。

観測者Bから見たAの相対速度＝10〔m/s〕－9〔m/s〕＝1〔m/s〕
＝相手の速度－自分の速度

用語のおさらい

相対速度　移動する観察者から眺めた相手の速さ。

▽図2

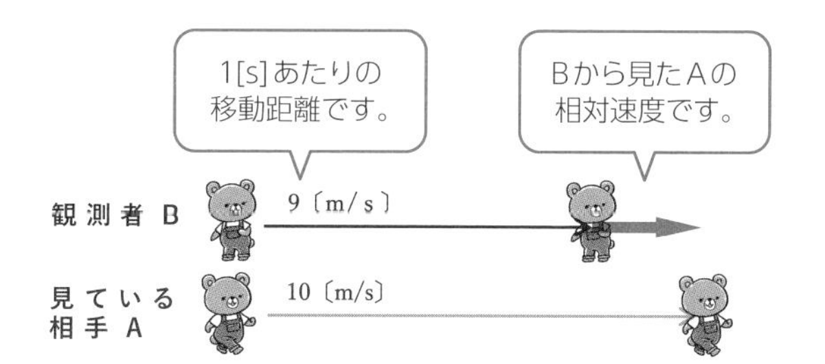

では、もし次のようにAさんが右向きに10〔m/s〕、観測者Bさんが左向きに9〔m/s〕と互いに逆向きに進んだ場合、相対速度はどうなるでしょうか？

▽図3

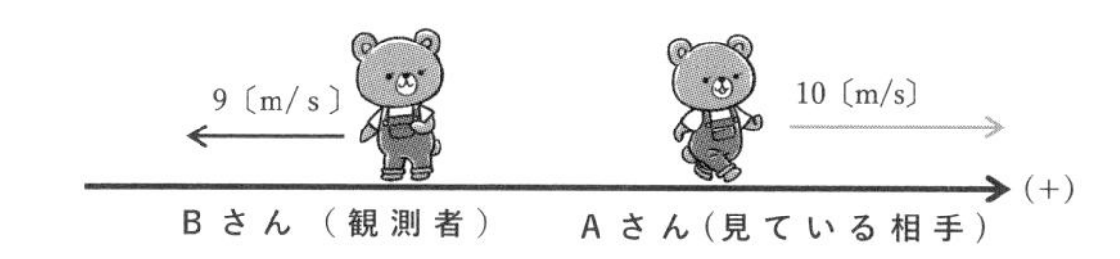

改めて、速度は方向が大切ですよね。右向きを正（+）に定めると、Aさんの速度は右向きなので速度は＋10〔m/s〕です。Bさんの速度は左向きなので速度は－9〔m/s〕です。

相対速度＝（見ている相手の速度）－（観測者の速度）

ですから、Bさんから見たAさんの相対速度は次のように計算できます。

相対速度＝＋10〔m/s〕－（－9〔m/s〕）＝＋19〔m/s〕

＋なので、右向きで、大きさは19〔m/s〕となります。
Bさんから見た景色は次の図4のようになります。

▽図4

観測者の立場によって景色がまったく違って見える事実を物理では重要視します。例えば、宇宙空間に静止してる観測者から地球を眺めた場合、太陽の周りを時速11万kmというとんでもない速さで移動しています。
ところが地球上にいる私たちから地球を眺めると地球は足元で静止しているとしか思えませんよね。

9 自由落下

谷底の深さを知りたい！ どうやって測る？

渓谷に架かる橋から谷底まで、どれくらいの深さがあるのか？　長い巻尺があればよいでしょうが、測れない場合どうすればいいのでしょうか。

自由落下

図1のように、渓谷に架かった橋の谷底からの高さが知りたいとします。もちろん長い巻尺で測るとか測量士に依頼するとか様々な方法が考えられますが、最も簡単な測定方法は、小石を落下させ、谷底に達するまでの時間を調べる方法です。

▼図1

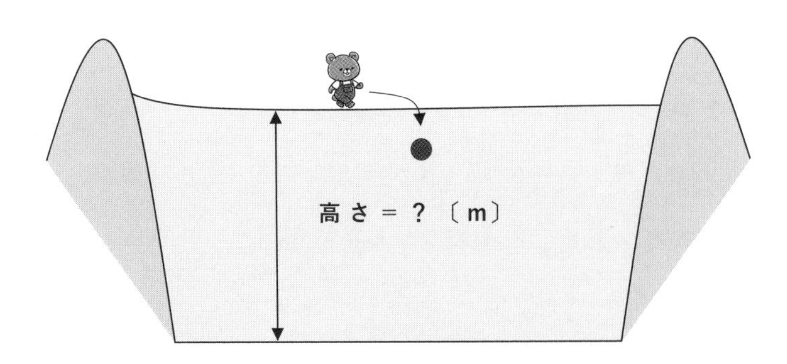

では、落下に要する時間からどのように高さを求めるのでしょうか？

自由落下とは、初速度v_0が0で地面に向かって落下する運動です。

落下する物体は、速度がどんどん増えるので加速度を持つことが分かります。

落下する物体の加速度は**重力加速度**といい、物体の初速度や質量によらず9.8〔m/s^2〕なのです。重力を表す英単語gravityの頭文字を用いて重力加速度9.8〔m/s^2〕はgと表します。

用語のおさらい

自由落下　物体が、空気の摩擦や抵抗などの影響を受けずに、重力の働きだけによって落下する現象をいいます。

▼図2

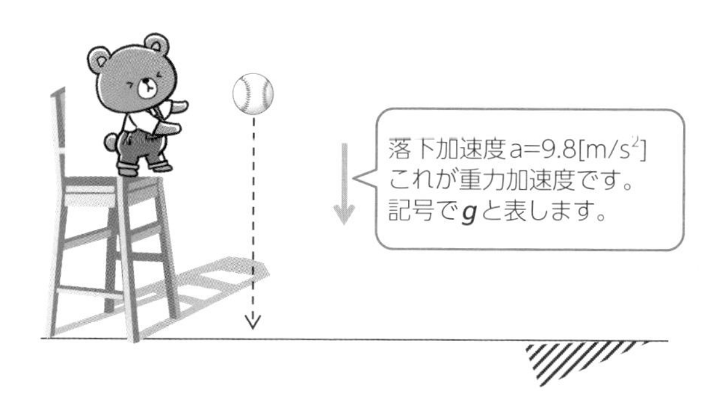

落下する物体の重力加速度g＝9.8〔m/s²〕は一定なので、等加速度直線運動です。左右の運動はx軸を用いますが、落下運動は上下の運動なのでy軸を用います。自由落下が始まったスタートの位置を原点（y＝0）とし、運動方向である下向きを（＋）とするy軸を定めます。スタートの時刻tをt＝0〔s〕としてt〔s〕後の速度v、位置yを計算します。すでに登場した等加速度直線運動の速度と位置の式は次の通りです。

速度；$v = v_0$（初速度）＋a（加速度）×t（時間）

位置；$x = v_0 t + \dfrac{1}{2}at^2$

自由落下では初速度が0なのでv_0＝0、加速度の大きさはg＝9.8〔m/s²〕で方向は下向きなので加速度a＝＋gを上式に当てはめるだけです。ちなみに位置はxではなくyに置き換えます。

自由落下の速度；$v = 0 + g\mathrm{t} = g\mathrm{t}$

自由落下の位置；$\mathrm{y} = 0\mathrm{t} + \dfrac{1}{2}gt^2 = \dfrac{1}{2}gt^2$

さて、落下時間から橋の高さの計算方法ですが、落下に要する時間をtとすると、移動距離は上記の位置yで計算できます。yがまさに橋の高さとなるわけです。

具体的な値として落下に要する時間が4〔s〕だったとします。

橋の高さ；$\mathrm{y} = \dfrac{1}{2} \times 9.8 \times 4^2 = 4.9 \times 4 \times 4$

4.9は約5と考えると、次のような簡単な計算で橋の高さを計算できます。

橋の高さ≒ $5 \times 4 \times 4 = 80$〔m〕

もし、落下に要する時間が10〔s〕ならば次のような計算となります。

橋の高さ≒ $5 \times 10 \times 10 = 500$〔m〕

上記の計算で分かるように、自由落下する物体の移動距離は時間の2乗に比例して急激に増加します。

約100年前の東大入試問題（大正10年）解答編

5節（p25）に登場した、大正時代の東大入試問題、分かりましたか？　解き方を詳しくご説明しましょう。

地球の半径は6400kmです。この値に1000をかけるとメートルになります。

半径＝6400×1000＝6400000m＝6.4×10^6m

（10^6は10を6回かけるということです）

地球の表面積は次のように計算できます。

表面積＝$4 \times 3.14 \times 6.4 \times 10^6 \times 6.4 \times 10^6 ≒ 514 \times 10^{12}$㎡

100年前の東大の解答用紙のサイズはＡ４（210㎜×297㎜）と推測して、1枚の面積を計算します。

Ａ４の面積＝0.21m×0.297m＝0.06237㎡

地球の表面を覆う枚数は地球の表面積をＡ４の面積で割ると計算できますね。

枚数＝514×10^{12}㎡÷0.06237㎡≒$8{,}241 \times 10^{12}$枚

10^{12}が兆ですから約８兆枚が答えとなります。

羽と鉄球は同時に落ちる？？

落下の時間は重力加速度だけで決まり、物体の質量は無関係です。ですから、羽と鉄球を同時に落下させても同時に落ちるはずです。そんな馬鹿な！　羽はゆっくり落ちるはずですよね。ただし、これは空気の抵抗力が働くために落下時間に差が生まれます。もし真空中ならば同時に落下します。

10 力とは何か？

万有引力、電磁力、核力、弱い力

この節では、そもそも力とは何なのかについて考えてみたいと思います。万有引力や、電磁力、核力について解説していきます。

物理学の４つの力

まず、**力を加える**イメージとして、手や足などでボールを押す場面に注目します。静止しているボールに力を加えると、下のイラストのように動き出す場合もあれば、グニャッと変形する場合もあります。

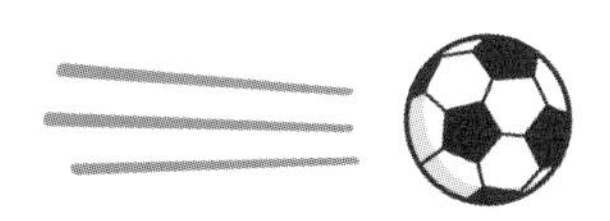

力の正体は分からなくても、静止している物体が動いたり、物体が変形する現象を観測することで「力」が作用すると判断できます。

しかしながら、我々は力そのものが一体何なのかが知りたいのです。力とは何でしょうか？　実はこの問いこそが物理の最終目標なのです。

現在、物理学では**４つの力**があると考えています。この後に説明していきます。

❶万有有引力（重力）

万有引力とはこの宇宙にあるすべての物体が、お互いに引き合う力です。リンゴが木から落下するのは当たり前の光景に思えます。しかし実際は、地球がリンゴを引っ張る万有引力が働いた結果、落下という現象が生まれます。

万有引力に気付いたのが、イギリスの物理学者**アイザック・ニュートン**です。ニュートンは月が地球の周りを回っている現象も地球が月を引っ張る万有引力が原因であり、リンゴが木から落下する場合と同じ力が働くと見抜きました。

▼図1

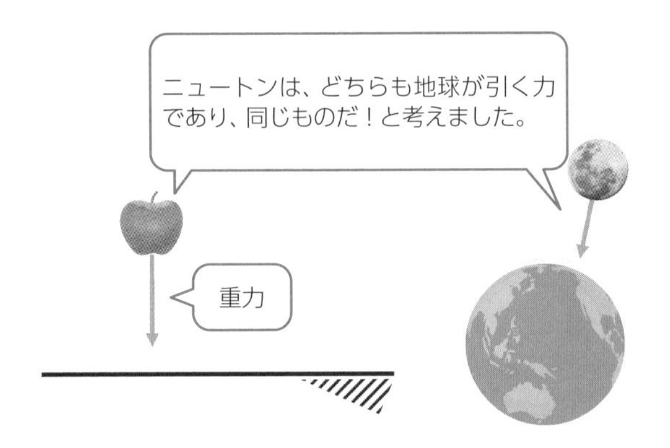

ちなみに落下するリンゴのように地球のすぐ近くで働く万有引力を**重力**といいます。リンゴに働く重力はリンゴの質量m〔kg〕(質量を表す英単語massの頭文字)に比例し次のように表すことができます。

● **重力＝mg**

ちなみにgは前節で登場した重力加速度**9.8〔m/s^2〕**です。

❷電磁気力

次の図のように同じ符号（＋と＋、−と−）の電気は反発し、異符号の電気は引力が働きますが、これを**電気力**といいます。速さは1秒あたりの移動距離であり、方向は無関係です。これに対して速度は速さと方向を併せた量です。

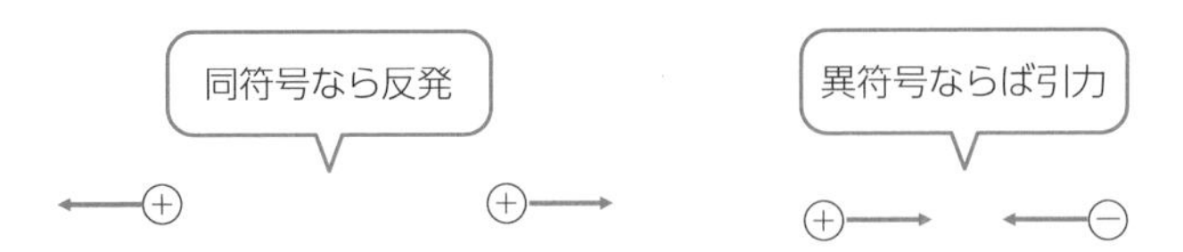

また、磁石のN極とS極は引き合いますが、この力を**磁気力**といいます。これらをまとめて**電磁気力**といいます。

❸強い力（核力）

原子核にある陽子や中性子を結びつける力が**強い力**です。電磁気力より強いのでそう呼ばれています。核力は日本の**湯川秀樹**博士によって中間子のやり取りで説明しました。この業績により日本初のノーベル賞を受賞しました。

❹弱い力

放射性元素のベータ崩壊を支配する力です。電磁気力より弱いのでそう呼ばれています。

以上の4つの力をすべて統一して1つの式で説明するのが物理学の目標となっています。

すでに❷電磁気力、❸強い力、❹弱い力までは1つの理論で統一されていますが、残念ながら❶万有引力だけは統一に至っていません。

物理学、昔はこうだった！ ――万有引力が認められるまでの長い歴史

万有引力は、今では当たり前のことと認識されていますが、人々に定着するまでには、長い歴史がありました。古代ギリシャのアリストテレスは、石を手から離せば自然に地面へと落ちる。その原因は、石を構成する土元素が、本来の位置である地へ戻ろうとする性質にあるのでは、と考えていました。土元素が多いものが重い、と考え、それが多いものほど速く落ちる、と考えられていました。この考え方は、中世のヨーロッパに広まり長らく信じられていました。

アリストテレス▶

力のつりあい

重力と接触力

前節では、4つの力が登場しましたが、私たちが日常生活で目にする力は重力と接触力です。この2つの力について、解説します。

重力

質量m〔kg〕の物体に働く重力は次のように表すことができます。

● **重力＝m*g*　〔N；ニュートン〕**　　＊*g*は重力加速度9.8〔m/s^2〕

ちなみに力の単位はN（ニュートン）です。では、接触力とは何でしょうか？

接触力とは、接している物体同士が及ぼしあう力です。例えば、指で机に触れると、指には机に触れている感覚がありますが、決して指が机にめり込むことはないですよね？　これは決して当たり前のことではありません。指も机も原子からできていますが、原子には大きな隙間があるのです。

図1のように、原子は＋の原子核の周りを－の電子が回っています。図2のように、原子の大きさをドーム球場の大きさに拡大すると、原子核は1円玉1個分の大きさしかありません。つまり、私たちを作っている原子は大きな隙間のあるスッカスカな構造物なのです。

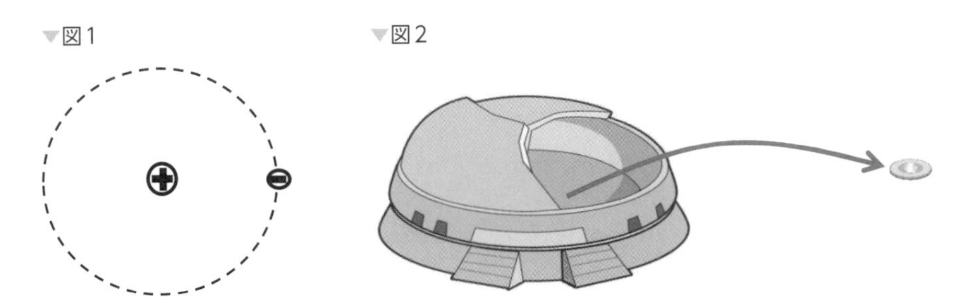
▼図1　▼図2

指で机を触れている際に、お互いにスッカスカな原子同士なので、指が机にスーッとめり込む可能性がありそうです。

ところが原子は、−の電気を持った電子で表面が覆われているので、−同士が反発する**電気力**によって、めり込むことはないのです。つまり、**接触力の正体は電子が反発する電気力**なのです。接触力の具体例を次に示します。

❶垂直抗力：N [N]

右の図のように、水平な床の上にリンゴを乗せます。リンゴは床に接していますので床から接触力を受けます。床に垂直に押し上げる力を垂直抗力といいます。

ところで、リンゴには下向きに重力mgと上向きの垂直抗力；Nが働いています。リンゴは静止していますが、静止するためには当然同じ大きさだと考えることができます。これを式で表すと次の通りです。

リンゴが静止する条件；$N = mg$

2力が逆向きで大きさが等しい状態を**力のつりあい**といいます。

❷糸の張力垂直抗力：T

右の図のように、リンゴに質量の無視できる糸を取り付け、手で糸の一端を支えます。

リンゴは糸に接していますので、糸から接触力を受けます。糸は物体を引っ張る力を及ぼしますが、この力を**張力**といいます。もちろんリンゴが静止しているならばリンゴに働く2力は釣り合っているので次の関係が成り立ちます。

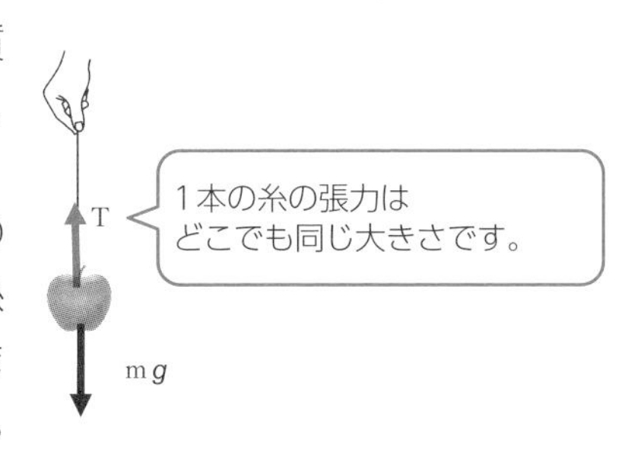

力のつりあい；$T = mg$

ちなみに、質量の無視できる軽い糸の場合、1本の糸に働く張力はどの部分でも張力は同じ大きさとなります。

静止摩擦力、動摩擦力

摩擦力がなくなったら歩けなくなる?

この節では、静止摩擦力について解説していきます。

静止摩擦力

もし、摩擦力がこの世界から消えたらどうなるでしょうか？　まず、私たちは歩くことができません。歩くためには摩擦力が必要です。路面が凍結などで摩擦がなければ、車はタイヤが空回りして動けない状態となります。それと同じ状態になります。

下の図のように、粗い（ザラザラした）床に質量m〔kg〕の物体が静止しています。物体には重力**m*g***〔N〕と垂直抗力N〔N〕が働きます。もちろん物体静止なので2力はつり合っています。

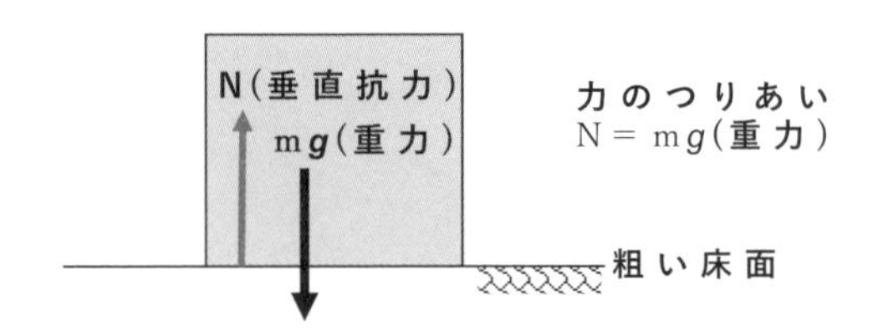

この状態で水平右向きに指で大きさFの力を加え静止状態を保っているとします。右向きに動かないのは動きを邪魔する方向に床から力が働いているからです。この物体が静止状態で動きを邪魔する力を**静止摩擦力**といい、記号fで表します。

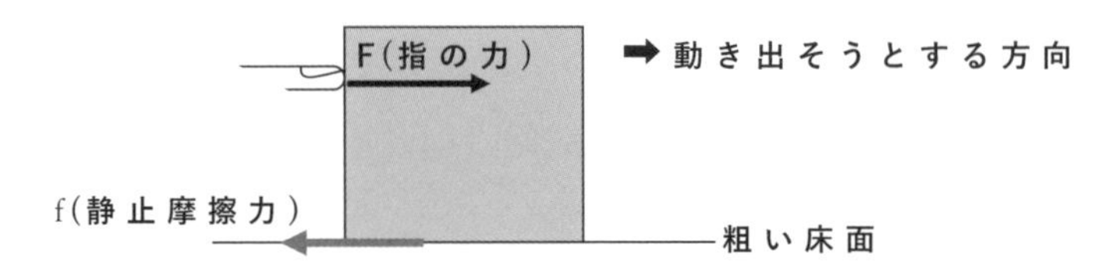

左右の力はつりあっていますので、次の関係が成り立ちます。

力のつりあい；f（静止摩擦力）＝F（指の力）

力のつりあいを見ての通り、指で押す力Fをどんどん増やすと静止摩擦力fも増えますが、動きだす瞬間、静止摩擦力fは最大値となります。ちなみに物体が動くと摩擦力の種類が静止摩擦力から動摩擦力に変わります。

静止摩擦力fの最大値は、経験的に床から受ける垂直抗力Nに比例し次のように表現できます。

● **静止摩擦力fの最大値＝μN**

上記のμはギリシャ文字でミューと読み**静止摩擦係数**といいます。静止摩擦係数μは床と接触する物体の組み合わせで様々な値をとります。もし次の図のように物体が右向きに動いた場合は、移動と逆向きに動摩擦力が働きます。動摩擦力をf 'と表すと次のように式で表すことができます。

▼静止摩擦係数μの例

ガラスとガラス（乾燥）	0.94
鋼鉄と鋼鉄（乾燥）	0.7
鋼鉄と鋼鉄（油を塗る）	0.1

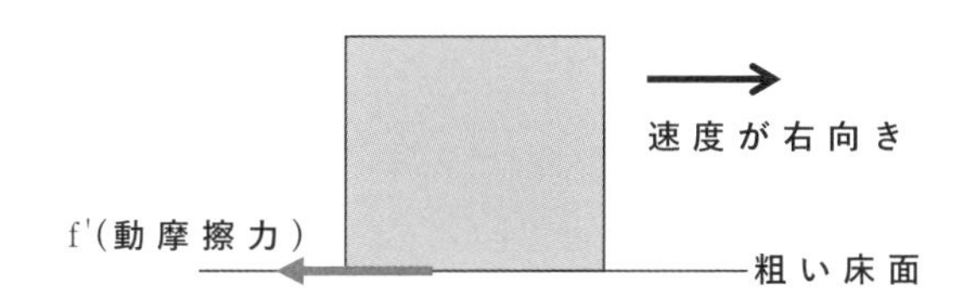

動摩擦力は静止摩擦力とは異なり、一定力で次のように表すことができます。

● **動摩擦力f '＝μ'N**

上記のμ'を**動摩擦係数**といいます。同じ素材の組み合わせの場合、動摩擦係数μ'は静止摩擦係数μより小さいことが経験的に分かっています。

小柴昌俊博士が出した難問

ノーベル物理学賞受賞者の故小柴昌俊博士は、大学院生のとき、高校講師として次の問題を出したそうです。「この世に摩擦がなければどうなるのか、記せ」――正解は摩擦がなければ鉛筆で答えを書けないので、「白紙答案」が正解だそうです。みなさん、この問題、分かりましたか？

13 作用反作用の法則

私たちは、なぜ前進できるのか？

私たちは、なぜ、歩いて前進することができるのでしょうか？　その理由を、作用反作用の法則を使って説明します。

作用反作用の法則

突然ですが、次の問題を考えてください。

「人間が、歩くことによって前進できるのは、なぜでしょうか？」

この問いに答えるためには、前節で登場した摩擦力と作用反作用の法則がカギとなるのです。作用反作用の法則とは２つの物体が及ぼす力の関係です。

次の図のように、ＡさんがＢさんを大きさＦの力で押したとします。

この力を**作用**と呼びます。

Ａさんの作用の力ＦによってＢさんは痛みを感じますが、実はＡさんだってＢさんと同じ痛みを感じます。なぜなら、ＢさんはＡさんを同じ大きさで押し返すからです。この作用と逆向きに押し返す力を**反作用**といいます。

ここで注意点ですが、作用反作用の力は逆向きで同じ大きさです。

１つの物体に働く２力のつりあいも逆向きで同じ大きさです。すると、つり合いと作用反作用の力は同じと勘違いしそうですが、まったく別物です。

- **力のつりあい➡１つの物体**に働く力に注目しています。
- **作用反作用　➡２つの物体**に働く力の関係です。

ベクトルの分解

次に**ベクトルの分解**を説明します。**ベクトル**とは、方向と大きさを兼ね備えた量です。例えば、次のように自宅から会社に向かう直線経路を考えます。経路の長さをA〔m〕とします。この経路は大きさと方向を持っているのでベクトルなのです。

▼ベクトルの分解（会社に一直線）　▼ベクトルの分解（ラーメン屋に立ち寄る）

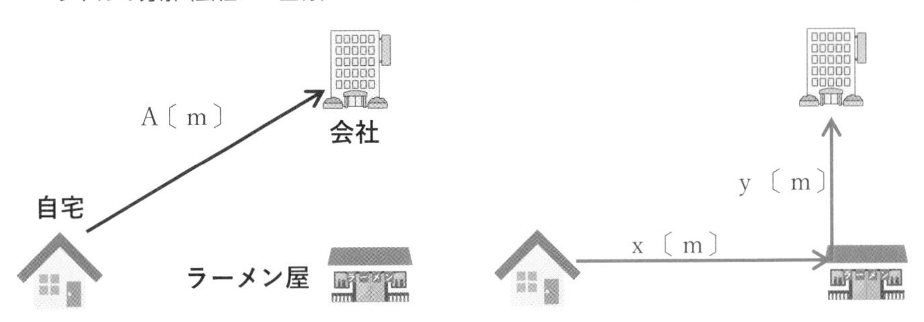

このベクトルAの分解を考えます。自宅に向かう途中にラーメン屋に寄り道してから会社に向かう場合、ラーメン屋までx〔m〕進み、ラーメン屋から会社までy〔m〕進むとします。つまり、ベクトルAがxとyの2方向に分解できたのです。

では、最後に、この問題の答えを説明します。

「人間が、歩くことによって前進できるのは、なぜでしょうか？」

――答えは以下のとおりです。次の図を見ながらお読みください。

①人間の足が、地面を蹴ります。この力の大きさをFとします。
②人間の足は地面からFの反作用を受けます。
③反作用Fは垂直抗力Nとの水平成分の静止摩擦力fに分解できますが、この静止摩擦力fによって人間は前進できるのです。

▼歩いて前進するまでの力

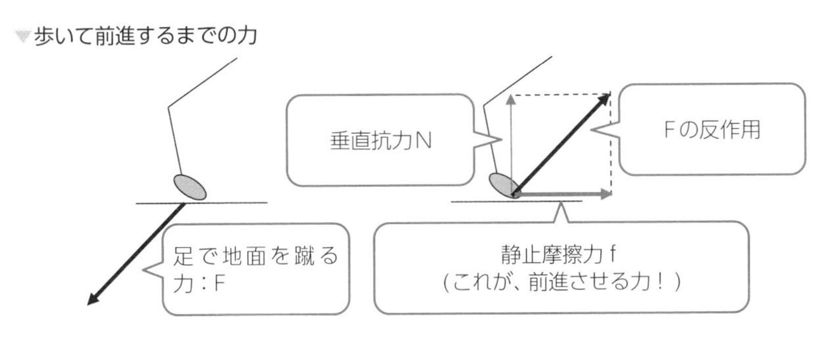

運動方程式

物体に働く力と運動の関係

ここでは、物体に働く力と運動の関係を考えます。力と運動の関係を最初に解き明かしたのが10節の「万有引力」でも登場した、イギリスの物理学者アイザック・ニュートンです。

加速度

まず、読者のみなさんに質問です。物体に力が働くと、どうなるでしょうか？
「物体に力を加えるって…押すんだよね、動くに決まってるじゃないか！」
物体に力を加えると動く…間違いありません。ところが、ニュートンは、物体に力を加えると、ただ動くだけじゃなくてだんだん速度vが増す、つまり加速度を持つのでは？　と考えました。

次の図のように質量m〔kg〕の静止している物体に力を加えます。質量mは質量を表す英単語massの頭文字です。力を表す英単語forceの頭文字で力の大きさはFと表します。

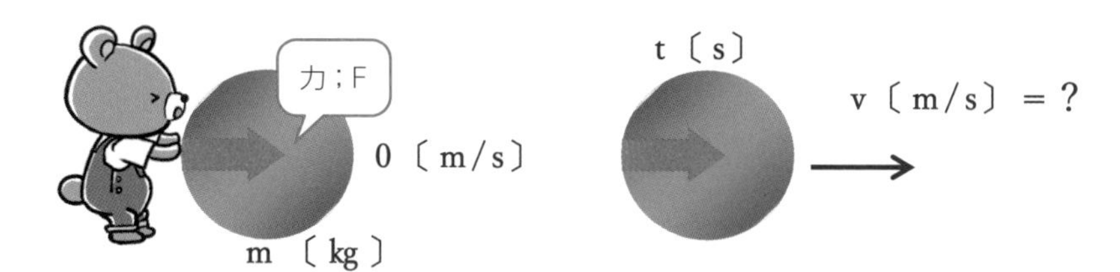

力を加えてt〔s〕後の物体の速度がv〔m/s〕まで増加した場合、速度vはどのように表現できるでしょうか？　ある現象を数式で表そうとする場合、まずは**比例**、**反比例**を考えるのが基本です。

yがxに比例するならば、比例定数をaとして、次のように表すことができます。

● **yがxに比例** ➡ $y = ax$

yがxに反比例するならば、比例定数をbとして、次のように表すことができます。

● **yがxに反比例** ➡ $y = \frac{b}{x}$

では、力Fをt〔s〕加えた後の質量m〔kg〕の物の速度vはどのように表すことができるかを考えてみましょう。

①力Fを大きくするほど、速度vは増えるはず ➡ **vは力Fに比例と予想**
②力を加える時間tが長いほど、速度vは増えるはず ➡ **vはtに比例と予想**
③重たい物体って動かしにくい ➡ 質量mが大きいほど、速度vは減るはず
➡ **vはmに反比例と予想**

①、②、③まとめて速度vを式で次のように表すことができそうです。

速度 $v = F \times t \times \frac{1}{m}$

ちなみに、上記の式の比例定数は1とします。速度の単位は〔m/s〕、質量mの単位は〔kg〕、時間tの単位は〔s〕に対して力Fの単位だけ定まっていないのです。そこで、比例定数が1となるように力の単位〔N；ニュートン〕を決めるのです。上記の式を力Fについて求めると次のように表すことができます。

力；$F = m \times \frac{v}{t}$

上記の $\frac{v}{t}$ ですが、分子のvは、初速度が0なので、速度の増分です。つまり $\frac{v}{t}$ は、速度の増加を時間tで割り算したものですから、**加速度a〔m/s^2〕**を表しています。すると、次のように変形することができます。

● **運動方程式**；$F = ma$

上記の式が**運動方程式**です。野球のボールがどこまで飛ぶかとか、ロケットを打ち上げて月に向かうなどの運動はすべて上記の運動方程式で矛盾なく説明できるのです。わずか、3文字で表現された運動方程式ですが、世界を変えた式と言って良いでしょう。

長〜いお休み、どう過ごしますか？

運動方程式F＝maですが、力Fの単位はF＝maの右辺と同じですから〔kg m/s^2〕と表すことができますが、ちょっと長いのでニュートンの名前を使って〔N；ニュートン〕と言い表します。

時は1665年に遡ります。当時ニュートンはケンブリッジ大学の学生だったのですが、ロンドンでペストが大流行したために、大学が閉鎖となります。このためニュートンは、1年半故郷に帰ります。長い休暇ですねえ…1年以上の休暇があったら読者のみなさんは、どのように過ごしますか？　ニュートンは、休暇の1年半の期間に力学の法則や反射型望遠鏡をはじめとする光学の発見を行っています。

この業績を見ると、やはり長期の休暇が必要なんだなとつくづく実感します。まあ、筆者の場合、休暇を取ったからといって何か業績を残せるとはとても思えないのですが…。1年半の休みの期間に考えた力学の法則を1687年に『Principia（プリンキピア）』というタイトルの書物で発表したのです。ニュートンは微分積分の発明者であり、微積を用いて運動の法則を明らかにしたのですが、プリンキピアは、誰にでも理解できるように数式をほとんど使わずに文章と幾何学で記述されています。日本語訳もあるのですが、数式のほとんどない物理の文章はとても辛いものを感じます。

▲アイザック・ニュートン

15 水圧

潜れば潜るほど大きくなる水圧の正体

この節では水圧について考えます。水面から深く潜るほど、鼓膜が圧迫された痛みの感覚を通じて水圧の増加を感じます。

そもそも圧力と何か？

まず、圧力とは何かを説明します。圧力は、英単語pressure（プレッシャー）の頭文字を用いてPと表します。圧力Pの定義は、1〔m^2〕あたりの面に働く力です。次の図のようにS〔m^2〕の面に垂直にF〔N〕の力が働く場合の圧力は次のように力を面積で割ることで計算できます。

●**圧力**；$P = \frac{F〔N〕}{S〔m^2〕}$　単位は〔N/m^2〕=〔Pa；パスカル〕

圧力の単位Pa：パスカルは天気予報で登場する気圧の単位です。

例えば、台風の中心気圧950〔hPa；ヘクトパスカル〕などのように。h；ヘクトとは100を表します。畑の広さでha（ヘクタール）などの表記に登場しますよね。つまり、950hPaとは、1m^2あたり95000〔N〕の力が働いています。我々が地上で大気から受ける圧力は1気圧といいますが、1気圧＝1013〔hPa〕です。つまり、我々の体は1m^2あたり約10万N（ニュートン）のとてつもない大きな力を受けているのです。10万のような大きな数字は10を5回掛け算した数字なので10^5と累乗で表すと便利です。以後、大気圧は10^5〔Pa〕と考えます。

そもそも圧力と何か？

ここから水圧について考えていきます。まず、水の密度をギリシャ文字のρ（ロー）で表します。密度とは$1m^3$あたりの質量なので単位は〔kg/m^3〕となります。ちなみに水の密度は$\rho = 999.97$〔kg/m^3〕ですが、約1000〔kg/m^3〕と考えて良いでしょう。下の左図のように断面積S〔m^2〕の容器に、密度（$1m^3$あたりの質量）ρ〔kg/m^3〕の水をh〔m〕の高さまで入れます。大気圧をP_0〔Pa〕とすると、容器の底での**水圧P**を考えます。

▼水圧

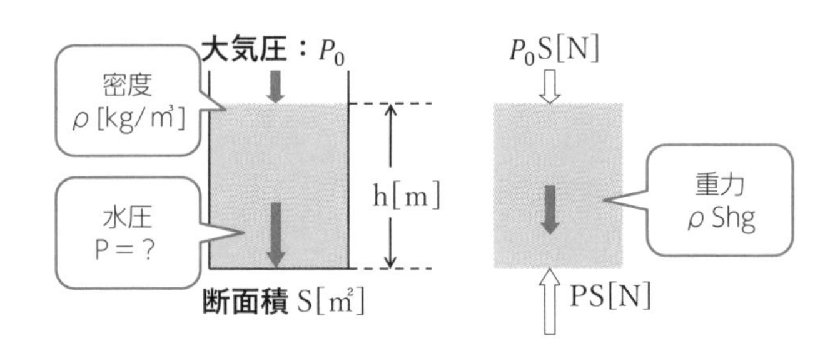

まず、水の質量は密度（$1m^3$あたりの質量）ρ〔kg/m^3〕×水の体積Sh〔m^3〕です。よって水に働く重力はρShg〔N〕となります。水には大気が押す力：P_0S〔N〕、水が底面を押す下向きの力の反作用となる、底面が水を押し返す力；PS〔N〕のつりあいを表すと次のようになります。

$$PS = P_0S + \rho Shg$$

上の式を水圧Pについて求めると、次の式が得られます。

●**深さh〔m〕での水圧；$P = P_0 + \rho hg$**

つまり深さh〔m〕が大きいほど、水圧Pは大きくなることが分かります。水の密度$\rho = 1000$〔kg/m^3〕$= 10^3$〔kg/m^3〕、重力加速度gは約10〔m/s^2〕として具体的な値を示すと次のようになります。

h＝0；10〔m〕；水圧P＝大気圧$P_0 = 10^5$〔Pa〕
h＝10〔m〕；$P = 10^5 + 10^3$〔kg/m^3〕$\times 10$〔m〕$\times 10$〔kg/s^2〕$= 10^5 + 10^5$〔Pa〕

つまり、大気圧10^5〔Pa〕からスタートして10m深く潜るたびに大気圧と同じ10^5〔Pa〕ずつ増加することが分かります。

16 浮力

アルキメデスの原理

「アルキメデスの原理」をご存知でしょうか？　物体を水に沈めたときに物体に働く浮力についての原理です。詳しく解説します。

アルキメデスの原理

読者のみなさんは、「**アルキメデスの原理**」をご存知でしょうか？　物体を水に沈めたときに物体に働く浮力についての原理です。

「**物体に働く浮力は、物体が押しのけた水の重さに等しい**（重さとは重力です）」というものですが、ではなぜ、浮力は押しのけた水の重さ（重力）に等しいのでしょうか？　次のような実験を考えます。あふれる寸前の水槽に、中身が空っぽの質量が無視できる円柱状の物体を沈めます。この円柱の上下には水圧が働きますが、前節で示した通り水圧は深いほど大きくなります。このため、上面に働く水圧より下面に働く水圧の方が大となります。側面に働く水圧は左右で同じ大きさなので相殺されるので、結局水圧の合力は上向きとなります。

▼アルキメデスの原理

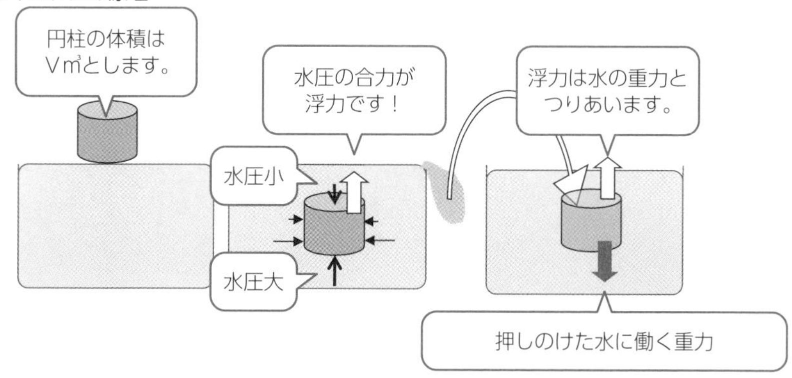

この水圧の合力が物体に働く浮力です。浮力を計算する方法は円柱の上面と下面に働く水圧を計算し、それらの合力を求めても良いのですが、もっとシンプルに考えます。まず円柱を沈める際に押しのけた（あふれた）水に注目します。

もしこのあふれた水で円柱を満たすとどうなるでしょうか？

円柱の周りは水で円柱の中身も同じ水なので円柱に働く力は釣り合うはずです。つまり水の中に水を置いても同じ物資なので浮き沈みはないということです。まさに、**浮力は、押しのけた水に働く重力と同じ**という**アルキメデスの原理**が成り立っています。水の密度（1m^3当たりの質量）をρ（前節で登場しましたが、ローって読みます、kg/m^3）、押しのけた水の体積は円柱と同じV〔m^3〕なので押しのけた水の質量はρV〔kg〕です。この水の質量がm〔kg〕ならば働く重力はmgなので浮力は、ρVg〔N〕と表すことができます。

●**浮力＝ρVg〔N〕**

アルキメデスの原理が発見された瞬間！

アルキメデスは、紀元前のギリシャの数学者です。ある日、親交のあった王が、アルキメデスに命じました。純金で作らせたはずの王冠に、銀が混じっていないか、どうかを調べろと。アルキメデスは、この問題を考えながら、偶然、風呂に入りました。自分が湯の中に入った分だけ、お湯があふれだすのに気づいた瞬間、**アルキメデスの原理**をひらめいたのです。

では、どうやって王冠が、純金でできているかどうかを調べることができるでしょうか？

●**手順①**

天秤の一方の皿に王冠を載せ、他方に王冠とつりあうような純金を載せます。

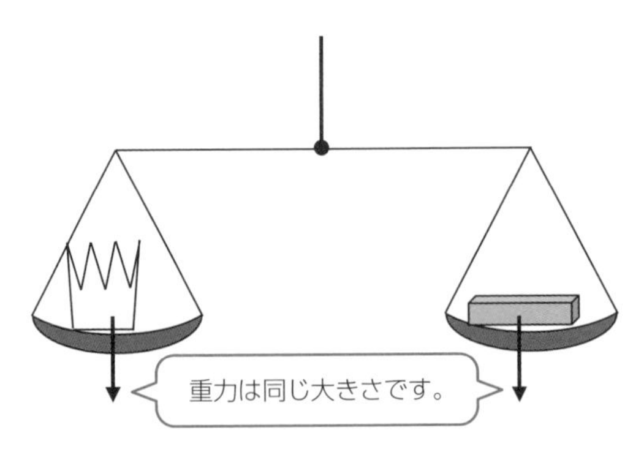

手順②

この釣り合っている状態で水の中に沈めてみるのです。物体の質量は、次の式で表すことができます。

質量＝密度×体積

もし、王冠が純金ならば、密度は同じですから体積は同じです。

浮力は$F=\rho Vg$ですから、**体積が同じならば浮力も同じ**となり、水の中でもつりあうはずです。

ところが王冠が銀でできているとしましょう。金の密度は$1cm^3$当たり19.3gであるのに対し、銀は10.3gしかありません。

つまり、銀のほうが、**密度が小さいので、体積が大きい**はずです。すると、水の中に入れると、銀でできた王冠に働く浮力のほうが大きいので、王冠を載せたお皿が上がるはずです。この実験により、王冠を作った金細工師の不正は暴かれ、死刑になったそうです。

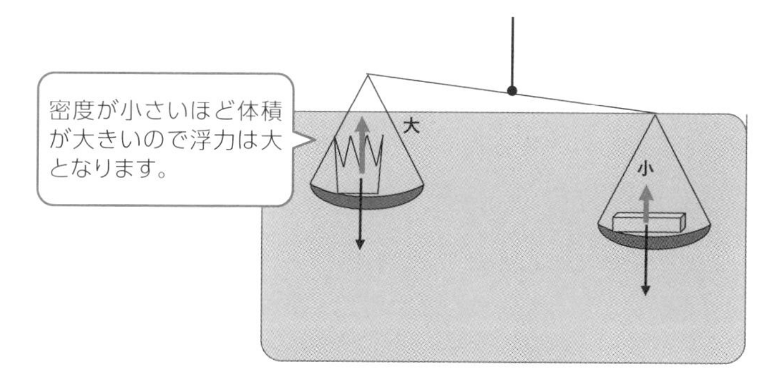

アルキメデスの原理を発見したアルキメデス

力のモーメント

並進運動と回転運動

力には2つの役割があります。ここでは、並進運動と回転運動とはなにか、また、力のモーメントについて解説していきます。

並進運動と回転運動

力には2つの役目があります。次の図のように、物体の中心に力が働くとまっすぐに進みますが、この運動を「並進運動」といいます。

▼並進運動のイメージ

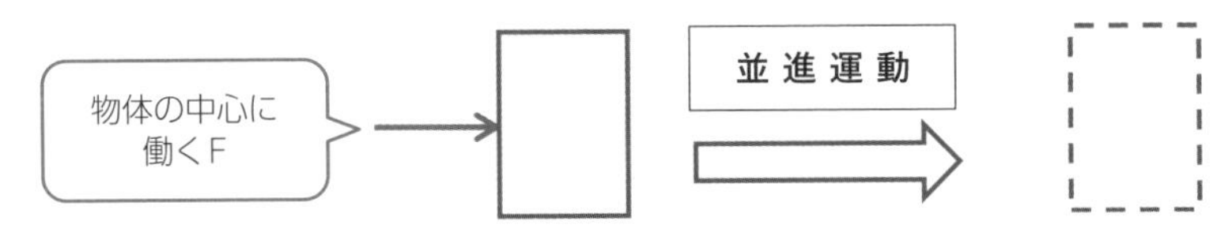

もし、次の図のように、中心から外れた位置に力を加えると並進運動とは別に「回転運動」が加わります。

▼回転運動のイメージ

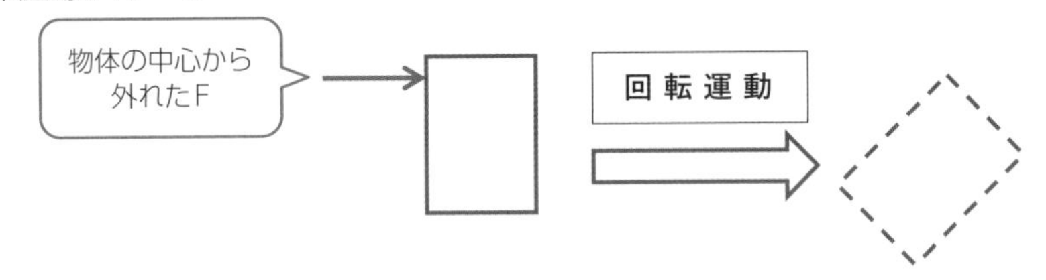

次の図のように「てこ」に対して直角に力Fを加えて石を持ち上げる場面を考えます。

このとき、回転軸O（＝支点）からの距離r〔m〕が大きく、かつ加える力F〔N〕が大きいほど石を持ち上げる効果（＝回転させる能力）が大きいのが分かると思います。

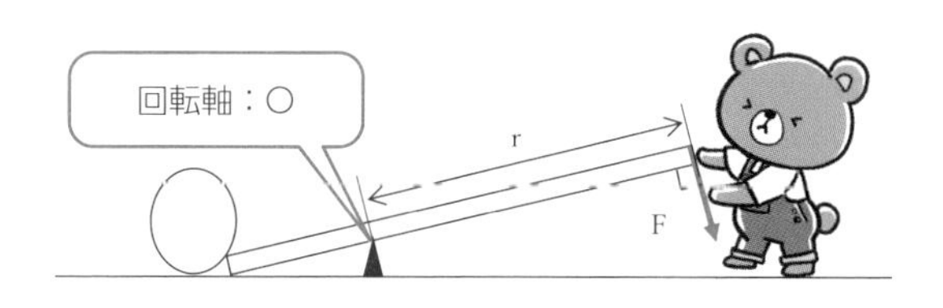

力のモーメント

物体を回転させる能力を**力のモーメント**と呼び、腕の長さ×力で表すことができます。モーメントは回転軸Oが必要でありOの周りの力のモーメントは次のように表すことができます。

> ● **力のモーメント = r〔m〕× F〔N〕（単位はNm）**

力のモーメントをもとに**剛体**のつりあいを考えます。剛体とは力を加えても決して変形しない理想的な物体です。次の図のように、質量の無視できる長さ3〔m〕の剛体棒ABの左端の点Aから、1〔m〕離れた点Cに支点を与え、点Aに棒に直角に大きさ4〔N〕の力を加えた場合、右端の点Bに加える下向きの力F及び、点Cで支点が支える上向きの力：fはいくらかを考えます。

▼力のつりあい

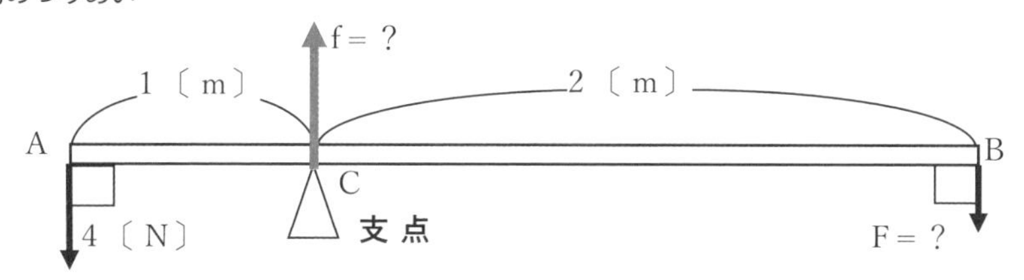

剛体が**静止する条件**として、まず**力のつりあい**を考えます。

❶静止の条件（力のつりあい）

$f = F + 4$ ………………………………………………………………… ①

上記のつりあいの式だけではf、Fの2力が決まりません。そこで剛体が回転しない条件として力のモーメントのつりあいを考えます。

モーメントは、まず回転軸Oを決める必要があります。そこで点Cを回転軸に定めると、点Cに働く力fは回転させる能力0なので、モーメントは0です。

Fのモーメントは時計周りの方向で大きさは、2×F〔Nm〕です。一方4〔N〕のモーメントは、反時計周りで大きさは、1×4〔Nm〕です。よって、時計周りと反時計周りのモーメントの大きさが同じであれば剛体棒は回転しないのです。

❷回転しない条件（モーメントのつりあい）

時計回りのモーメント＝反時計回りのモーメント

$$2〔m〕\times F〔N〕= 1〔m〕\times 4〔N〕 \quad \cdots\cdots ②$$

モーメントのつりあいの式❷より、Fを計算すると、F＝2〔N〕となります。この結果を❶の力のつりあいの式に代入すると、fが求められます。

❶より、f＝4＋2＝6〔N〕

アルキメデスの名言

アルキメデスの原理（浮力は押しのけた重さに等しい）で有名なアルキメデスですが名言を残しています。

「我に支点をあたえよ。されば地球をも動かさん」

つまり支点と長い剛体棒さえあれば地球だって動かして見せますよということです。てこの原理を初めて発見したのもアルキメデスといわれています。

18 慣性力

バスや電車が急発進したときに働く力

バスが急発進した場合、後ろ向きに倒れそうな感覚を覚えます。重力、接触力のいずれでもない「見えざる力」の正体を考えます。

慣性力とは

バスが急発進した場合、後ろ向きに倒れそうな感覚を覚えたり、あるいは電車が進行方向に加速すると、つり革が進行と逆向きにわずかに傾きます。まさに見えざる手？　による力が働いたと考えることができるのです。重力、接触力のいずれでもない「見えざる力」の正体を考えます。

まず、次のような無重力の宇宙空間に静止している質量m〔kg〕のボールを想像してください。

ボールは静止しているので働く力は0〔N〕です。ここで次の問題を考えてください。「ボールに手を触れずに動かしてください」――答えは実に簡単です。「ボールを眺めている**観測者自身が動く**。すると、ボールは観測者の移動方向と逆向きに、動き出す（ように見える）」

狐につままれるような答えですが、観測者の運動や立場によって目の前の現象が変わるのはとても大切な考え方です。

次の図のように、観測者が右向きに大きさa〔m/s²〕の加速度運動をしているとします。

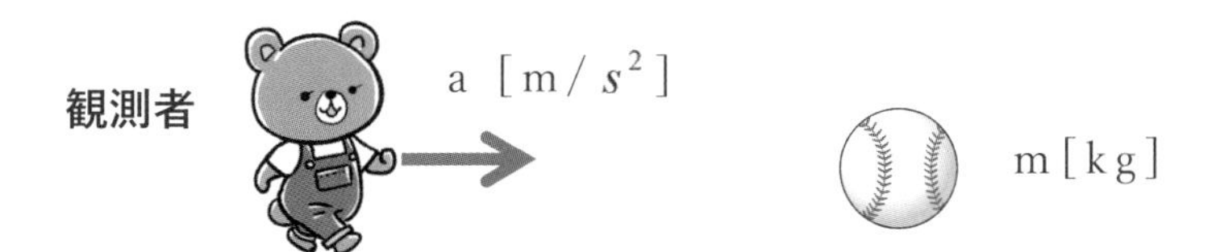

加速度運動する観測者からボールを眺めると、次の図のように**観測者と逆向きの大きさa〔m/s²〕の加速度**を持つように見えます。

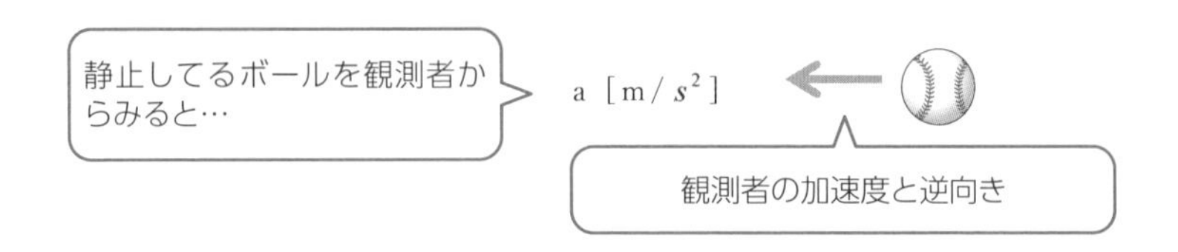

ところでボールに働く力は0〔N〕でしたね？　にも関わらず加速度運動するのは矛盾しています。物体が加速度を持つためには、加速度の方向に何らかの力が働いている必要があります。

そこで、物体には左向き（観測者の加速度と逆向き）に仮の力：fが働くと考えます。

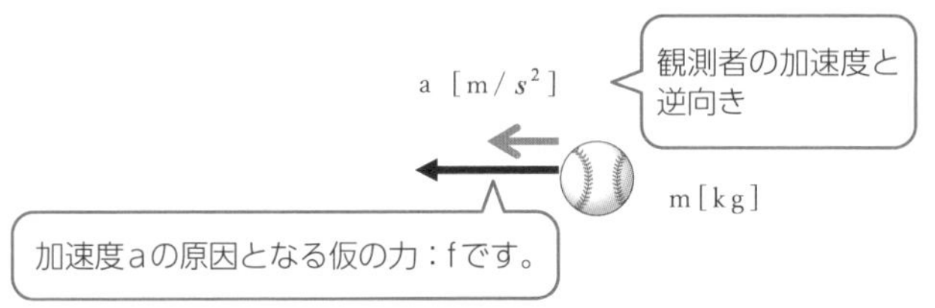

14節で登場した運動方程式より、仮の力fは次のように計算できます。

仮の力：$f = ma$〔N〕（方向は観測者の加速度と逆向き）

上記の仮の力を**慣性力**といい、観測者が加速度運動する場合に考える必要があるのです。

●**慣性力の特徴**
❶方向：観測者の加速度と逆向き　　❷大きさ：ma [N]

電車が加速を始めたとき、つり革が進行方向と逆向きに傾く理由は、慣性力が原因と考えると現象がうまく説明できるのです。冒頭に述べた見えざる力は慣性力なのです。

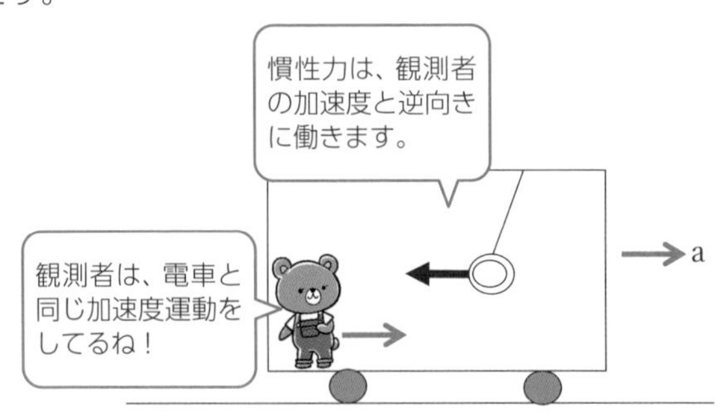

物理で日常の難問を解決する――教え子からのメール①

ご無沙汰しています、鈴木先生

私は、脳外科で今はカテーテルを持って手術しています。

先日、ふとした、疑問があり、ぜひ鈴木先生のご意見を伺いたく、メールさせていただきます。写メを送信させて頂きますが、これは、頸部血管や、脳血管を筒のように書いてます。

動脈硬化によるプラーク（カスですね）で狭くなった血管内で、できてしまった血栓により閉塞した、という状況です。この血栓だけを吸引するには、同じ陰圧をかけられるとしたら、広径のチューブで、吸引するのが効率的なのか、血栓の径に近い、より狭径のチューブで吸引するほうが効果的でしょうか？

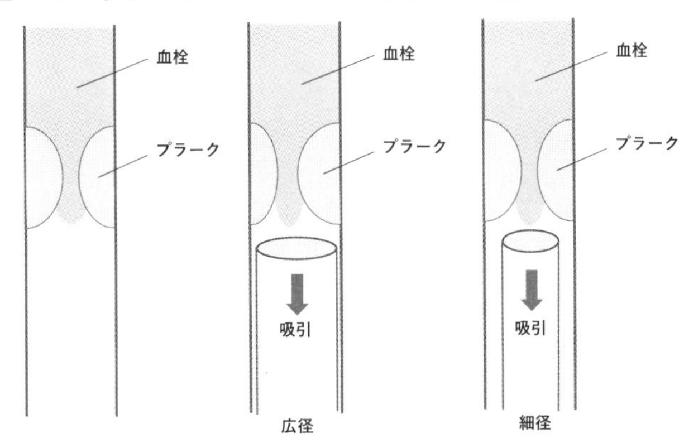

（27節 p80に続く）

エレベーターと相対理論

もし無重力空間でエレベーターが重力加速度gで上昇する場合、エレベーター内の人間には上昇と逆向きにmg〔N〕の慣性力が働きます。アインシュタインは地球上で働く重力とエレベーター内で働くmg〔N〕の慣性力は見分けがつかないという発想から一般相対性理論を導いたのです。一般相対論では、重力を空間の歪みで説明し、ブラックホールの予言まで行っています。

19 仕事と仕事率

物理における「仕事」とは

「仕事」という言葉は、日常生活でよく使われています。この仕事という言葉、物理では意味合いが違います。詳しく説明してまいりましょう。

仕事を数値で表す

仕事という言葉は日常生活でもよく使われます。あいつは仕事ができそうだ…、仕事に遅れる…等々。しかし、そもそも物理で登場する仕事は日常で使われているものとはニュアンスが異なるのです。そこでこの節ではまず、物理での仕事を定義します。

次の図のように、Aさんが物体に大きさF〔N〕の力を加えています。

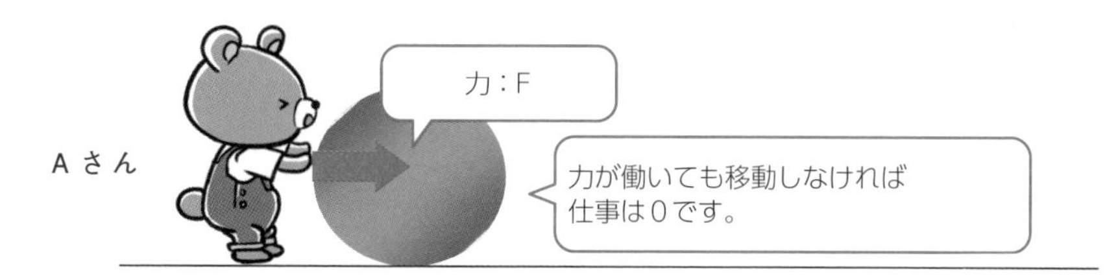

Aさんがどんなに頑張って大きな力を加えても物体が動かなければ、仕事は0なのです。**力を加えて物体の移動があって初めて仕事した**ことになるのです。次の図のように力Fを加え、物体が力と同じ方向にx〔m〕移動する場合の仕事を英単語のworkの頭文字Wで表します。

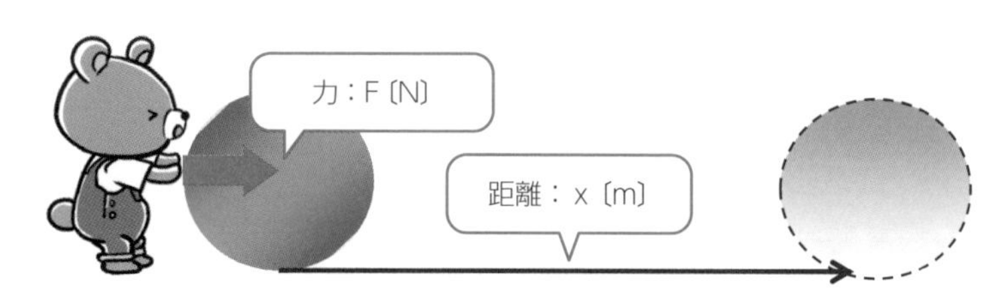

仕事Wは力Fと移動距離xの掛け算として次のように定義します。

●**仕事 W = Fx（力×移動距離）**

仕事の単位は〔Nm〕としても良さそうなのですが、イギリスの物理学者**ジェームズ・プレスコット・ジュール**の名にちなんで**〔J；ジュール〕**と表します。ところがもし、次の図のように物体の移動距離：x〔m〕と逆向きにF逆向きにF〔N〕の力を加えたとします。

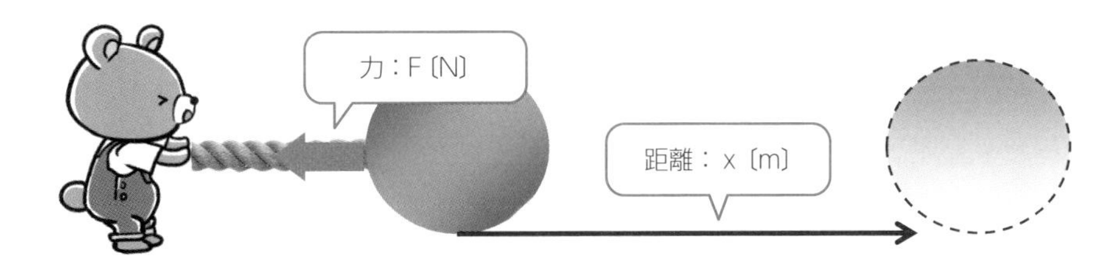

この場合、力Fは物体の移動を妨げる要因となっています。この場合の仕事は負と考えて、−をつけて次のように表します。

●**力Fと移動距離xが逆向きの仕事：W = − Fx〔J〕**

最後に仕事率を考えます。仕事率とはズバリ1〔s〕あたりの仕事です。仕事率はPower（パワー）の頭文字Pで表します。もし、t〔s〕間にW〔J〕の仕事がなされた場合、仕事率は次のように計算できます。

●**仕事率P〔W；ワット〕**$= \dfrac{W〔J〕}{t〔s〕}$

仕事率Pの単位は蒸気機関の発展に関わったスコットランド人発明家**ジェームズ・ワット**（James Watt）にちなんで**〔W：ワット〕**と表します。

ジュールと体温計

ジェームズ・プレスコット・ジュールは、1818年イギリス生まれ。家業の醸造業を営むかたわら研究を行っていました。「ジュールの法則」を発見したり、また、熱の仕事量の値を明らかにするなど、熱力学の発展に重要な寄与をしました。

仕事の単位となったジュールは、病弱のため、正式な学校教育は受けていません。また大学の教授のような職に就くこともなく、実家の資産を実験につぎ込んでしまうような純粋な？実験家だったようです。

研究熱心なジュールをよく表す、こんなエピソードがあります。彼は、新婚旅行でスイスに出かける際、温度計を持って行ったそうです。滝が落ちるときに滝の上と下では下のほうが、温度が高くなっていると考え、それを実証しようとしていたようです。

研究熱心なことはよく分かりましたが、奥さんはいったいどんな気持ちだったのでしょうか…。

ジュールはこの他にも、エネルギー保存則の発見や、ウィリアム・トムソンと出会い、「**ジュール=トムソン効果**」の発見などの業績を残しています。

▲ジェームズ・プレスコット・ジュール
(1818〜1889)

▲ウィリアム・トムソン
(1824〜1907)

20 運動エネルギー

運動する物体はエネルギーを持っている

「エネルギー」という言葉は、日常生活でもよく聞きますが、物理では違った意味を持ちます。詳しく解説していきましょう。

運動エネルギーとは

この節では、運動エネルギーが登場します。エネルギーという言葉は仕事同様、日常でよく登場します。エネルギー不足で体力が続かない…エネルギー問題を解決するには新しい技術が必要だ等々。

エネルギーとはズバリ、仕事する能力です、といわれてもイメージが湧かないかもしれません。そこでまず、運動する物体の仕事する能力=エネルギーがあることを示します。

次の図のように、質量m〔kg〕のボールが速さv〔m/s〕で飛んでいます。

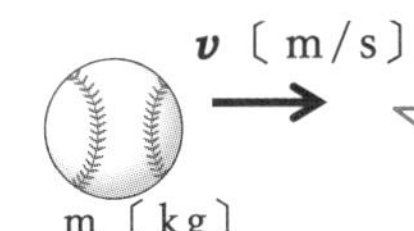

運動する物体は、他の物体にぶつかると止まるまでに仕事ができそうです。つまり、**運動する物体はエネルギーを持つ**のですが、このエネルギーを**運動エネルギー**と呼び、K〔J〕と表します。

運動エネルギーは英語でkinetic energyといい、その頭文字を取ってKと表します。運動エネルギーKを求めるために、次の図のように、ボールがグラブに当たり止まるまでの運動に注目します。

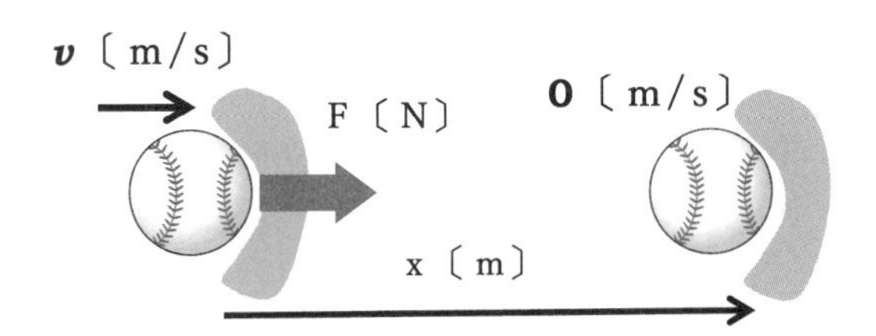

ボールがグラブを押す力をF〔N〕、グラブの移動距離をx〔m〕とします。すると、**運動エネルギーK＝ボールがグラブにした仕事**は、Fx〔J〕ですね。ここでボールの仕事を質量mと速度vで表すことを考えます。まず、次の図のようにボールの速度vが一定の割合で減少し、t〔s〕後に静止したとします。

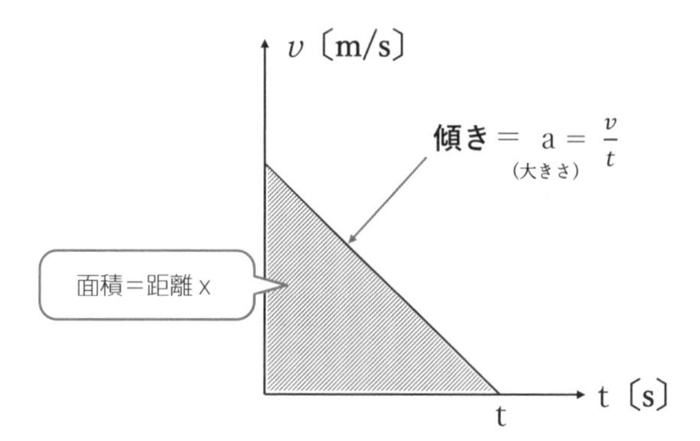

まずボールがグラブを押す力Fは、14節で登場した運動方程式よりF＝maで計算できます。加速度aの大きさは5節で示したようにv－tグラフの傾きです。よって加速度aの大きさは $\frac{v}{t}$ となります。一方移動距離xは3節で示したように**v－tグラフの面積**で計算できます。移動距離は $x=\frac{1}{2}vt$ です。改めてボールがした仕事＝Fxを計算します。

$$\text{仕事}=Fx=(ma)x=m\times\frac{v}{t}\times\frac{1}{2}vt=\frac{1}{2}mv^2\,〔J〕$$

上記の仕事が運動する物体が静止するまでにグラブにした仕事となり、まさに運動する物体が持つエネルギー＝運動エネルギーKそのものなのです。

●**運動エネルギー**；$K=\frac{1}{2}mv^2$〔J〕

エネルギーには様々な形があります。次節で登場する物体の位置で決まる位置エネルギー、熱エネルギー、電気エネルギー…と様々な形があります。最後に発見されたエネルギーは質量です。質量がエネルギーって何のこと？ と思うかもしれませんが、アインシュタイン博士の相対性理論によって質量がエネルギーの一種であることが証明されたのです。

21 位置エネルギー

ポテンシャル

「ポテンシャル」という言葉は、日常生活でもよく聞きます。ここで紹介する位置エネルギーは、英語ではpotential energyといいます。

位置エネルギーとは

前節では、運動エネルギーが登場しましたが、この節では位置で決まるエネルギーを考えます。例えば、ビルの屋上に砲丸投げの鉄球を持っていくと、その鉄球は屋上に存在するだけで仕事できそうです。なぜなら、屋上からうっかり鉄球を手放し地面に衝突すると、地面にめり込んでいくことで鉄球は仕事することになります。その位置に物体が存在するだけで物体が持つエネルギーが**位置エネルギー**です。

位置エネルギーは英語でpotential energyといいます。ポテンシャルという言葉も日常生活で登場する言葉ですが、ポテンシャルが高いといえば、まさに仕事する潜在能力が高いことを表します。potential energyの頭文字Pを使って位置エネルギーを表しても良さそうですが、前節の仕事率でPを使っていますので、適当な文字としてU〔J〕で表します。

次の図のように、地面の点Oを**位置の基準**とした高さh〔m〕の点Aにある質量：m〔kg〕の物体が持つ位置エネルギーUを計算します。物体がエネルギーを持つ理由は、物体に重力：mg〔N〕が働くからです。物体が持つエネルギーというよりも物体に働く重力mg〔N〕が仕事する能力を持っています。つまり、**位置エネルギーは力で決まる**のです。

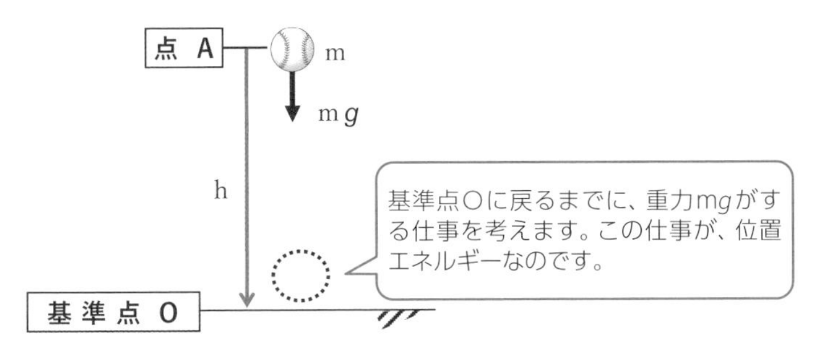

まず点Aにある物体が、基準点Oまで移動する間に重力mgがする仕事を計算します。この重力の仕事が点Aにある物体の位置エネルギーUとなります。

仕事は19節で登場しましたが、力Fと移動方向xが一致する場合、仕事Wは、$W = Fx$〔J〕となります。

この場合、力mgと移動距離hの方向は一致するので単純に$mg \times h$で計算できます。

●重力による位置エネルギー；$U = mgh$〔J〕

上記の結果を見て分かるように、位置エネルギーは力で計算できます。ところがこの宇宙には位置エネルギーが決まる力と、位置エネルギーが決まらない力があります。位置エネルギーが決まる力を**保存力**といい次のように定義されています。

「力のする仕事が、どんな経路を選んでも、スタートとゴールの位置だけで決まる場合、この力を保存力と呼ぶ」

例えば、京都駅から清水寺に向かう経路は様々ですが、選ぶ経路によって仕事は同じではないはずです。例えば、一旦大阪に立ち寄ってから清水寺に向かうような遠回りな経路を選ぶとより大きな仕事が必要となることは想像できるでしょう。

ところが重力の仕事は経路によらず同じとなるので位置で決まるエネルギーが定義できるのです。

なぜ重力が経路によらず仕事が同じ値となるのかはこの後のコラムで説明します。重力以外の保存力として、次の節では、ばねの力＝弾性力による位置エネルギーが登場します。

用語のおさらい

位置エネルギー　物体に対して力が働くとき、物体が移動すると力が仕事をします。このように物体の「位置」によって決まるエネルギーを「位置エネルギー」とよびます。

重力の仕事は経路によらず一定である

重力の仕事が経路によらず一定となる理由を説明します。

次のように点Aから基準点Oまで、ぐにゃっと曲がった黒い道筋で運んだ場合の重力のした仕事を考えます。

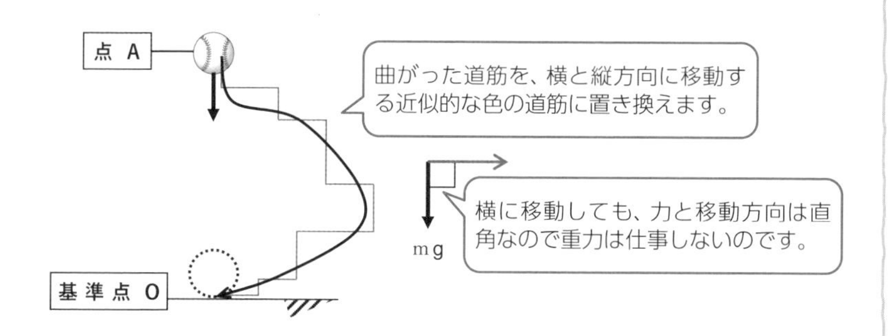

曲がった道筋を、上図のように横と縦方向に移動する近似的な道筋に置き換えます。ガタガタが気になりますが、横と縦の移動をめちゃくちゃ小さくすると、実際の曲がった曲線に近づきます。

横移動では力と移動方向が直角なので、重力は仕事しません。縦の移動での仕事をすべて足し合わせると、重力の仕事はまっすぐに移動した場合と同じ mgh〔J〕となるのです。

まさに、重力の仕事は経路によらず一定となることが分かります。このような力を保存力というのに対し、人の力や糸の張力、摩擦力などの、位置エネルギーが決まらない力を非保存力といいます。

・**保存力（Uが決まる）**：重力、弾性力、静電気力
・**非保存力（Uが決まらない）**：人の力、摩擦力、垂直抗力…

弾性力による位置エネルギー

ばねの力である弾性力

この節では、ばねの力である弾性力を考えます。弾性力がばねの伸びと関係があることに注目したのがイギリスのロバート・フックです。

弾性力

図のように、ばねの一端を壁に取り付け、他端に物体を取り付けます。ばねの伸縮がない自然長の物体の位置を基準点Oとし、x〔m〕だけばねを伸ばした点をAとします。点Aでは物体に点O（自然長）の位置に戻ろうとするばねの力が働きますがこの力を**弾性力**といいFと表します。

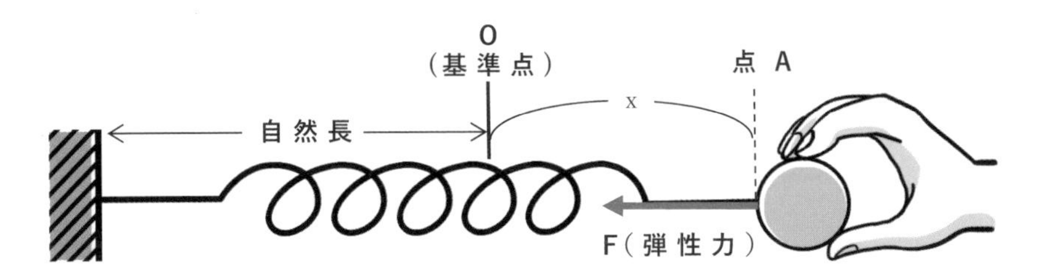

ロバート・フックは弾性力Fがばねの伸び（または縮み）xに比例することを提案します。比例定数をkとして弾性力Fは次のように表現できます。比例定数kは今後、**ばね定数**と呼びます。

> ●**フックの法則**
> **弾性力**；$F = kx$　（xは伸び）

上記の関係を**フックの法則**といいます。前節で位置エネルギーが保存力によって決まることを説明しましたが、この弾性力も保存力なのです。そこで弾性力による位置エネルギーを考えます。重力の位置エネルギーと同様に、点Aから基準点Oまで物体が移動した際に弾性力がした仕事を計算します。

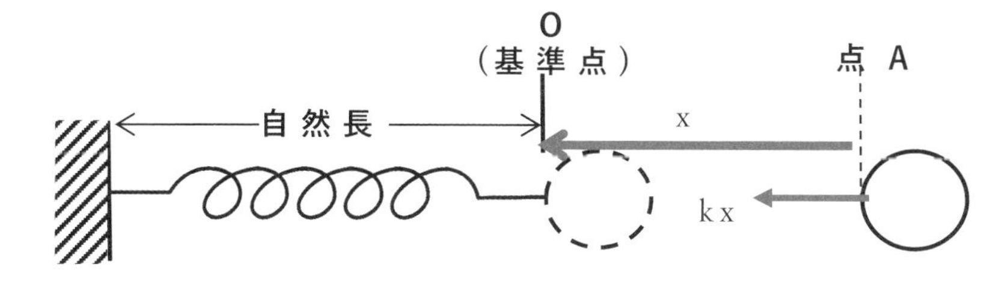

弾性力の仕事は、力（kx）×距離（x）でkx^2となりそうですがダメなのです。なぜなら、弾性力は次の図に見られるとおり、一定ではないからです。

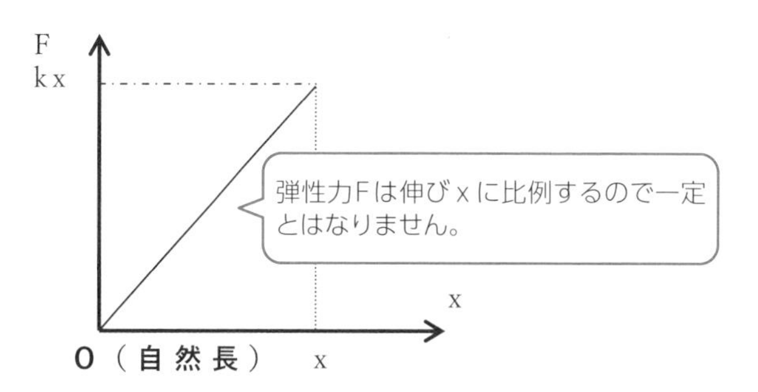

力Fが一定ではない場合、仕事はどのように計算するのでしょう？

もし、次のように力が一定ならば仕事WはW＝Fxとなりグラフの面積で計算できます。

▼力が一定の場合

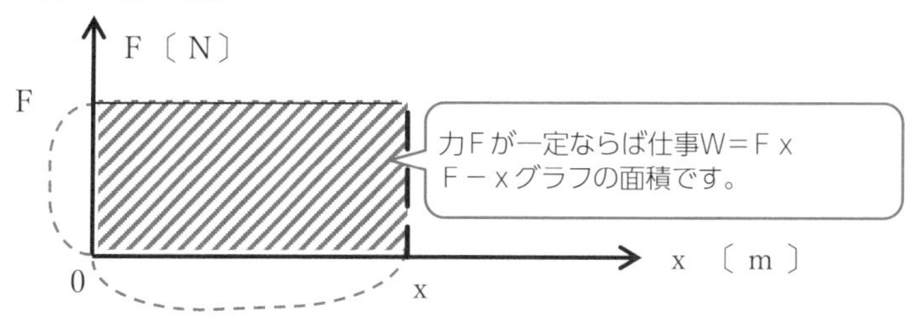

3節で登場したv－tグラフの話を思い出してください。速度vが一定ならば移動距離はグラフの面積です。これは速度vがどのように変化しても面積で移動距離xを計算できました。これと同様にFが変化する場合もF－xグラフの面積で仕事が計算できます。

▼移動距離のグラフ

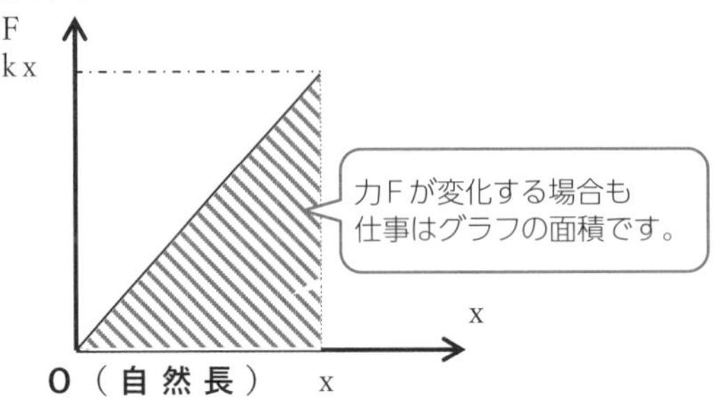

上記のF－xグラフの面積は三角形なので底辺x×高さkx÷2で弾性力の仕事が計算できます。

●**弾性力による位置エネルギー**$U = \frac{1}{2}kx^2$〔J〕

科学者フックを知っていますか？

ロバート・フックは、ニュートンより少し先にイギリスの学会に登場しています。

フックは気圧計、望遠鏡、ゼンマイ式時計などを発明し、自ら作成した顕微鏡の観察によって細胞（cell）という言葉を作り、ニュートンよりはるかに有名だったのです。しかし、ニュートンが運動の法則、万有引力の法則を発表した際にフックはそれらの法則は自分が先に思い付いたものと文句をつけて大論争に発展します。フックは科学者というよりも技術屋寄りの立場なのです。

これに対して理論屋であるニュートンが世間に認められるようになり、論争に勝ったのです。権力を得たニュートンはフックの死後、彼の器具、原稿、肖像画はすべて破棄させました。ニュートンが全部処分したおかげで、17世紀のダ・ヴィンチとまでいわれたフックの顔は、現在、誰も知りません。現在、フックほどの歴史に残る人物でありながら、伝記的な書物はいっさいありません。

▲フックの顕微鏡

23 仕事と運動エネルギー

仕事とエネルギーの関係

仕事と運動エネルギー、位置エネルギーを別々に扱ってきましたが、ここでは仕事とエネルギーの関係を考えます。ズバリ物体に仕事するとエネルギーはどうなるのか？です。

等加速度直線運動

次の図のように右向きに移動する質量m〔kg〕の物体に、右向きで大きさF〔N〕の一定力を加えてx〔m〕移動させます。

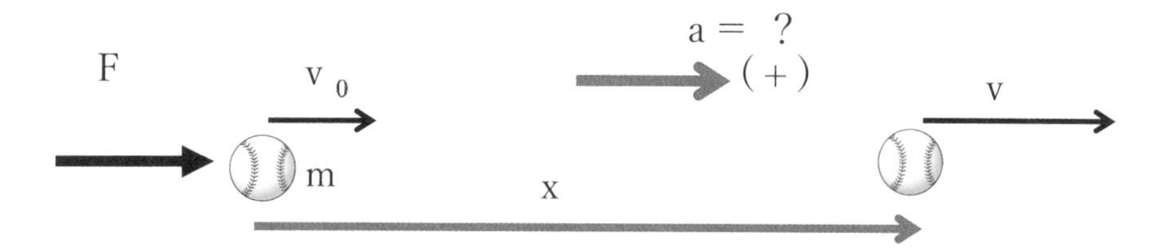

もちろんこの際の力Fの仕事WはW＝Fx〔J〕です。物体の速度がv_0〔m/s〕からv〔m/s〕まで増加したとすると、明らかに運動エネルギーK〔J〕は増加しています。力Fの仕事と運動エネルギーの増加の間に成り立つ関係をどのように導くことができるでしょうか？　注目したいのは、与えられた情報に時間tがまったく登場していないのです。そこで6節で登場した等加速度直線運動の時間無しの公式を再度確認します。

●**等加速度直線運動の時間無しの式**；$2ax = v^2 - v_0^2$

上記の式に現れるaは加速度ですが14節で登場した運動方程式で計算することができます。

●**運動方程式**；$F = ma$

前の運動方程式を加速度aについて計算すると次のようになります。

$$\text{加速度}\,a = \frac{F}{m}$$

上記の加速度aは力Fが一定なので加速度一定の等加速度直線運動することが分かります。そこで求めた加速度aを等加速度直線運動の時間無しの式に代入します。

$$2\frac{F}{m}x = v^2 - v_0^2$$

上記の左辺にはFの仕事Fxがあります。そこで両辺にmを掛けて、2で割ると次のようになります。

$$Fx = \frac{1}{2}mv^2 - \frac{1}{2}mv_0^2$$ （仕事＝運動エネルギーの増加）

右辺の $\frac{1}{2}mv^2$ は20節で登場した運動エネルギー；K〔J〕ですが、仕事した後から仕事する前の引き算となっており、運動エネルギーの増加を表します。つまり、物体に仕事すると仕事した分だけ運動エネルギーが増えることを表します。もし、物体にする仕事が負（−）ならば、運動エネルギーが減ることになるのです。

運動エネルギーを次のような水槽に蓄えられる水量、物体にする仕事を水槽に注がれる水量、負の仕事を排水される水量と考えると次の図のように表すことができます。

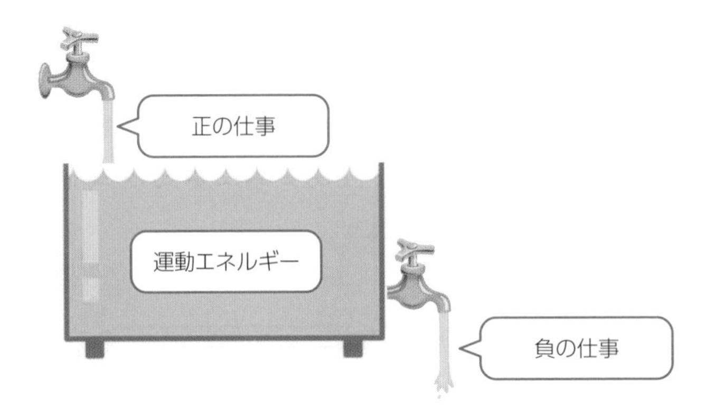

正の仕事はエネルギーの増加をもたらし、負の仕事はエネルギーを減少させるのです。

24 エネルギー保存の法則

エネルギーの総量は変わらない

エネルギー保存の法則は、「孤立系のエネルギーの総量は変化しない」という物理学における保存則のひとつです。詳しく解説していきます。

力学的エネルギー

前節で登場した仕事とエネルギーの関係を改めて確認します。

$$Fx = \frac{1}{2}mv^2 - \frac{1}{2}mv_0^2 \quad \text{(仕事＝運動エネルギーの増加)}$$

上記の関係式を元にこの宇宙を支配するエネルギー保存の法則を考えます。

次の図のように高さhにある質量mのボールにv_0の下向き初速度を与え、地面に達する直前の速さがvになったとします。

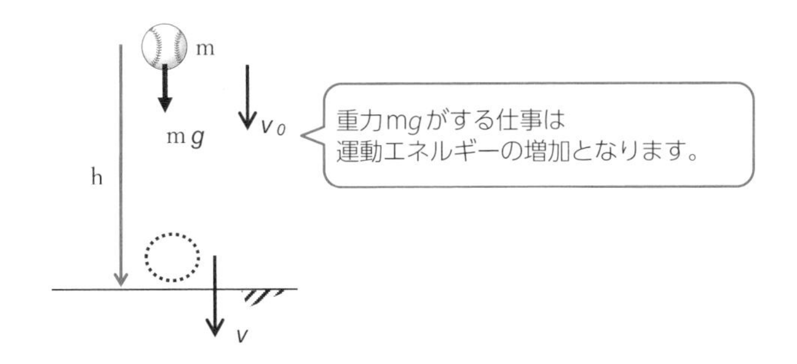

重力mgが物体にした仕事をWとするとW＝mghとなります。重力の仕事は物体の運動エネルギーの増加に等しいので次の関係が成り立ちます。

$$mgh = \frac{1}{2}mv^2 - \frac{1}{2}mv_0^2 \quad \text{(重力の仕事＝運動エネルギーの増加)}$$

上記の右辺mghは21節で登場した重力の位置エネルギーですね。

右辺の$\frac{1}{2}mv_0^2$を左辺に移項すると次のようになります。

$$\frac{1}{2}mv_0^2 + mgh = \frac{1}{2}mv^2$$

前ページの式の右辺は運動エネルギーKと位置エネルギーUの和；K＋Uとなっています。K＋Uを力学的エネルギーと呼びます。右辺は地面に達した際の力学的エネルギーですから、最初と最後の**力学的エネルギー**は保存されています。

重力などの保存力のみを受けた場合、力学的エネルギーが保たれるのですがこのことを**力学的エネルギー保存の法則**といいます。

●力学的エネルギー保存の法則

物体に重力や弾性力のみが働く場合、物体の力学的エネルギーは保存される。

地面に達した物体が衝突後、静止したとします。一見するとエネルギーが消え去ったように見えますが、実は違うエネルギーに換わっています。それは、衝突で生まれた**熱エネルギー**です。熱もエネルギーであることは後ほど説明します。

恐竜が滅びた原因は、小惑星が地球に衝突して運動エネルギーが莫大な熱エネルギーに変わり、火災によって生まれた灰や粉塵が大気層を覆い、太陽光が遮られて氷河期が訪れたためだといわれています。

エネルギーには様々な形があります。水素と酸素が結びついて水となる際に生まれるエネルギーは**化学エネルギー**、原子核反応で生まれるエネルギーは**原子力エネルギー**…と様々なエネルギーがあり、エネルギーはその形をどんどん変えるのですが、**エネルギーそのものは失われることはなく保存**されます。

エネルギー保存の法則は、この宇宙を支配する絶対的な法則なのです。

●エネルギー保存の法則

エネルギーは、運動エネルギー、位置エネルギー、熱エネルギー、電気エネルギー、化学エネルギー…等があり、これらのエネルギーはお互いに変換する。このとき外部とのエネルギーや仕事のやり取りがなければ、エネルギーの合計は一定となる。

25 力積と運動量

落としたコーヒーカップが割れない理由は?

この節では、急激な速度変化をとらえる際に、便利な物理量である力積と運動量の関係を考えます。

力学的エネルギー

次のイラストのように「せともの」でできたコーヒーカップを、鉄板と座布団に向けて自由落下させます。どうなりますか？　結果は想像の通りで、鉄板に落下したカップは割れ、座布団に落下したカップは壊れないのです。ではなぜこの違いが生まれたのでしょう？

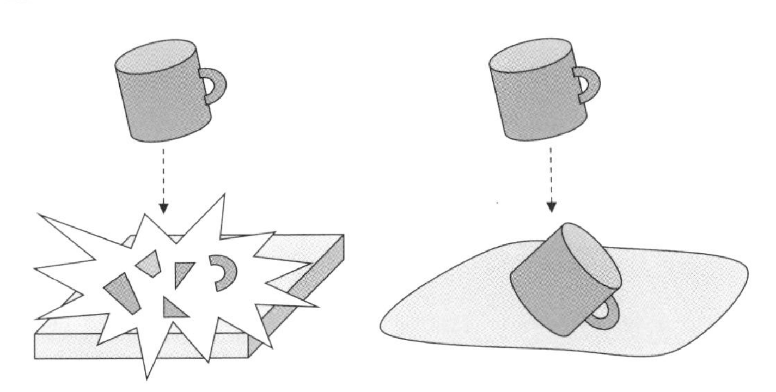

ここでは、急激な速度変化をとらえる際に、便利な物理量である**力積**と**運動量**の関係を考えます。

次の図のように右向きに移動する質量m〔kg〕の物体に、右向きで大きさF〔N〕の一定力t〔s〕を加えます。

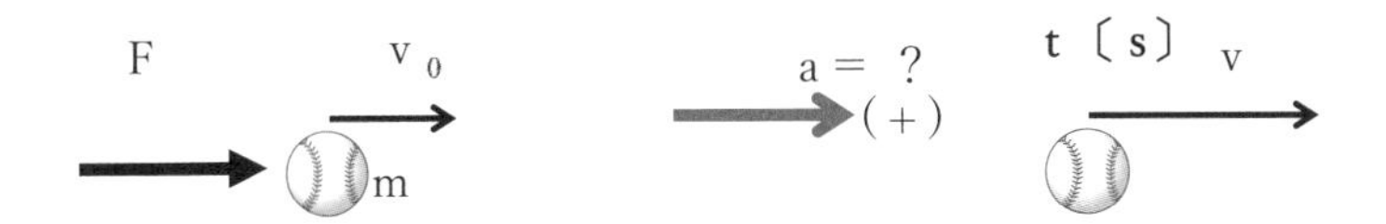

物体の速度がv_0〔m/s〕からv〔m/s〕まで増加した場合、ボールの加速度aは4節で示した通り、1〔s〕あたりの速度の増分として次のように計算できます。

ボールの加速度；$a = \dfrac{v - v_0 \,〔m/s〕}{t\,〔s〕}$ ……………………………… ❶

一方、ボールに加えた力Fは14節で登場した運動方程式より、次のように表すことができます。

ボールに加えた力　$F = ma$ ……………………………… ❷

❶の加速度aを❷に代入すると次のようになります。

$$F = m \times \frac{v - v_0 \,〔m/s〕}{t\,〔s〕}$$

上式の両辺に時間tを掛けると次のようになります。

$Ft = mv - mv_0$ ……………………………… ❸

上式の左辺に登場した**Ft**は力Fと時間tの積となっており**力積**といいます。力積の単位は力の単位〔N；ニュートン〕と時間の単位〔s〕の組み合わせで〔Ns〕と表します。

上式の右辺に登場した**mv**を**運動量**といいます。単位は質量の単位〔kg〕と速度の単位〔m/s〕の組み合わせで〔kg m/s〕で表します。

❸の右辺は力積を加えた後の運動量mvから前の運動量mv_0の差となっているので、運動量の増加を表します。

つまり、物体に加えた力積＝Ftが物体の運動量mvの増加となっていることを表します。

● $Ft = mv - mv_0$　**（力積＝運動量の増加）** 〔Ns〕〔kg m/s〕

運動量mvを最初に導入したのは**デカルト**です。デカルトは平面上の点の位置をx軸、y軸の座標で表す偉大な数学者でもあり哲学者でもあったのですが、物理にも関わっています。

これに対し前節で登場した運動エネルギー $\dfrac{1}{2}mv^2$〔J〕を導入したのが**ライプニッツ**です。ライプニッツはニュートンとは独立して現在使われている形式の微積分を発見、発明しています。

運動の大きさを運動量で表すか、運動エネルギーで表すかの論争があったのですが、物体の運動を違う尺度で見ただけで論争自体が無意味であることが50年後に微積分によって示されています。

ところで最初のコップの問題ですが解答は以下のとおりです。

コップはなぜ割れないのか？

解答

コーヒーカップを鉄板と座布団に向けて落下させると、鉄板に落下したカップは割れ、座布団に落下したカップは壊れない理由を次のように考えます。

まず、座布団に落下する場合を考えます。コップの質量をmとし、落下直前の速さをvとし、静止するまでの時間をtとします。

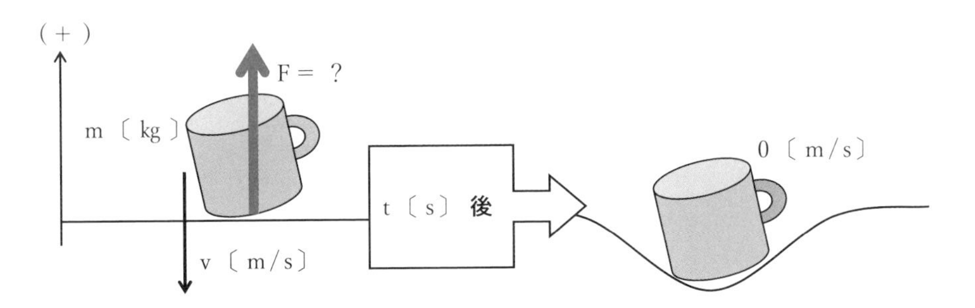

上向きを正に定めると、衝突前の運動量は下向なので（－mv）と表す必要があります。衝突後の運動量は0となっています。

コップが受けた力積は運動量の変化なので次のように計算できます。

コップが受けた力積：$Ft = 0 - (-mv) = mv$

上の式をコップが受けた力：Fについて求めると次のように計算できます。

コップが受けた力：$F = \dfrac{mv}{t}$

座布団に落下した場合は、静止するまでの時間：tが長く、力Fが小さいので、コップは割れません。

一方、鉄板に落下した場合は、静止までの時間：tが、きわめて短く、Fが大きくなるので、コップは割れるのです。

運動量保存則

宇宙を支配する保存則

相対性理論により、質量を含めてエネルギー保存則が成立することが分かりました。この節では、宇宙を支配するといってもよい運動量保存則を考えます。

運動量保存則

24節では、エネルギー保存則について解説しました。保存則に関して、古くは化学反応において質量が変わらないという**質量保存則**があります。ところが、原子核反応では質量が保存されていません。アインシュタインの相対性理論により、質量を含めてエネルギー保存則が成立することが分かったのです。この節では、宇宙を支配するといってもよい保存則として**運動量保存則**を考えます。

次のように質量mの物体A、質量Mの物体Bの右向きを正(+)とする直線上に静止する物体Bに物体Aが右向きに速度v_0で正面衝突する運動を考えます。衝突時にAがBを押す力の大きさをFとすると、13節で学んだ**作用反作用の法則**により、BはAを同じ大きさFで押し返します。力の大きさFは一定とし接触時間をtとします。衝突後、Aの速度がv、Bの速度がVに変化したとします。

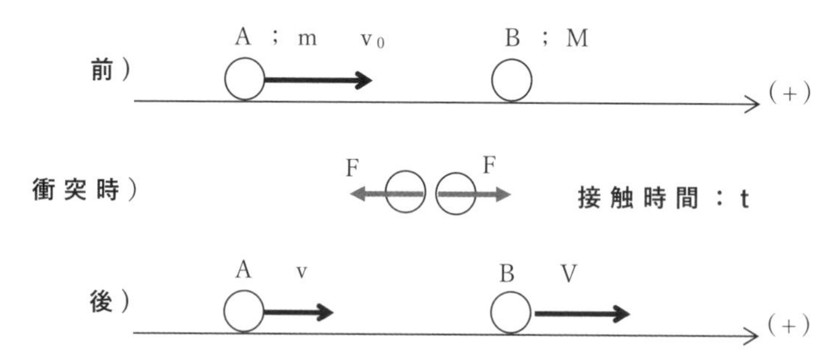

前節で登場した力積；Ftと運動量のmvの関係は次の通りです。

力積(Ft)＝運動量(mv)の増加

各物体について力積と運動量の関係を与えると次のようになります。Aが受けた力積の大きさはFtですが方向は左向きなので－Ftとなることに注意します。

A；　$-Ft = mv - mv_0$ ……………… ❶

B；　$+Ft = MV - 0$ ……………… ❷

上記の❶、❷の左辺に現れた力積に注目すると、符号が真逆で大きさが同じです。そこで右辺と左辺をそれぞれ足します。

❶＋❷より、

$$0 = (mv + MV) - (mv_0 + 0)$$

上の式のmv_0＋0は**衝突前の運動量の和**を表していますが、この項を左辺に移項すると次のようになります。

$$mv_0 + 0 = mv + MV$$

上記の式は衝突前の運動量の和と衝突後の運動量が同じであることを表しています。このことを**運動量保存則**といいます。

ここでいくつかの用語について説明します。A、Bのように複数の物体の集合を**物体系**といいます。太陽系とはまさに太陽を含めた物体の集合体です。系の内部で働く作用、反作用の力を**内力**、系の外部から働く力を**外力**といいます。

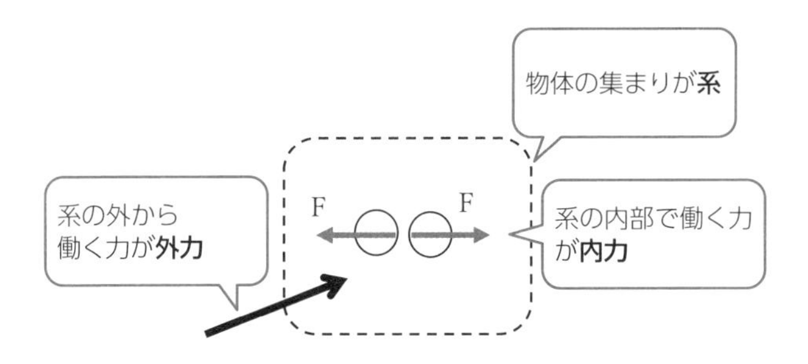

物体A、Bの衝突では衝突時に物体どうしが及ぼし合う内力のみで外力がありません。このように**外力無し（内力のみ）**の場合、**物体系の運動量の和は保存**されるのです。

> **運動量保存の法則**
> 外力無し（内力のみ）➡ $mv + MV$＝一定

ニュートンのゆりかご

運動量保存則を利用したおもちゃに、ニュートンのゆりかご、別名カチカチボール、衝突球があります。

ニュートンのゆりかごは、運動量保存則と力学的エネルギー保存の法則の実演のためにつくられたものです。この名前はアイザック・ニュートンにちなんで名付けられたものです。

1つの球を引っぱって離すと、その球は他の静止した球へ向かって衝突して、静止する。この瞬間、金属球がぶつかったのと逆側の球は、最初の金属球と同じ速さで弧を描いて飛んでいく。そして、逆の球が並んだ球に戻ってぶつかると、また同じ現象が起きます。

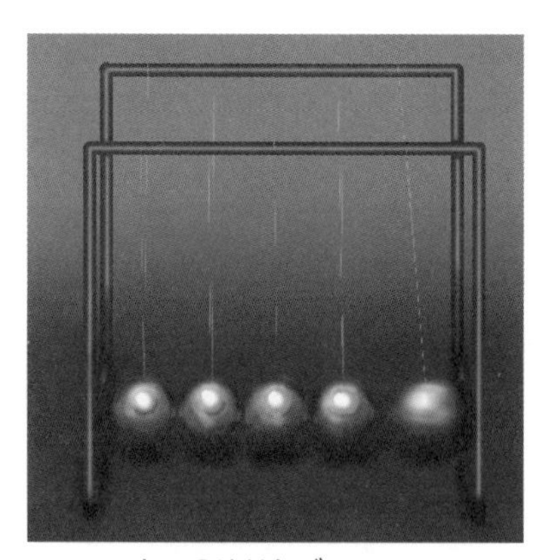

▲ニュートンのゆりかご

用語のおさらい

運動量保存則　外力無し（内力のみ）の場合、物体系の運動量の和は保存されます。これを運動量保存則といいます。

反発係数

バットで打つボールの飛びやすさを表す

日本のプロ野球では、2011年から「統一球」が採用されましたが、累計本塁打数は激減しました。反発係数が低くなったことが原因です。反発係数について説明していきましょう。

反発係数

この節では**反発係数**について考えます。反発係数は野球の世界ではバットで打つボールの飛びやすさを表す数値としてお馴染みです。

日本のプロ野球では2010年までは球団によって使用するボールがバラバラだったのが2011年から**統一球**と呼ばれるボールに変更されました。この結果、累計本塁打数は、2010年と比較して1,605本から939本に激減しました。これは反発係数が低くなったことが原因とされているのですが、そもそも反発係数とは何でしょうか？

次の図のように、床などのような固定面に対して直角にボールを衝突させます。衝突前のボールの速さをv〔m/s〕、衝突後の速さがv'〔m/s〕の場合を考えます。

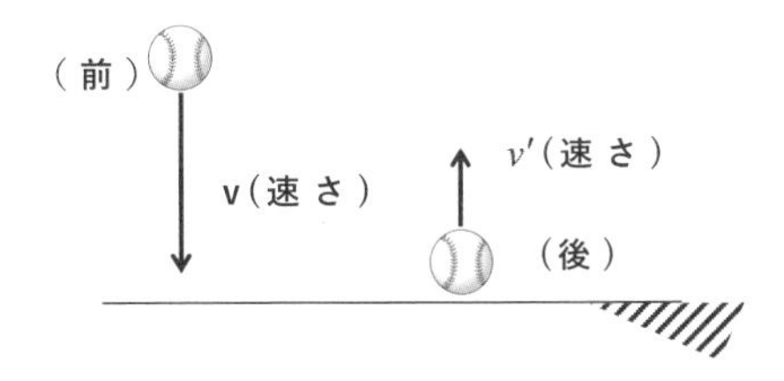

反発係数を、効率を表す英単語efficiencyの頭文字eを用いて次のように表すことができます。

●**反発係数**

$$e = \frac{衝突後の速さ}{衝突前の速さ} = \frac{v'}{v}$$

反発係数:eは、床（固定面）と小球の素材で決まり、様々な値をとるのですが、$0 \leqq e \leqq 1$の範囲があります。

例えば、次の図のように粘土で作ったボールを床に衝突させると衝突後の速さv'は0となるので反発係数eは0となり最小値となります。これに対し衝突後の速さv'が衝突前の速さvと同じとなる場合は反発係数eは最大値1となり最大値です。

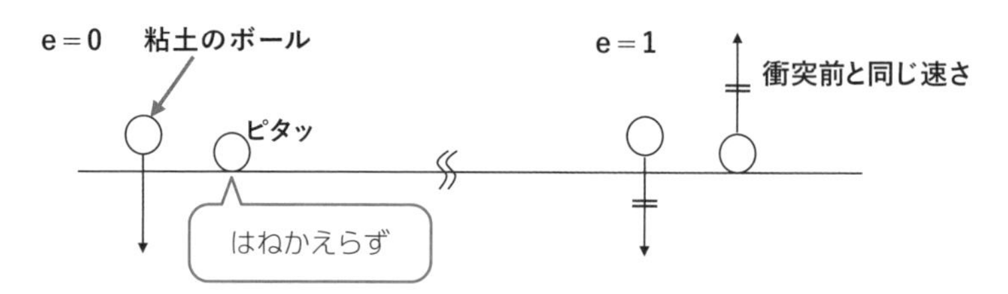

反発係数eが1となる現象は日常生活ではお目にかかることはないのですが、気体の分子が壁に衝突するような原子、分子レベルの世界では反発係数e＝1となるのです。e＝1の衝突を、**弾性衝突**と呼びます。弾性衝突は、衝突前後の速さが同じなので、衝突において**運動エネルギー：**$K=\frac{1}{2}mv^2$**が保存**されます。これに対し$0 \leqq e < 1$の衝突を、**非弾性衝突**と呼びます。この場合、衝突後の速さが、衝突前より減るので**運動エネルギーは減ります**ね。減ったエネルギーは、後に登場する**熱エネルギー**に変わるのです。

物理で日常の難問を解決する——教え子からのメール②

（p57からの続き）

吸引圧が同じだと、断面積が狭いほうが、こういった場合には、良いのか、もしくは、単純に広いほうが良いのでしょうか？　言い換えるならば、断面積にfitした口径のチューブのほうがいいとは、言えないのでしょうか？　図の青色の部分は、吸引されない部分なので、細くなった部分に詰まった血栓を吸引除去するには、どちらが有効なのか…？を考えています。お忙しい中、すみません。

（40節 p111に続く）

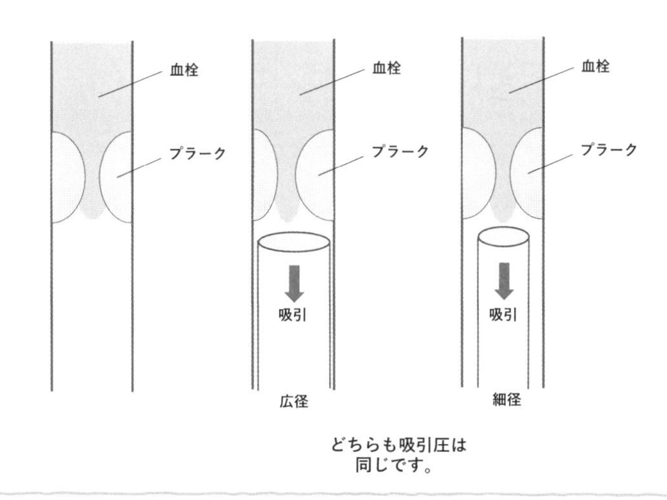

反発係数とホームランの関係

日本のプロ野球ではボールの反発係数は0.4034〜0.4234という幅がありましたが、2011年から統一球として反発係数が0.4134を目標値とすることが定められました。ちなみに、テニスボールの場合は0.73〜0.76と野球のボールよりはるかに大きいことが分かります。もし、野球のボールがテニスボール並みの反発係数であればホームランがどんどん量産されることになるでしょうね。

▼旧統一球と新統一球の本塁打数の比率

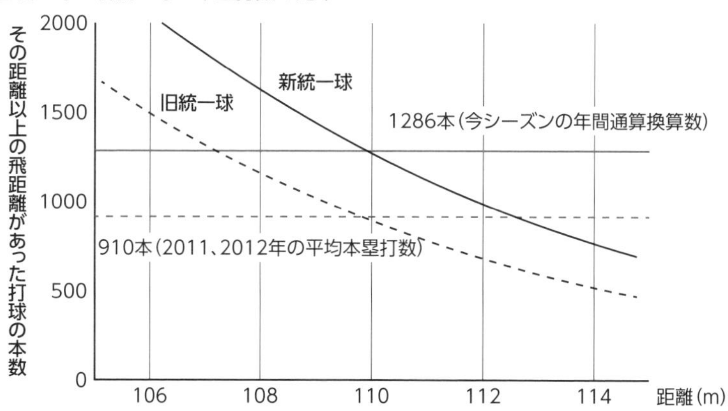

出典：プロ野球の統一球「わずかな反発係数の差」が「ホームラン数では一目超然」になるヒミツ!? | 雑学界の権威・平林純の考える科学 (wondernotes.jp)

円運動の周期と回転数(振動数)

度数法と弧度法

この節では、円運動の周期と回転数について解説していきます。円運動を考える上で必要となるのが角度の表現方法です。角度を円の弧の長さで表現する方法である弧度法で確認していきます。

円運動

この節では**円運動**を考えます。円運動を考える上で必要となるのが角度の表現方法です。もちろん1周りの角度といえば度数法の360° がお馴染みですが、角度を円の弧の長さで表現する方法である**弧度法**を確認します。まず、次の下の図1のように、半径1の円を描きます。

▼図1

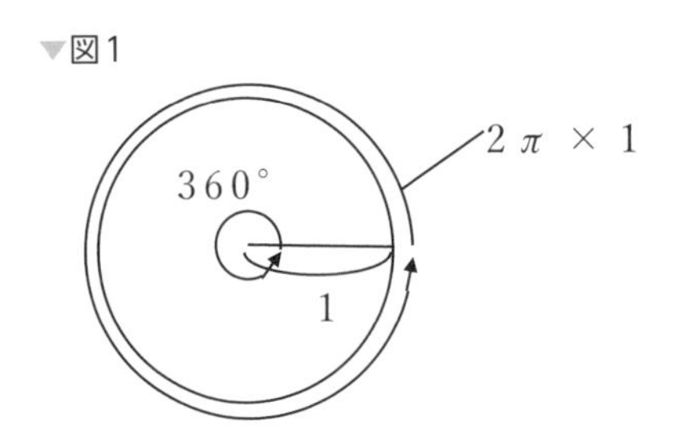

▼図2

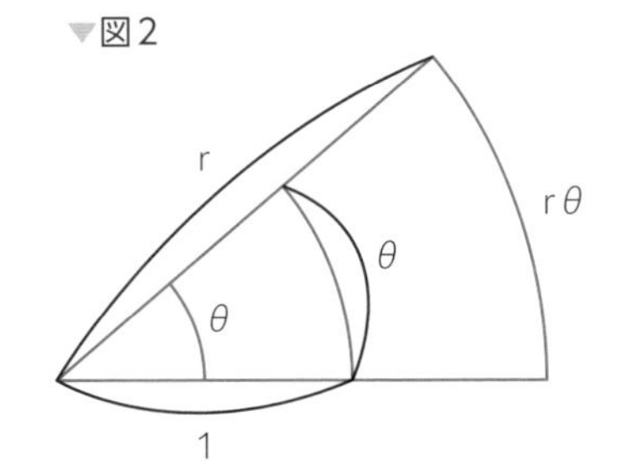

まず、半径rの円であれば円周率π (＝3.14...) を用いて円周の長さは$2\pi r$ですから、半径1の円周の長さは$2\pi \times 1$です。

度数法の360° を弧度法で表すと2πとなり、単位は〔rad；ラジアン〕で表現します。

● **度数法と弧度法の関係；$360° = 2\pi$〔rad〕**

さらに図2のような扇形を考えます。ギリシャ文字のθ (シータ)〔rad〕を用いて扇形の角度を表すと、θは半径1の円の弧の長さそのものです。もし、半径rの扇形の円の弧の長さであれば半径1の弧の長さθのr倍となるので$r\theta$となります。以上を踏まえて円運動について考えます。

次の図3のように点Oを中心とする半径r〔m〕の円周上を時計と逆方向に円運動する物体を考えます。円運動の速さが一定な運動を**等速円運動**といいます。まず円運動の**角速度**を定義します。角速度はギリシャ文字のω（オメガ）で表します。**角速度：ω（オメガ）**は、**1〔s〕間に進む角度**です。

▼図3

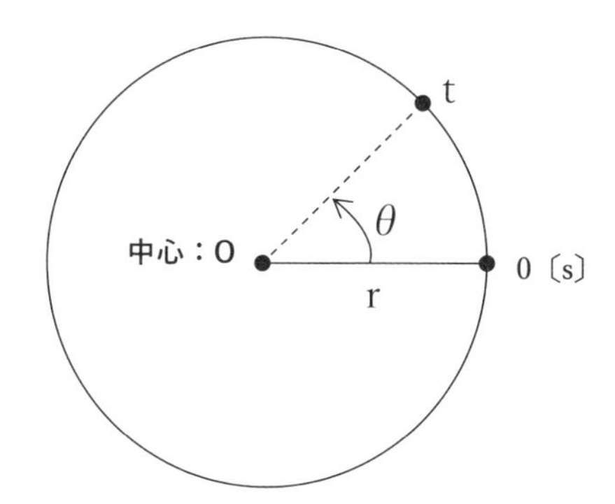

t〔s〕の間に進む角度がθ〔rad〕の場合、次のように進んだ角度θを時間tで割ることで計算できます。

●**角速度**；$\omega〔\mathrm{rad/s}〕= \dfrac{\theta〔\mathrm{rad}〕}{\mathrm{t}〔\mathrm{s}〕}$

ここで円運動の周期を定義します。周期は円運動1回転する時間でT〔s〕と表します。1回転する間に進んだ角度は2π〔rad〕です。上記の角速度の式に当てはめると、次のようになります。

$$\omega = \frac{\theta〔\mathrm{rad}〕}{\mathrm{t}〔\mathrm{s}〕} = \frac{2\pi〔\mathrm{rad}〕}{\mathrm{T}〔\mathrm{s}〕}$$

上記の式を周期T〔s〕について求めると次のようになります。

●**円運動の周期**$\mathrm{T}〔\mathrm{s}〕= \dfrac{2\pi〔\mathrm{rad}〕}{\omega〔\mathrm{rad/s}〕}$

周期Tと関連する値として回転数（または振動数）fを定義します。回転数は1〔s〕間に回る回数です。例えば、周期T＝0.2〔s〕の場合、1秒間に回る回数fは

1 ÷ 0.2〔s〕＝5〔回/s〕となります。つまり、回転数fは周期Tの逆数となります。回転数（振動数）の単位はドイツの物理学者の**ハインリヒ・ルドルフ・ヘルツ**にちなんで**Hz（ヘルツ）**で表します。

● **回転数（振動数）**；$f〔Hz〕 = \dfrac{1}{T〔s〕}$

電磁波は何の役にも立たない!?

ヘルツの単位の名前となったハインリヒ・ルドルフ・ヘルツは、1857年、ドイツに生まれました。ヘルツは、マクスウェルの電磁気理論をさらに明確化し発展させました。

電磁波で有名なヘルツですが、気象学、接触力学についても研究を重ね、論文を残しています。

ヘルツは1887年に世界で初めて電磁波（いわゆる電波です）を実験で飛ばしました。ヘルツ自身は、「肉眼では見えないこの電磁波は、存在はするが何かの役に立つことはないだろう」と、当時述べていました。彼の発見の理論付けは後世の者が行い、後に無線通信時代をもたらしました。

電磁波は、現在ではスマホをはじめとして私たちの生活になくてはならないものになりました。電磁波のない世界は考えられません。

甥であるグスタフ・ヘルツは、1925年にノーベル物理学賞を受賞、その息子のC.ヘルツは、医療用超音波検査を発明しています。単位のヘルツは、1930年に正式に採用されています。

▲ハインリヒ・ルドルフ・ヘルツ（1857～1894）

29 円運動の速度、加速度

度数法と弧度法

この節では、円運動の周期と速度と加速度について解説していきます。改めて弧度法を確認すると、半径1の円の弧の長さで表現します。

円運動の速さ、加速度

前節では、角度の表記方法として弧度法が登場しました。改めて弧度法を確認すると半径1の円の弧の長さで表現します。角度θ〔rad〕の半径1〔m〕の弧の長さはθ〔m〕なので、半径rの弧の長さは半径1の弧の長さのr倍となり$r\theta$〔m〕となります。

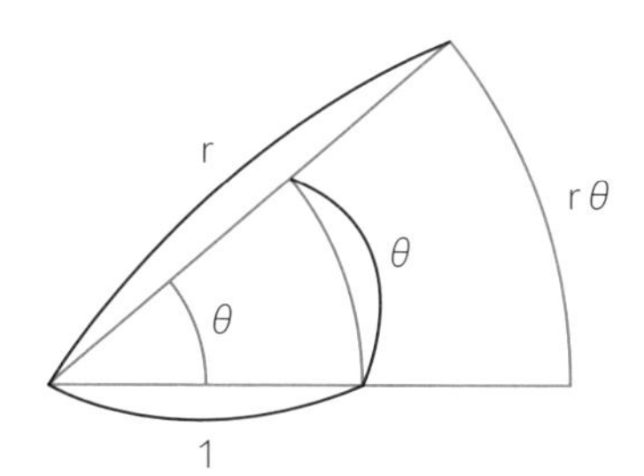

この節では等速円運動の速度、加速度の大きさと方向を考えます。前節と同様に点Oを中心とする半径r〔m〕の円周上を時計と逆方向に角速度ω〔rad/s〕の等速円運動する物体の速度を考えます。

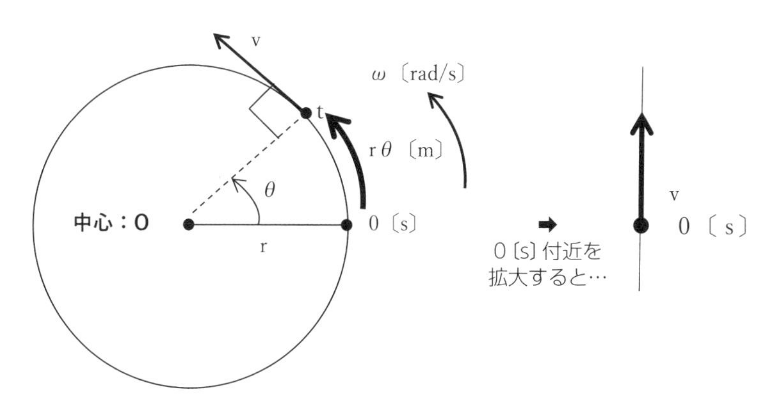

速度の大きさ（速さ）をvとすると、進んだ距離r θ〔m〕を時間t〔s〕で割ることで次のように計算できます。

円運動の速さ $v = \frac{r\theta\,[\mathrm{m}]}{t\,[\mathrm{s}]} = r \times \frac{\theta\,[\mathrm{rad}]}{t\,[\mathrm{s}]}$

上の式の $\frac{\theta\,[\mathrm{rad}]}{t\,[\mathrm{s}]}$ は、前節で登場した角速度ω〔rad/s〕です。

よって、速さvは次のように半径rに角速度ωをかけた形となります。

円運動の速さ $v = r\omega$ **〔m/s〕**

また、速度の方向ですが、0〔s〕の瞬間の速度の方向は前ページ右図のように接線方向の直線上を運動するように見えます。よって**速度の方向は常に接線方向**となります。

次に等速円運動の加速度を考えます。次の図のように0〔s〕の速度をv、t〔s〕後の速度をv'と表します。等速円運動ならば、大きさは同じですが方向は右図のようにθだけ方向が変わっています。

加速度の大きさaは速度の変化／時間で計算できます。速度の変化は右図のように青色のベクトルとなり大きさは、半径vの扇形の弦の長さとなります。しかし、0〔s〕の瞬間の加速度を求めるためにはθを0に近づける必要があります。すると、扇形の弦の長さは扇形の弧の長さ＝v θとほぼ同じ長さと見なすことができます。

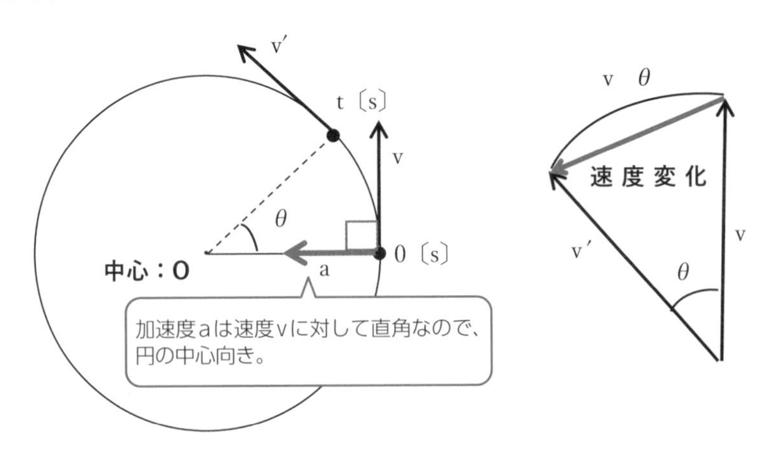

加速度の大きさaは次のように計算できます。

$$\textbf{等速円運動の加速度}\ a = \frac{v\,\theta\,[\mathrm{m/s}]}{t\,[\mathrm{s}]} = v \times \frac{\theta\,[\mathrm{rad}]}{t\,[\mathrm{s}]}$$

よって加速度aは速さvに角速度ωを掛けた形となります。

$$\textbf{円運動の加速度}\ a = v\,\omega\,[\mathrm{m/s^2}]$$

さらに加速度の方向は前ページ右図のθを0に近づけると速度に対して直角、すなわち円の中心Oに向かう方向となります。

ジェットコースターはなぜ落ちない？

ジェットコースターはお好きですか？　富士急ハイランド「フジヤマ」、高さ・落差・速さで世界一に認定された三重県ナガシマスパーランド「スチールドラゴン」など絶叫マシン好きにはたまらないですよね。ジェットコースターと円運動とは深い関係があるのです。

円の形で動いているとき、速く回っているときは、中心から離れようとする力が大きいため、ジェットコースターが落ちることはありません。バケツに入れた水がこぼれないのと同じ仕組みです。31節で詳しく説明します。

円運動の向心力

度数法と弧度法

物体が運動する軌道上の任意の点で、物体に働く力を、軌道の接線方向と曲率の中心方向に分解したとき、後者を向心力といいます。

円運動の向心力

前節で登場した等速円運動の速度v、加速度aについてまとめてみましょう。

❶方向

次の図の通り、**速度は接線方向**で、**加速度は常に円の中心向き**です。

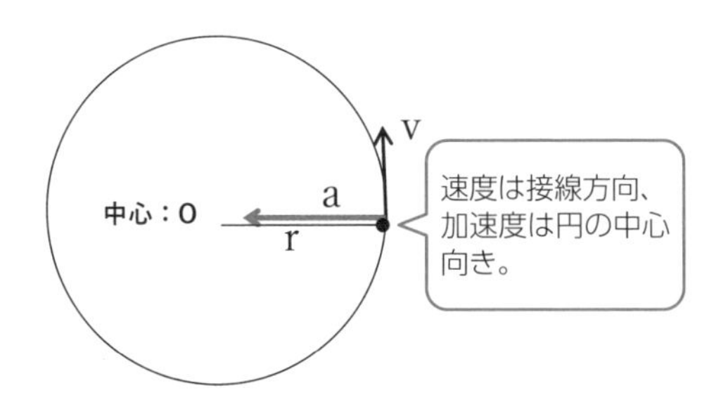

❷大きさの関係

速さ$v = r\omega$、加速度$a = v\omega$の関係は半径rに角速度ωを1度ずつ掛け算する関係となっており、数学では**等比数列**といいます。

$$r \xrightarrow{\times\omega} v \xrightarrow{\times\omega} a$$

$$(= r\omega) \quad (= r\omega^2)$$

速さ：$v = r\omega$から、角速度について求めると$\omega = \frac{v}{r}$となります。これを加速度：$a=r\omega^2$に代入します。すると、加速度：aは、半径rと速度vを用いて次のように表すことができます。

加速度：$a=r\left(\frac{v}{r}\right)^2=\frac{v^2}{r}$

以上を元に、この節では円運動する物体に働く力を考えます。

角速度ωで等速円運動する質量m〔kg〕の物体に働く力をFとします。

14節で登場した運動方程式：F＝maに$a=r\omega^2$を代入すると次のように計算できます。

円運動する物体に働く力；$F=mr\omega^2$

力の方向は加速度aと同じ方向です。加速度aは円の中心向きなので、力Fも中心向きとなります。円運動する物体には常に中心に向かう力が働くのですが、この力を**向心力**といいます。

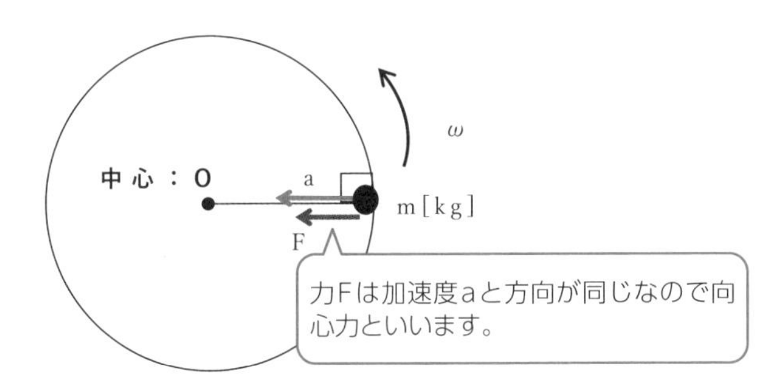

円運動する物体には常に円の中心に向かう向心力が働きます。例えば、次の図のようにハンマー投げを例に挙げるとおもりに取り付けられたワイヤーを引っ張りながらおもりを回転させますが、ワイヤーを通じておもりを引っ張る力が向心力として働いています。

もし、手を放すと向心力は0となりますのでこの瞬間の円運動の接線方向を初速度として円運動から外れて接線方向に飛んでいきます。

遠心力

水で満たされたバケツを回転すると…

この節では、遠心力について解説していきます。円運動をしている物体が受ける慣性力のひとつで、円の中心から遠ざかる向きに働く力をいいます。

遠心力とは

18節で登場した**慣性力**を再度確認します。観測者が加速度運動する場合に次の慣性力を考える必要があります。

●慣性力の特徴

❶方向：観測者の加速度と逆向き
❷大きさ：ma [N]

前節では、円運動を外から眺める立場で、向心力を考えましたが、今回は円運動と共に運動する観測者を考えます。

物体と共に、円運動する観測者から眺めると、物体は静止しているように見えます。

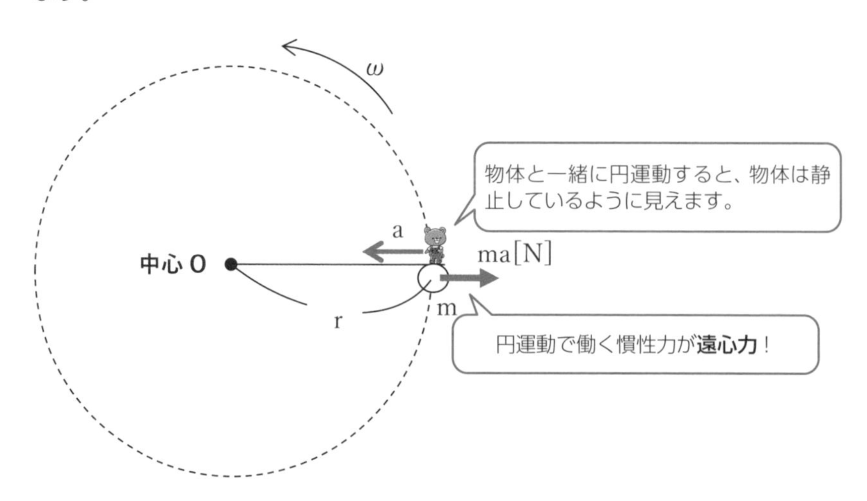

前節で登場したハンマー投げに注目します。ワイヤーがおもりを引っ張る張力F〔N〕を計算します。話を簡単にするために重力の影響を無視します。

ハンマー投げの重りの質量をmとします。物体と共に運動する観測者から眺めると、物体は静止してるように見えます。重力の影響を無視するならば糸の張力：Fは、遠心力：ma＝mr [N] とつりあっています。

室伏選手のハンマー投げを計算してみると

室伏広治選手のハンマー投げを計算してみましょう。1.75秒間にハンマーを4回転するとします。28節で登場した周期Tを計算します。周期は1回転する時間ですから、次のように計算できます。

$$\text{周期}\,T = \frac{1.75\,〔s〕}{4}$$

周期Tから角速度ωが次のように計算できます。

$$\text{角速度}\,\omega = \frac{2\pi}{T} = 2 \times 3.14 \times \frac{4}{1.75\,〔s〕} = 14.35...\,〔rad/s〕$$

ハンマー投げの、ワイヤーの長さr＝1.2m、重りの質量m＝7.26kgをつりあいの式F＝mr [N]（遠心力）に代入します。

$$F = 7.26kg \times 1.2m \times (14.35\,〔rad/s〕)^2 = 1793.99 ≒ 1794\,〔N〕$$

重力m*g*に換算していくらの重り（m〔kg〕）を持ち上げるのに等しいかを計算するにはF＝1794〔N〕を重力加速度*g*＝9.8で割ると次のようになります。

$$1794\,〔N〕 \div 9.8 ≒ 183kg$$

つまり、183kgの重りを持ち上げるだけの張力が腕にかかっているのが分かります。

32 万有引力

木から落ちるリンゴの謎を解く

万有引力について解説します。万有引力は、ニュートンの発見であまりにも有名ですが、宇宙にあるすべての物体が、互いに引き合う引力のことです。

万有引力とは

万有引力とは、この宇宙にあるすべての物体が、お互いに引き合う引力です。この万有引力に初めて気付いたのが、ニュートンです。ニュートンは、リンゴが落ちるのを見て、地球の引力が原因ではないか？と考えたようです。そしてこの引力は、はるか遠い月などの天体にも、働いているのではないかと考え、数式で表したのです。

ちなみに、ニュートンのリンゴは、「ケントの花」と呼ばれる品種で、風がなくても収穫前に果実が落下しやすい性質があるそうです。

もし、果実が落ちにくい品種のリンゴであったら、万有引力の発見は、遅れたのかもしれませんね。

地球のすぐ近くにある物体が受ける万有引力が重力です。重力は質量m〔kg〕に比例し、mg〔N〕と表すことができます。ところが、地球から離れた場所にある月や人工衛星などに働く万有引力は地球からの距離r〔m〕に関係するはずです。

次の図のように、人工衛星の質量をm〔kg〕、地球の質量をM〔kg〕、2物体の重心間の距離をr〔m〕とします。地球が人工衛星を引く力をF〔N〕とすると、その反作用として同じ大きさで逆向きの力Fが地球に働きます。

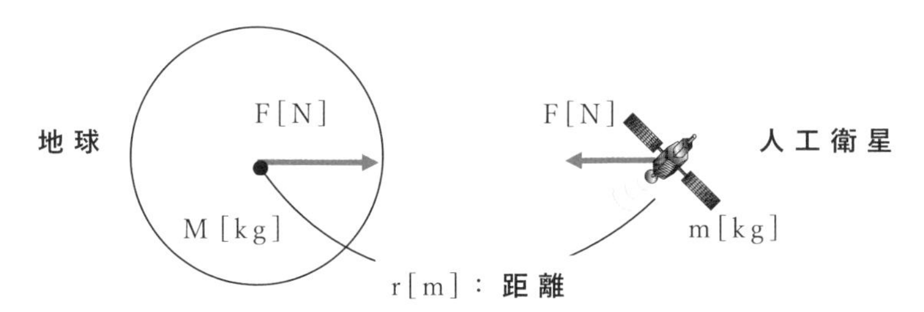

まず、人工衛星に働く力は重力同様、質量mに比例します。一方地球に働く反作用Fも同様に地球の質量Mに比例すると考えることができます。さらに2物体の距離rが遠くなるほど、万有引力は小さくなると考えるのが自然です。月をはじめとする天体の運動を説明するためには距離rの2乗に反比例と考えるとうまく説明できます。

以上をまとめると万有引力Fは、各物体の質量M、mに比例し2物体の距離rの2乗に反比例する。このことを式で表すと次のようになります。

- **万有引力**；$F = G\dfrac{Mm}{r^2}$
- **万有引力定数**；$G = 6.67 \times 10^{-11}\,[Nm^2/kg^2]$

（各物体の質量に比例、距離の2乗に反比例）

上記のGは比例定数で万有引力定数と呼ばれる値です。10^{-11}とあるのは1を1,000億で割ることを表しており非常に小さな数字です。

ですから、日常レベルでは万有引力は極めて小さいので無視することができます。これに対して地球の質量Mは非常に大きいので万有引力は意味のある力となるのです。

ちなみに地球の質量についてはこの後にご紹介しましょう。

地球の質量

地球の質量を計算してみよう!

この節では、私たちが生活している地球の質量を計算してみようと思います。いったいどれくらいになるのでしょうか。詳しく見ていきましょう。

地球の質量を計算してみる

前節では、万有引力が登場しました。万有引力の大きさは次のように表現できます。地球の質量を計算してみましょう。**地球の質量**をM〔kg〕、半径をR〔m〕とします。

●**万有引力**；$F = G\dfrac{Mm}{r^2}$

●**万有引力定数**；$G = 6.67 \times 10^{-11}\ [Nm^2/kg^2]$

(各物体の質量に比例、距離の2乗に反比例)

この節では、地球の質量を考えます。下の図を見てください。地上にあるボールが、地球から受ける万有引力を示しています。

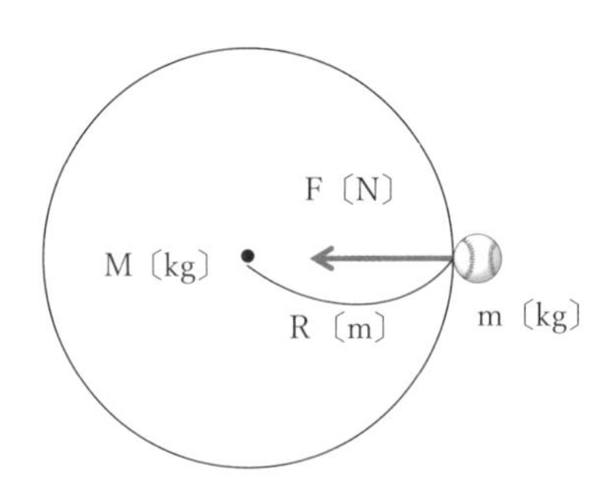

地球上にある質量m〔kg〕のボールが、地球から受ける万有引力の大きさFは、次のように2通りの表し方があります。

まず、地上における重力加速度：gを用いて表すと、Fは重力として、次のように表すことができます。

$F = mg$ ……………………………… ❶

一方、地球の重心（中心）からボールまでの距離は、ほぼ地球の半径：Rですから、Fは万有引力として、次のように表すことができます。

$$F = G\frac{Mm}{R^2} \quad \cdots\cdots ❷$$

❶＝❷から、mを消去すると、次の式が得られます。

$mg = G\dfrac{Mm}{R^2}$ よって、$g = G\dfrac{M}{R^2}$

つまり、重力加速度：$g = 9.8$〔m/s^2〕という数字は、地球の質量：M〔kg〕と地球の半径：R〔m〕で、決まる値であることが分かります。上記の式を地球の質量：Mについて求めると次のようになります。

$$M = \frac{gR^2}{G}$$

この式に$g = 9.8$〔m/s^2〕、$R = 6400$〔km〕$= 6.4 \times 10^6$〔m〕
$G = 6.67 \times 10^{-11}$〔Nm^2/kg^2〕を代入すると、地球の質量が具体的な数値として、次のように計算できます。

$$M = \frac{9.8 \times (6.4 \times 10^6)^2}{6.67 \times 10^{-11}} = 60.18... \times 10^{23} \fallingdotseq 6 \times 10^{24}〔kg〕$$

いかがですか？　地球の質量はとてつもなく大きな数字であることが分かります。

万有引力定数を測定する

万有引力定数は6.67×10^{-11}〔Nm^2/kg^2〕というとてつもなく小さな値ですがこの値を実験で測定した人物が、イギリスの物理学者**キャベンディッシュ**です。キャベンディッシュは1.8mの長さの両端に同じ質量の鉛の小球を糸で天井からつるします。この装置をねじり秤といい、鉛球にわずかな力が働くだけ糸がねじれます。この装置の一方の鉛の大きな球に質量160kgの鉛球を近づけたのです。小球と大球の間にわずかに働く万有引力によって糸がねじれ、このねじれの角度を測定することで世界で初めて万有引力定数を測定したのです。

現在では自由落下するレーザー光線を用いた原子干渉計で万有引力をより高い精度で測定できるようになりました。

34 万有引力の位置エネルギー

万有引力は保存力!

万有引力はズバリ、保存力です。保存力とは、位置エネルギーが決まる力です。この節では、万有引力の位置エネルギーについて説明していきます。

万有引力の位置エネルギー

万有引力はズバリ、**保存力**です。保存力とは、位置エネルギーが決まる力です。21節で登場した重力mgの位置エネルギーは次のように基準点Oまでの保存力の仕事で計算できました。

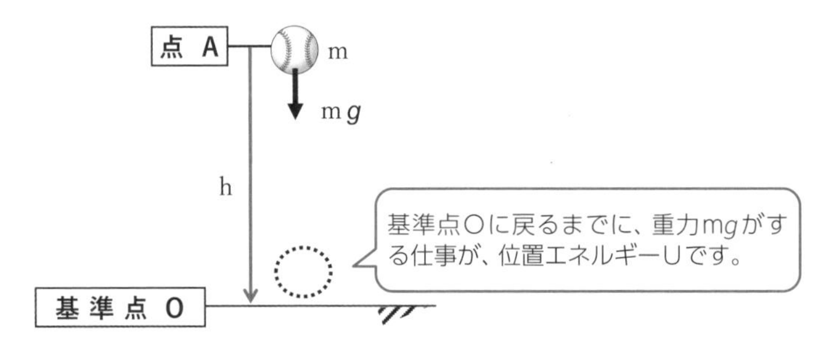

● **重力による位置エネルギー**;U = mgh〔J〕

この節では、万有引力による位置エネルギーを考えます。

質量M〔kg〕の地球の重心からr〔m〕離れた位置を点A、より地球に近く〔m〕離れた点を位置エネルギーの基準点:Oに取ります。

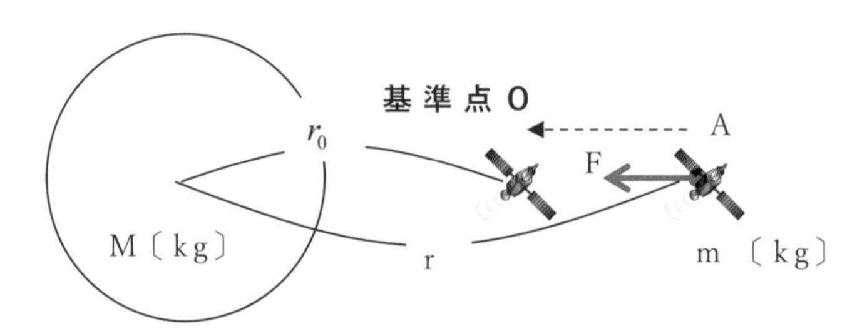

質量m〔kg〕の人工衛星の点Aにおける人工衛星の万有引力による位置エネルギーU〔J〕は点Aから基準点Oまでの移動を考え、この際に、**万有引力がした仕事**が、点Aでの位置エネルギーです。

ただし、万有引力:Fは、一定力ではないので、仕事＝力×距離というわけには、いかないですよね。万有引力：Fはrが大きくなるほど（地球から遠ざかると）どんどん減少します。これを示したのが次のグラフです。

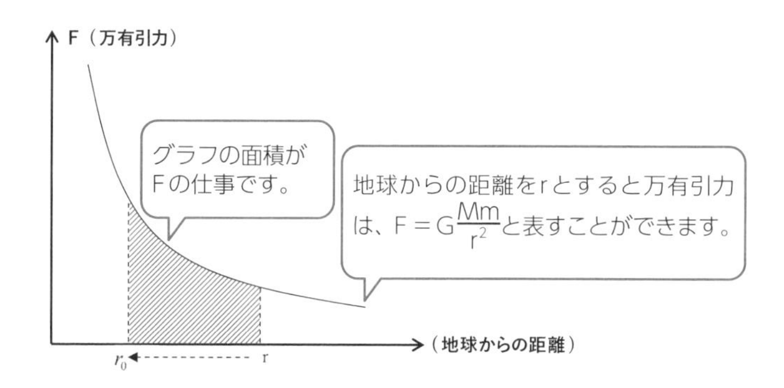

22節で登場した弾性エネルギーの計算のように力が変化する場合の仕事はF－xグラフの面積で仕事が計算できます。上記のように力が曲線的に変化する場合の面積は「**積分**」計算が必要です。面積計算を計算した結果は次のようになります。

$$\text{万有引力の位置エネルギー}U=GMm\left(\frac{1}{r_0}-\frac{1}{r}\right)$$

上の式が、地球からの距離：$x=r_0$を**基準**に定めた場合の、**位置エネルギー**なのですが、ちょっと式が複雑です。そこで、位置エネルギーの基準点Oを、無限遠方（$r_0=\infty$）に選んでみます。上式に$r_0=\infty$を代入するとは0とみなせるので次の式が得られます。

● **万有引力による位置エネルギー**；$U=-G\frac{Mm}{r}$　（無限遠方を基準）

上記の式で気になるのはマイナス（－）です。無限遠方に位置エネルギーの基準点を設けたのですから、もし人工衛星を無限遠方まで持っていくと位置エネルギーは0〔J〕となります。その場所から地球に近づくとどんどん位置エネルギーは減少しますので、万有引力の位置エネルギーは（－）となるのです。

ニュートンの変わり者エピソード

イングランドで生まれたアイザック・ニュートンは、「万有引力の法則の発見」「微分積分法の発見」「光のスペクトル分析」の3つの発見でとても有名です。物理学、数学のどちらも大発明をしていますが、一風変わったエピソードを持っていることでも有名です。その一部をここでご紹介しましょう。

●エピソード①

ニュートンが3歳の頃、父親が亡くなりました。その後、母親は再婚をすることになりますが、ニュートンは母親の再婚に大反対します。そして「再婚するなら家を燃やす！」と宣言して大騒ぎになったそうです。このことがきっかけとなり、その後、母親と距離を取りながら生活をするようになります。祖母に預けられ、母親のいない寂しい幼少期を過ごしたそうです。

●エピソード②

ニュートンは研究しているときには、まったく動かず、じっと静止していたそうです。普通なら、ペンを持ったりするものですが、ニュートンは頭の中で計算や仮説を証明することが多かったそうで、その行為が一通り終わるまではピクリとも動かなかったそうです。ニュートンは朝目覚めてからベッドに座ったまま、日が暮れるまで動かず過ごしていた、と多くの人が目撃しているそうです。

▲アイザック・ニュートン

35 第一、第二宇宙速度

ロケットの打ち上げに使う速度とは

ロケットを打ち上げるときや、人工衛星の運動を考えるキーワードが、第一、第二宇宙速度です。どんな速度でしょうか？　詳しく見ていきましょう。

第一宇宙速度

第一宇宙速度とは、物体を水平投射した際に、地面に落下せず地表ギリギリを回り続ける速度です。地球を半径Rの球とし地上における重力加速度をg、地球の表面ギリギリに円運動する人工衛星の質量をmとします。

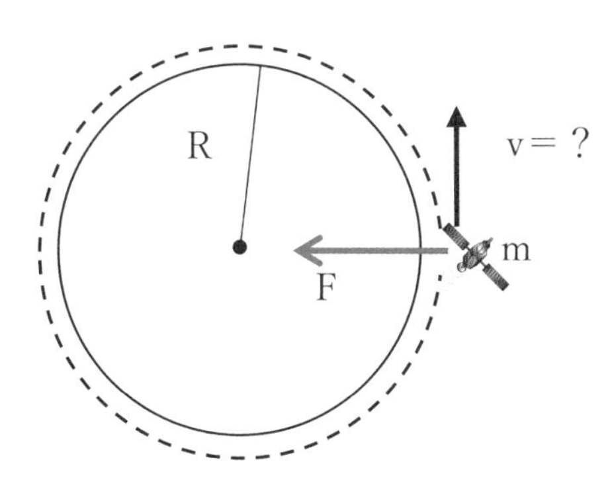

人工衛星に働く力は万有引力$F=G\dfrac{Mm}{R^2}$ですが、地球のすぐ近くの万有引力は重力mgで表すことができます。円運動の加速度は30節で登場したように半径Rと速さvを用いて$\dfrac{v^2}{R}$と表すことができます。円運動の運動方程式を与えると次のようになります。

運動方程式；F = ma

$$mg = m\frac{v^2}{R}$$

$v^2 = gR$、よって速度$v = \sqrt{gR}$となります。

$g = 9.8$〔m/s²〕、R = 6.4 × 10⁶〔m〕を上式に代入します。

$$v = \sqrt{9.8 \times 6.4 \times 10^6} = \sqrt{2 \times 49 \times 64 \times 10^4}$$
$$= \sqrt{2} \times 7 \times 8 \times 100 \fallingdotseq 1.4 \times 5600 = 7840 〔\mathrm{m/s}〕 \fallingdotseq 7.8\mathrm{km/s}$$

つまり、約秒速8kmで物体を水平に投げ出すと地球に落下せずに周回軌道を描くことになります。

これに対し、第二宇宙速度は物体を宇宙に向かって投げた際に落下せず無限遠方まで飛び去る速度です。

次の図のように地上から宇宙空間に向かう投げ上げの速さをv、無限遠方でちょうど速度が0となった場合を考えます。

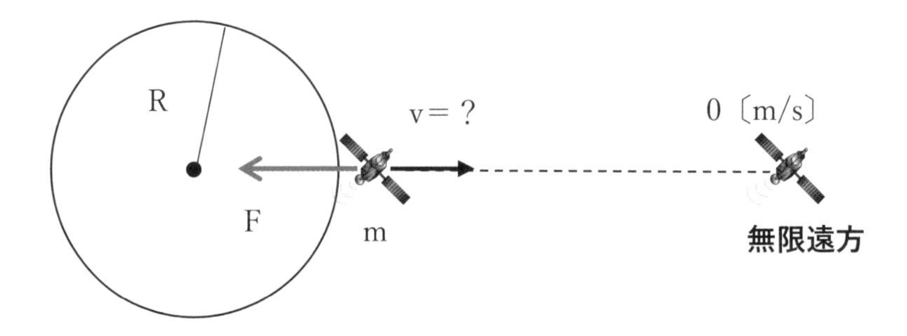

衛星には万有引力という保存力しか働かないので力学的エネルギー；K + Uが保存されています。

万有引力の位置エネルギーが無限遠方を基準とする$U = -G\frac{Mm}{R}$の式で表すことができるので次の関係が成り立ちます。

$$\frac{1}{2}mv^2 - GM\frac{m}{R} = 0 + 0$$

よって$v = \sqrt{2\frac{GM}{R}}$ ……………………………… ❶

ここで33節「地球の質量」で、地球のすぐそばの万有引力は次のように2通りの表現方法がありました。

$$F = G\frac{Mm}{R^2} = mg$$

上記の式を変形すると次のようになります。

$$G\frac{M}{R} = gR$$

この関係を❶のvの式にあてはめると次のようになります。

$$v = \sqrt{2\frac{GM}{R}} = \sqrt{2gR}$$

これは第一宇宙速度$\sqrt{gR}$の$\sqrt{2}$となっています。

よって第二宇宙速度は次のように計算できます。

$$v = (\sqrt{2} \times 7 \times 8 \times 100) \times \sqrt{2} = 112 \times 100 = 11200 〔m/s〕$$

つまり、秒速約11kmで物体を投げ上げると二度と地球に戻らずに宇宙の果てに飛び去るのです。

衛星が止まっていられる理由とは？

地表から約3万6,000kmの軌道高度では、地球を一周するのにかかる時間が地球の自転周期と一致します。これが「静止衛星」の正体です。本当に静止しているわけではなく、赤道上を東向きに自転と同じ速度で飛行しているのです。静止衛星は、放送衛星や気象衛星として活躍していますが、必ず赤道上空にあります。衛星放送用のパラボラアンテナをすべて南に向けている理由もそこなのです。日本上空で「静止」するのは、不可能なのです。

本当に静止して
いるわけではない
静止衛星

ケプラーの第一法則

冥王星が惑星でなくなった日

学生時代、惑星の順序を覚えるのに、水金地火木土天海冥、と唱えた人は多いと思います。2005年に、冥王星は惑星ではなくなりました。

水金地火木土天海「冥」

太陽系の惑星といえばかつては水星、金星、地球、火星、木星、土星、天王星、海王星、冥王星の9つでした。ところが、2005年にカリフォルニア工科大学の研究チームが、太陽系で、10番目の惑星の可能性がある天体（後にエリスと命名）を発見したことをきっかけに惑星の定義が見直され冥王星及びエリスは惑星ではない準惑星とされました。

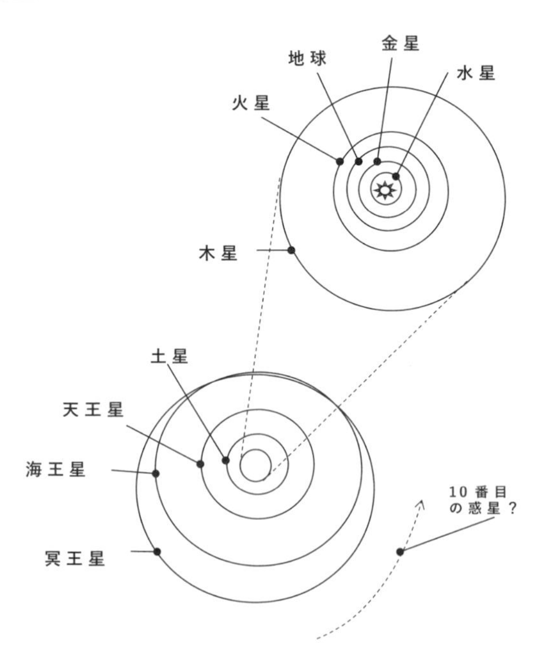

この後に、太陽の周りを回る惑星、準惑星、彗星などの運動を支配する法則について説明します。

ケプラーの法則

ドイツの天文学であるヨハネス・ケプラーは惑星の観測データを元に1609年から1619年にかけて惑星を支配する三法則を発表しました。

第一法則：惑星は、太陽をひとつの焦点とする楕円軌道を描く

まず、楕円の定義ですが「**2点からの距離の和が一定**」となる軌跡です。右の図のように、平面上の2点F、F'に画びょうを打ち、それぞれの画びょうに糸を巻きつけて、糸をぴんと張りながら鉛筆でなぞると、楕円を描くことができます。2点F、F'を楕円の**焦点**と呼びます。

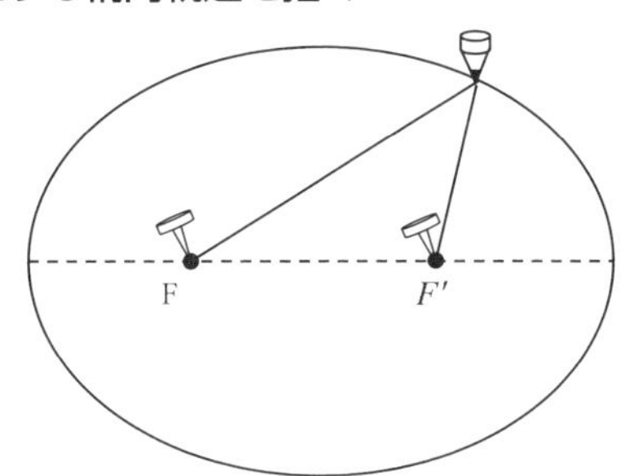

惑星の軌道は一般的に**楕円**であり、**焦点上に太陽**があります。この楕円軌道上で、太陽から最も遠ざかった点を**遠日点**、最も近づいた点を**近日点**と呼び、この二点間の距離の半分の長さを、**半長軸**とよび、a〔m〕と表しておきます。

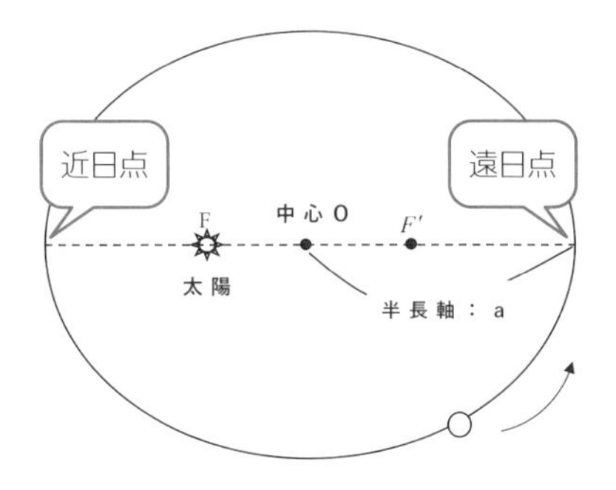

ケプラーの法則とチコ・ブラーエ

ケプラーの法則が最初に世に登場したのが1609年になりますが、これは、ニュートンの運動の三法則が現れるよりも、ずっと前の話です。

ケプラーの法則の土台となったのが、チコ・ブラーエの、惑星の精密な観測結果です。チコは、1546年、デンマーク生まれ。貴族で、天文学者・占星術師・錬金術師・作家。当時としては、ひじょうに正確な天体観測を実施したことで知られています。チコは、観測結果を元に太陽系を支配する法則を考えるため、優秀な助手を探していました。ここで、当時数学者でもあったケプラーが、助手として呼ばれたのですが、チコは、その成果を全部とられてしまうと恐れ、観測資料をなかなか見せようとしなかったようです。

このため、2人はしょっちゅうケンカをしていたのですが、1601年に、チコは死んでしまいました。おかげで？　精密で膨大な惑星観測資料は、ケプラーのものになったのです。

ケプラーの第二法則、第三法則

ケプラーの第一法則（続き）

ケプラーの第一法則は、惑星は、太陽をひとつの焦点とする楕円軌道を描く、というものでした。ここでは、第二、第三法則について解説していきます。

ケプラーの第二法則、第三法則

前節ではケプラーの第一法則が登場しました。

●第一法則：惑星は、太陽をひとつの焦点とする楕円軌道を描く

この節では、ケプラーの第二、第三法則についてご説明していきます。

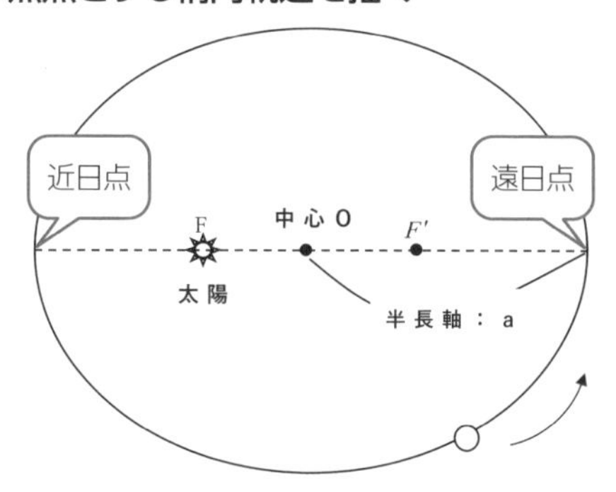

●第二法則：惑星と太陽とを結ぶ線分の描く単位時間（1秒）あたりの面積は、一定である（面積速度一定）

面積速度とは惑星と太陽とを結ぶ線分が、1〔s〕間に描く面積です。

1秒あたりの面積が同じということは、惑星の速さを比較すると、太陽に近い場所（近日点）は速くなり、太陽から遠い場所（遠日点）は遅くなることが分かります。

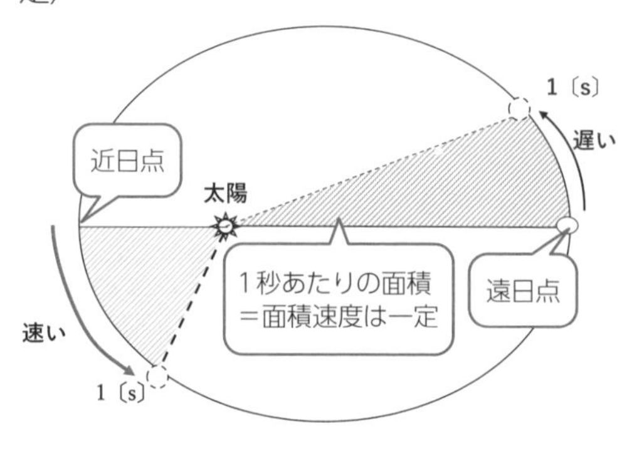

第三法則：惑星の公転周期の２乗は、楕円軌道の半長軸の３乗に比例する

公転周期とは、太陽の周りを一周するのに要する時間であり、地球ならば１年です。公転周期をT、楕円軌道の半長軸をaと表すと、比例定数をkとして次のように式で表すことができます。

$$T^2 = k a^3$$

上記の式を変形すると次のようになります。

ケプラーの第三法則； $\dfrac{T^2}{a^3} = k$ （軌道によらず同じ値となる）

つまり、太陽の周りを回る、どの惑星、準惑星、彗星を選んでも、$\dfrac{T^2}{a^3}$ はみな、同じ値になるということを表しています。具体的な例を次のコラムでご説明します。

ケプラーとニュートン

地球の軌道はほぼ円軌道であり、半長軸（≒円軌道の半径）は約１億５千万kmなのですが、これを１天文単位［AU］といいます。

一方、冥王星は楕円軌道であり半長軸は40〔AU〕です。この数値をケプラーの第三法則に当てはめると冥王星の周期は地球の周期１年の250倍、つまり250年という途方もない時間であることが分かります。これに対して太陽に最も近い水星の半長軸は0.39〔AU〕です。これもケプラーの第三法則に当てはめて周期を計算すると約88日と極めて短い数値となるのです。

ケプラーが第一、第二法則を発表してから第三法則にたどり着くまでに10年の歳月を要しています。

のちにニュートンが運動方程式を武器にケプラーの三法則をあっさり証明しています。

単振動

円運動を横から見ると単振動!

これまで円運動についてみてきましたが、この節では、単振動について詳しく見ていきたいと思います。

単振動

円運動のおさらいです。半径rの円周上を角速度ωで等速円運動する物体の速度vの大きさは$r\omega$で方向は接線方向、加速度aの大きさは$r\omega^2$で方向は円の中心向きです。

ちなみに中心を、始点物体を終点とする長さrのベクトルで物体の位置を表すと、円運動する物体の加速度aは位置rと逆向きで大きさはω^2倍ですね。

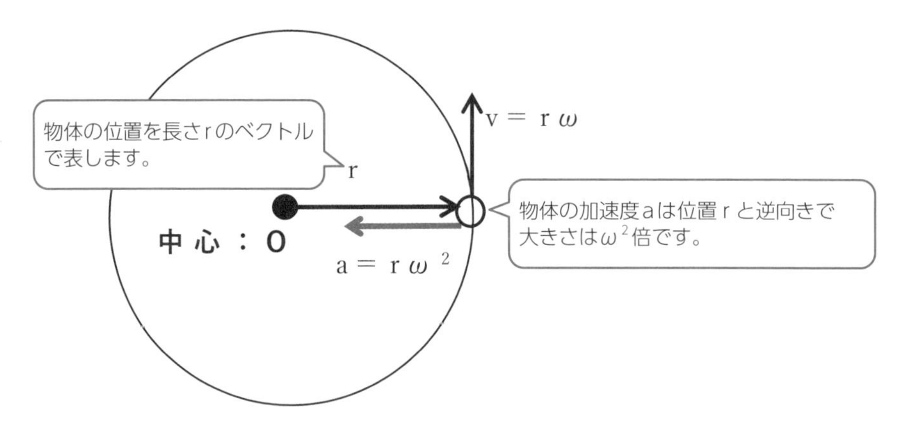

円運動、横から見ると単振動

次の図のように、半径r〔m〕の円の中心を原点とする上向きを（+）とするx軸を与えます。物体が反時計回りに角速度ω〔rad/s〕の円運動する物体を横から眺めると、物体はx軸上を振動するように見えます。この運動を**単振動**といいます。

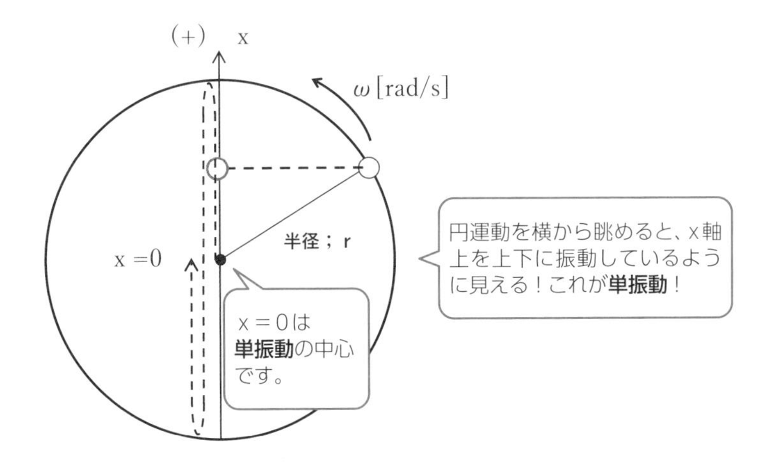

まず、単振動する物体の加速度aと物体の位置xの関係を考えます。

円運動する物体の加速度aは位置rと逆向きで大きさはω^2倍です。

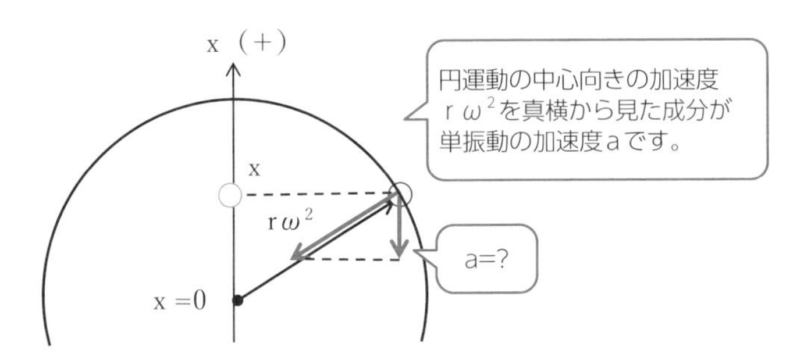

単振動する物体の加速度aは円運動と同様に位置xと逆向きで大きさはω^2倍と考えることができます。これを式で表すと次のようになります。

単振動の加速度　$a = -\omega^2 x$

上記の－は位置xと逆向きであることを表します。なぜならx>0ならばa<0（下向き）、x<0ならばa>0（上向き）となるからです。

また、単振動する物体の質量がmならば物体に働く力は運動方程式；F＝maに上記の加速度を代入すると次のようになります。

単振動する物体に働く力：$F = ma = -m\omega^2 x$

上の式の$m\omega^2$＝Kとおくと F は、次のように表すことができます。

●単振動する物体に働く力F＝－Kx

つまり、単振動する物体に働く力は加速度と同じようにxと逆向きとなり、x＝0（単振動の中心）に向かうことが分かります。

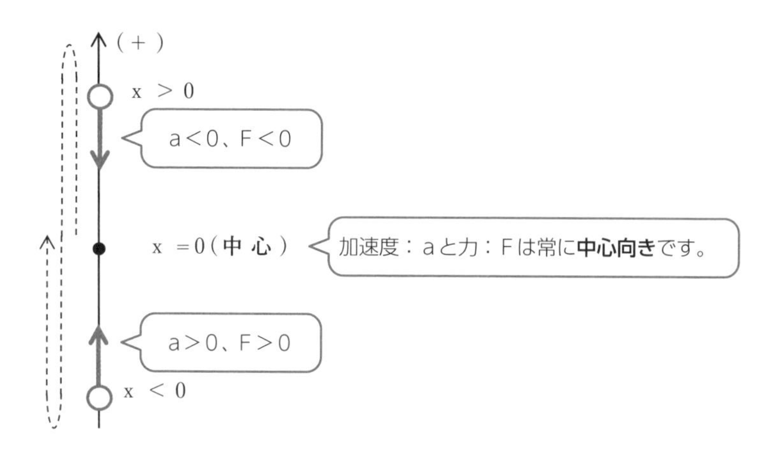

用語のおさらい

単振動　物理学全域で様々な形で現れます。力学的なものから電磁気学的なものまで、単振動の実例は幅広いです。単振動は、振動および波動という現象における最も単純な形であり、なおかつ様々な物理現象を記述する概念として高い重要性を持っています。

ばね振り子の周期

ブランコや時計に活用される振り子

前節では単振動する物体に働く力について考えてきました。この節では、ばね振り子について考えます。

ばね振り子

前節では、単振動する物体の加速度a、力Fについて考えました。おさらいしてみましょう。

単振動の加速度　　；$a = -\omega^2 x$
単振動する物体の力；$F = -kx$

「単振動ならば力F＝－kx」を前節で示しましたが、実は逆も成立します。つまり、「働く力がF＝－kxならば物体は単振動する」

次の図のように、ばね定数kのばねの一端を壁に固定し、他端に質量mの小物体を取り付け、摩擦のないなめらかな水平面上に置きます。ばねが自然長となる物体の位置を原点：x＝0とし、右向きを正（＋）とするx軸を与えます。ばねが伸びる方向に引っ張ってぱっと手を放します。すると物体はばねが伸び縮みを繰り返す運動は想像できると思います。

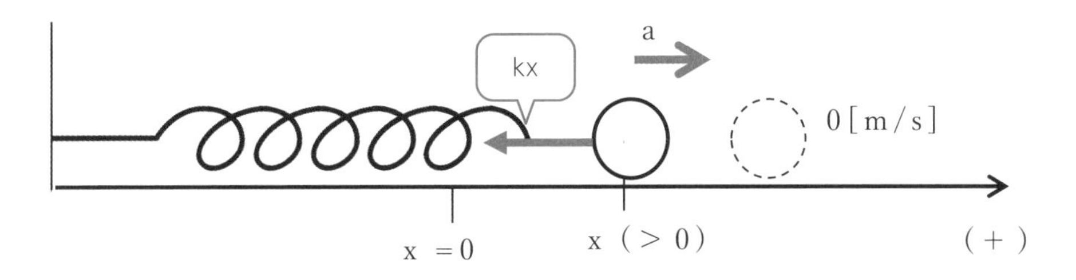

物体のx座標が＋でxであった場合に力は－x方向なので力はF＝－kxと表すことができます。「働く力がF＝－kxならば物体は単振動する」ですからまさに、物体は単振動することが分かります。次に、物体について右向きを正とする加速度aを運動方程式F＝maで計算します。

$$-kx = ma、a = -\frac{k}{m}x \quad \cdots\cdots❶$$

単振動の位置xと加速度aの関係は次の通りです。

$$a = -\omega^2 x \quad \cdots\cdots❷$$

❶と❷を比較すると、単振動のω^2が$\frac{k}{m}$であることが分かります。

$\omega^2 = \frac{k}{m}$、よって$\omega = \sqrt{\frac{k}{m}}$

円運動の周期：Tは1回転する時間です。これを横から眺めた運動が単振動なのですから、単振動の周期は1往復する時間です。

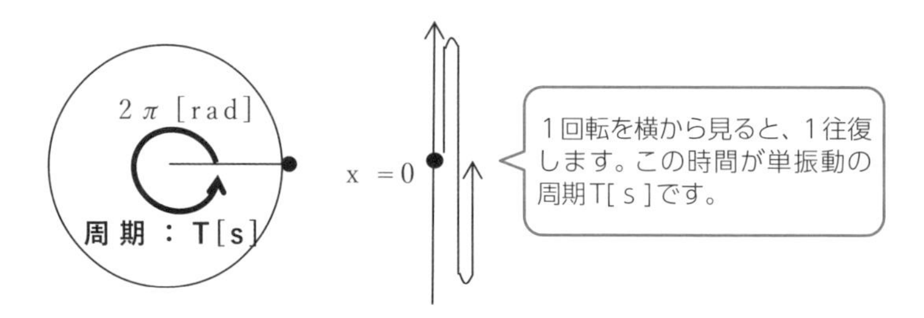

単振動の周期：Tは円運動と同様に次の式で表すことができます。

●**周期**；$T\,[s] = \frac{2\pi}{\omega}$

❷で求めた、$\omega = \sqrt{\frac{k}{m}}$を周期Tの式に代入すると、ばね振り子の周期は、次のように計算できます。

●**ばね振り子の周期**；$T = 2\pi\sqrt{\frac{m}{k}}$

40 単振り子の周期

ブランコや時計に活用される振り子

この節では、単振り子の周期について考えます。

単振り子の周期

次の図のように、長さ1〔m〕の糸に5円玉をつるし、できるだけ振れ角を小さくするように振動させます。この振り子が**単振り子**なのですが、単振り子の振れの角度が極めて小さい場合、周期はほぼ2〔s〕となります。つまり、片道1〔s〕を刻むのです。単振り子の周期は糸の長さで決まり、振れ幅やおもりの質量は一切無関係です。なぜ糸の長さだけで、決まるのでしょうか？

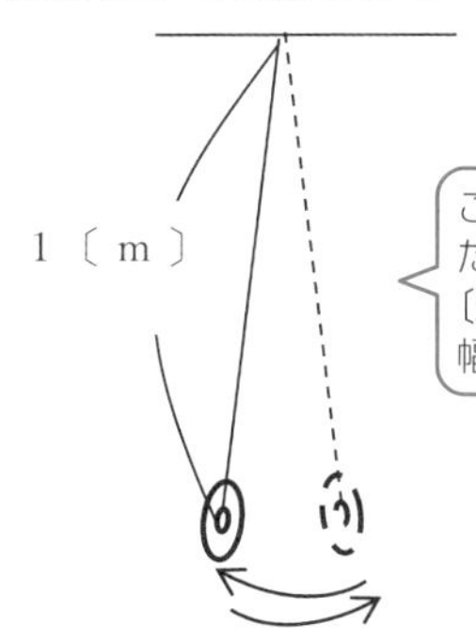

この振り子の周期は2〔s〕だから、片道ちょうど1〔s〕。おもりの質量や振れ幅は関係ないのか？？

長さl〔m〕の糸の上端を固定し、下端に質量：mのおもりをつけて、振動させます。物体の最下点を原点：x＝0とする右向きを（＋）とするx軸を与えて、物体の水平方向の位置をx座標で表します。

物理で日常の難問を解決する――教え子からのメール③

（p80からの続き）
「僕は、医学の知識はまったくありません。血管で起きている現象を想像しながら次のように答えます。狭径のチューブの場合、チューブの外側の血液が吸い込まれて圧力平衡に向かうため、吸引力が落ちると考えます。血管に限りなく近い広径のチューブならば、直接血栓に陰圧が伝わると思います。血液の粘性を考えるともっとややこしいですね…。もし血栓の粘性が血液より大きいならば、血栓を吸引する速度よりも周りの血液を吸い上げて血管がつぶれてしまう可能性を感じます」（p113に続く）

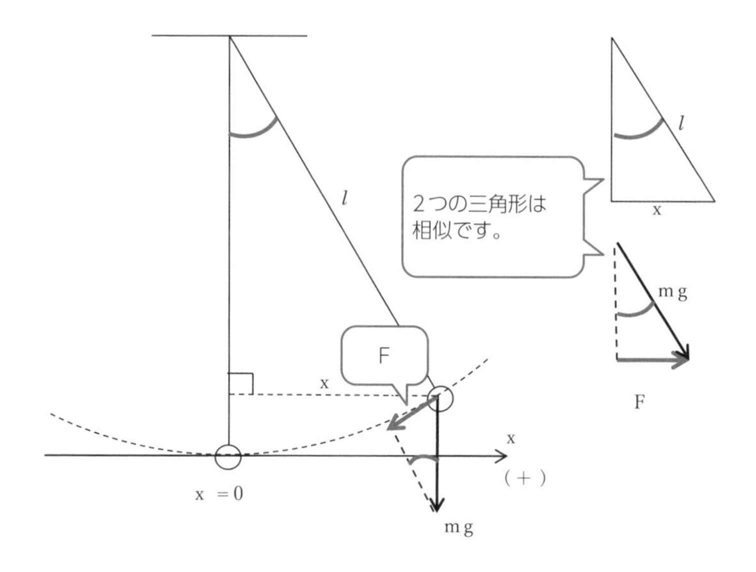

物体に働く重力mgの接線方向に働く力Fは右の図のように2つの三角形が相似なので次の関係が成り立ちます。

$F : mg = x : l$、よって $F = \dfrac{mg}{l}x$

ここで、振り子の振れ幅が極めて小さくなると接線方向のFはほぼx軸方向の負の方向に働き方向を含めて表すと次のように表現できます。

x方向の力；$F = -\dfrac{mg}{l}x$

上記の $\dfrac{mg}{l}$ をkとおくと $F = -kx$ となるので単振動することが分かります。ここで、前節のばね振り子の周期が登場します。

ばね振り子の周期 $T = 2\pi\sqrt{\dfrac{m}{k}}$

上記の式に $k = \dfrac{mg}{l}$ を代入します。すると単振り子の周期は次のように表現できます。

単振り子の周期 $T = 2\pi\sqrt{\dfrac{l}{g}}$

つまり、単振り子の周期は糸の長さlだけで決まり、物体の質量mや振れ幅は無関係であることが分かります。

物理で日常の難問を解決する——教え子からのメール④

(p111からの続き)
教え子からの返事です。
「なるほど……お忙しい中、ありがとうございます。末梢血管でもやはりできるだけ広径のチューブの方が吸引できています。臨床上での実感では確かにそうです。ちなみに、血栓と血液の粘度の差は分からないのですが少なくとも凝固した血栓であり硬さは硬い(といってもゼリーレベルですが)。そのため、できるだけ、血液をともに吸引しないように、血栓にチューブの頭(先端)を埋め込むぐらいの意識で吸引を開始しています」

筆者は少しずつ、質問内容が理解できて返事をします。

「なるほど、それならば血液を吸わなくて済むのですね。繊細なお仕事ですね!」
(45節 p127に続く)

時計と振動数について

先ほどの式を引き続き見ていきましょう。
先ほどの式の分母は、次のように計算できます。

$$\sqrt{g} = \sqrt{9.8} \fallingdotseq 3.13...$$

一方円周率πは3.14...
ですから、

$$\sqrt{g} \fallingdotseq \pi$$

なので、近似的に周期は

$$T = 2\sqrt{l}$$

となり、l=1〔m〕の場合は、周期は2〔s〕であることが分かります。

ちなみに、腕時計でおなじみのクオーツ時計は、1〔s〕間に32,768回振動する(振動数:f=32,768Hz)水晶振動子を用いて時を刻み、現在最も正確といわれる原子時計は、1〔s〕間9,192,631,770回振動する、セシウム原子を用いて時を刻んでいます。

memo

第 2 章

熱力学

熱力学は、まず、熱がそもそも何者なのか？ という疑問から始まります。18世紀後半に熱は物質の1つとみなされ熱素（カロリック）と名付けられました。しかし後に、熱は粒子の運動と結びついていることが分かります。熱と粒子の運動である力学を結びつける分野が熱力学です。

ロバート・ボイル
（1627～1691）

ジャック・シャルル
（1746～1823）

ルートヴィッヒ・ボルツマン
（1844～1906）

温度とは?

暑さ、寒さの秘密

「今日は最高気温35度だった…」「今日はこの冬一番の寒さだった…」など、毎日天気予報で耳にする言葉です。温度とは何なのでしょうか？

絶対温度T

この夏一番の暑さだった…この冬一番の冷え込みだった…とよくいいますが、温度とは何でしょうか？　寒暖を表す数字として、温度は日常生活において、非常に身近です。この節では、温度の正体を考えます。

温度を表す方法は2つあります。今日の気温は25℃のように日常生活で使われている温度が**摂氏温度**：t〔℃〕です。ちなみに温度には－273℃（正確には－273.15℃）という最小値がありますが、この温度を0（絶対零度）と考えたのが**絶対温度**：T（単位はK；ケルビン）です。

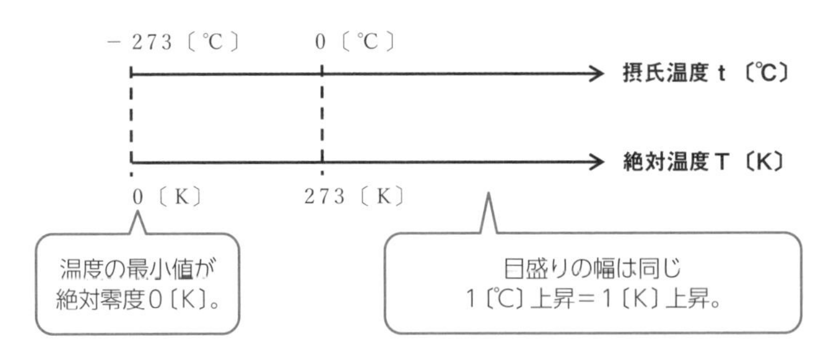

摂氏1℃と絶対温度1〔K〕は同じ幅なので次の関係があります。

●**絶対温度；T〔K〕＝摂氏温度 t〔℃〕＋273**

さて、ここで絶対温度T〔K〕の正体を考えます。鍋に張った水を拡大すると水分子が見えてきます。1つひとつの分子は、規則性のないランダムな運動をしており、運動エネルギーを持ちます。**温度T〔K〕は分子の運動エネルギー（平均値）に比例**した物理量です。

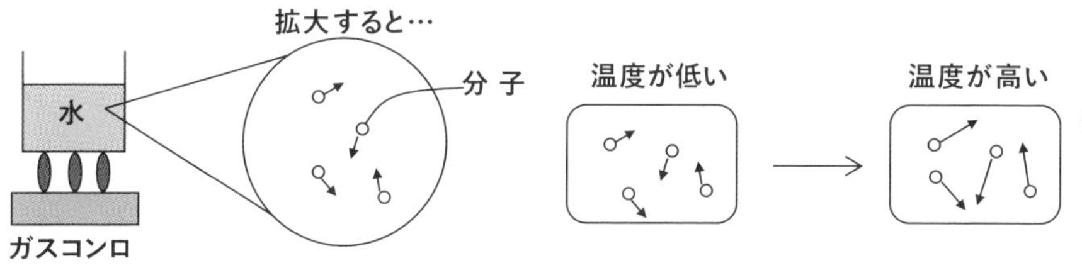

●絶対温度；T〔K〕は分子の運動エネルギー：$\frac{1}{2}mv^2$に比例する。

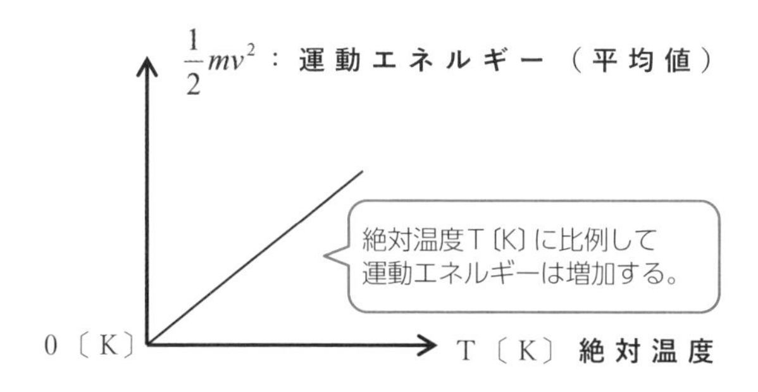

温度の最小値はマイナス何度？？

温度の最小値が初めて示されたのは17世紀、フランスの物理学者ギヨーム・アモントンにより－240℃程度ではないかと示されています。

1787年にフランスの物理学者のジャック・シャルルが一定圧力の気体の温度を下げると－273℃で体積が0になるとの結論に達しました。この－273℃が絶対零度ですが、正確には－273.15℃です。実は小数点以下の数字15を決めたのが日本の物理学者木下正雄と大石二郎博士です。

熱の正体

エネルギー保存則

鍋に水を入れて、ガスコンロで熱すると、水の温度は上昇します。この節では、熱の正体について解説していきます。

熱の正体

鍋に水を張り、ガスコンロで熱すると（**熱を与えると**）**温度**が上昇します。

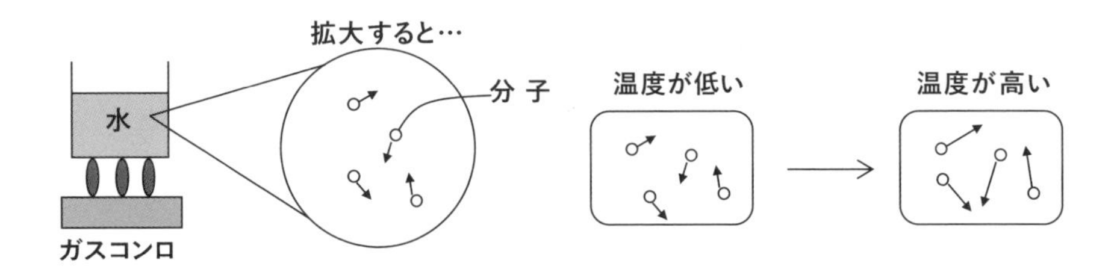

温度は分子の運動エネルギーに比例しますので、分子の運動エネルギーが増加することになります。もし、水分子の運動エネルギーの合計が10〔J〕増えたならば、熱によって10〔J〕のエネルギーを与えたことになります。つまり、**熱の正体はエネルギー**です。

今後は熱を**熱エネルギー**と呼び、以後、記号でQ〔J〕と表します。

エネルギー保存則

ここまでに運動エネルギー、位置エネルギー、熱エネルギーと、3つのエネルギーが登場しましたが、この他にも電気エネルギー、原子力エネルギーなどがあります。

エネルギーは様々な姿があり、お互いに変わることができるのですが、**エネルギーの合計は常に一定**です。このことを**エネルギー保存の法則**といいます。

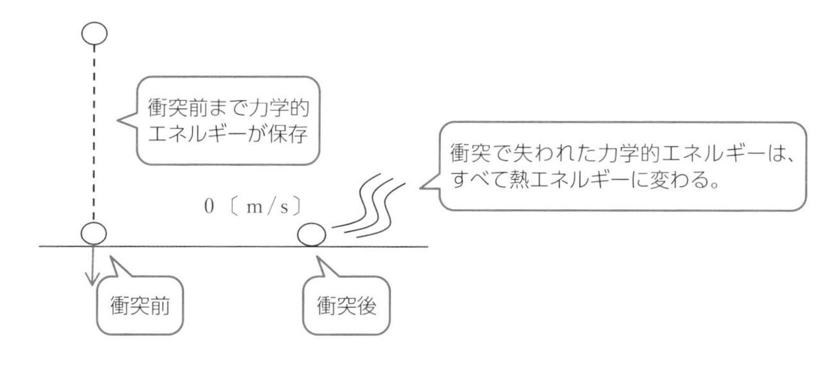

上の図のように物体の自由落下を例に挙げると、地面に衝突するまでは、力学的エネルギーが保存されますが、衝突後に物体が静止すると運動エネルギーが失われてエネルギーが保存されていないように見えます。しかし、衝突場所の温度を測定するとわずかに温度が上昇しているはずです。温度の上昇は熱エネルギーが生まれた証拠となります。位置エネルギー➡運動エネルギー➡熱エネルギーとエネルギーはどんどん姿を変えますが、エネルギーそのものは保存されるのです。

恐竜の滅亡と温度

恐竜の絶滅と温度とは、密接な関係があります。恐竜が絶滅したのは小惑星が地球に衝突したことが原因と考えられています。6,600万年前、直径10kmの小惑星が地球に衝突し莫大な熱エネルギーが生まれた結果、山火事の発生で粉塵、硫黄を含んだガスが生まれました。これらの粉塵やガスが大気層を覆って太陽光を遮った結果氷河期が訪れて変温動物である恐竜が大部分滅びてしまいます。幸いなことに我々の祖先である哺乳類は恒温動物だったので寒さを凌いで生き延びたのです。

シャルルの法則

気体の状態を表す

フランスの物理学者シャルルは、物理だけでなく、発明家、数学者、気球乗りの肩書も併せ持っています。ここではシャルルの法則について説明します。

気体の状態を表す物理量

次の図のように、シリンダーにピストンがはめ込まれている容器に、気体分子が飛び回っています。気体の状態を表す物理量は、①**体積**、②**圧力**、③**温度**、④**モル数**の４つです。

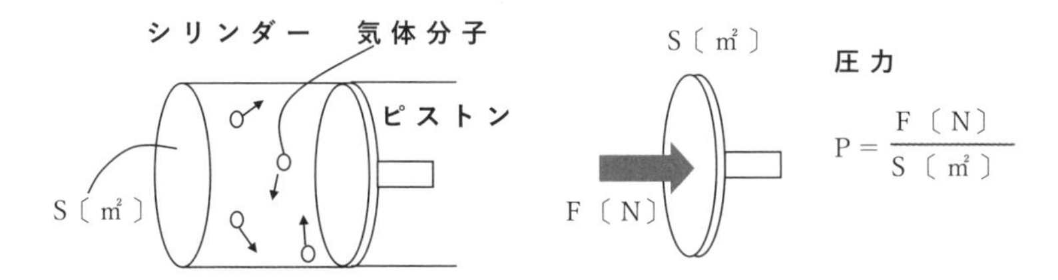

①体積：V〔m^3〕

気体は固体、液体と異なり、閉じられた容器内を分子が自由に飛び回るので、容器の体積＝気体（分子）の占める体積V〔m^3〕です。

②圧力：P〔Pa〕

気体分子は、容器の壁と衝突することによって、壁には力が働きます。圧力は1〔m^2〕あたりの力です。

③温度：T〔K〕

分子の運動エネルギーに比例します。

④モル数：n〔mol〕……分子の個数を表します。

分子の個数は巨大なので個数で表すことは大変です。鉛筆12本を1ダースと呼ぶように、分子6×10^{23}コを1〔mol〕と決めて分子数をモル数で表現します。

シャルルの法則

次の図のように、0℃の体積をV_0〔m³〕とし、圧力Pを一定に保って温度が上がると体積が増加しますが、シャルルは次のことを発見しました。

気体の温度を1℃上げると、0℃のときの体積の $\frac{1}{273}$ 倍、増加する。

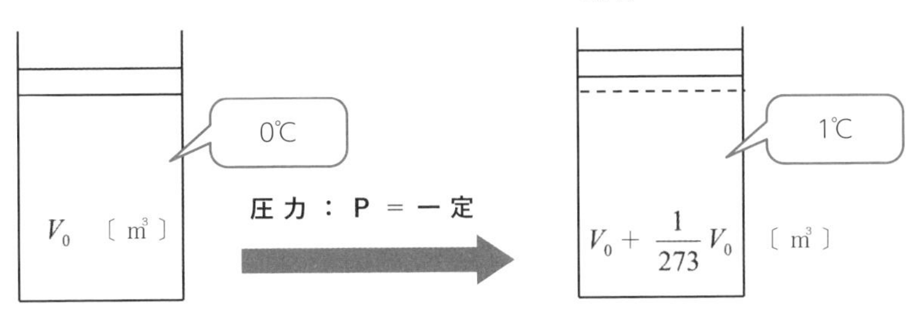

もし、t℃温度が上昇すると、体積は $\frac{t}{273}$ 倍だけ増加します。これをグラフで表すと次のようになります。

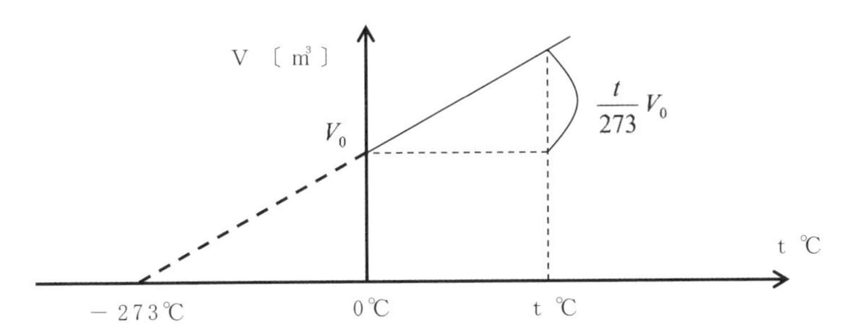

0℃から温度が下がると体積Vが減少し、−273℃で体積は0となります。

まさに、ここが温度の最小値、絶対零度です。圧力Pが一定の場合、気体の体積V〔m³〕は絶対温度：T〔K〕に比例します。

> **シャルルの法則**
> **圧力P＝一定ならば体積V〔m³〕は絶対温度T〔K〕に比例**

物理だけではないシャルルの実験

シャルルの法則の名前となったジャック・アレクサンドル・セザール・シャルルは、1746年フランスで生まれました。物理学者として有名ですが、発明家や数学者、気球乗りなどの顔も持っており、様々な発見をしました。

気体の研究者でもあるシャルルは、1783年にロベール兄弟と、エッフェル塔が建つ公園で世界初の水素ガスを詰めた気球の実験を行います。当初は無人の実験だったのですが、最終的に仲間と2人で友人の気球飛行を行いました。

気球は北方に漂っていき、馬に乗った人々がそれを追跡したそうです。すると45分後に21km離れたゴネスに着陸しました。ゴネスの村人は落ちてきた気球を恐れ、熊手やナイフで気球を引き裂いてしまったそうです。下のイラストは、村人たちが気球を恐れ、気球を襲撃する様子を描いたものです。

▲村人たちが気球を恐れ、シャルルとロベール兄弟の気球を襲撃する様子

ボイル・シャルルの法則

状態方程式

前節のシャルルの法則に続き、この節では、ボイル・シャルルの法則について解説していきます。

ボイルの法則

前節では、シャルルの法則が登場しました。おさらいしましょう。

圧力P＝一定ならば体積V〔m^3〕は絶対温度T〔K〕に比例

次に紹介するのは、イギリスの物理学者ロバート・ボイルが発見した**ボイルの法則**です。次の図のように、気体の温度：T〔K〕を一定に保ったまま、ピストンを押し込んで圧力：Pを増やすと、体積：Vが減少します。ここでもし、圧力Pを2倍にすると、体積Vは1/2となります。

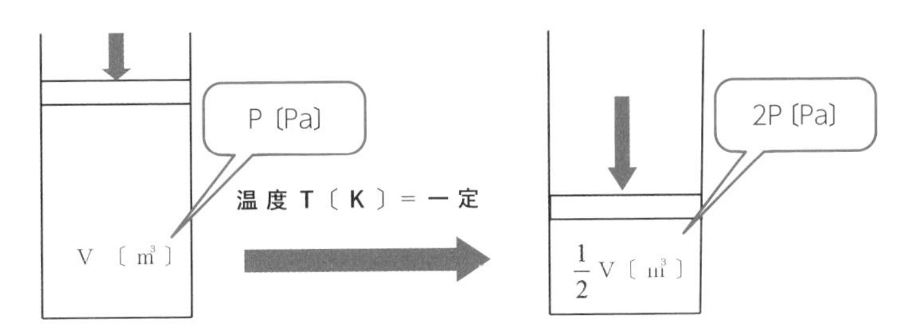

温度Tを一定に保った場合、体積Vは、圧力Pに反比例すると考えることができます。この関係をボイルの法則といいます。

● **ボイルの法則**
温度Tが一定の場合、体積V〔m^3〕は圧力P〔Pa〕に反比例

さて、ボイルの法則、シャルルの法則を、比例定数をkとしてまとめると、次のようになります。

気体の体積：$V=k\dfrac{T}{P}$ $\begin{cases}\text{温度}T〔K〕\text{に比例} \\ \text{圧力}P〔Pa〕\text{に反比例}\end{cases}$

上の式を書き換えると、$k=\dfrac{PV}{T}$ となります。つまり、圧力P、体積V、温度Tが変化しても $\dfrac{PV}{T}$ は変化しない、つまり保存されます。これをボイル・シャルルの法則といいます。

●**ボイル・シャルルの法則；$\dfrac{PV}{T}$ ＝一定**

●**状態方程式**

体積V〔m^3〕を決める要素に、気体のモル数：n〔mol〕があります。次の図のように、圧力：Pと温度：Tが同じ気体の場合、モル数が2倍ならば体積は2倍になります。つまり体積Vは、モル数nに比例しています。

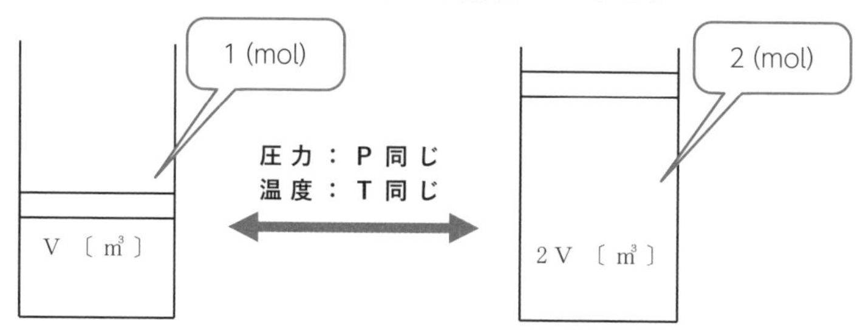

ボイル・シャルルの法則、$V=k\dfrac{T}{P}$ にモル数nに比例する要素を加えます。比例定数をRとして次のように表すことができます。

$$V=nR\frac{T}{P}$$

上の式の分母を払うと、次の関係が成り立ちます。これを**理想気体の状態方程式**といいます。

●**理想気体の状態方程式；$PV=nRT$**
Rは**気体の種類によらない定数**であり**気体定数**といいます。
具体的な数値は$R=8.31$〔J/mol・K〕です。

気体分子の運動

ボルツマンの実験

気体分子の運動を捉えたのが、オーストリア出身のルートヴィッヒ・ボルツマンです。この節では、気体分子の運動を基に圧力を考えます。

気体分子の運動

気体の正体は分子や原子が空間をめちゃくちゃな方向に飛び回っているのですが、この考えを推し進めたのがオーストリア出身の**ルートヴィッヒ・ボルツマン**です。ところが当時は原子、分子の実態が確認されておらず学会から猛反発を受けます。孤立したボルツマンは、精神的に追い込まれ62歳で自らの命を絶ってしまいます。

次の図のように、一辺の長さLの立方体容器があり、その中に質量mの気体分子がN個あり、めちゃくちゃな方向に飛び回っています。立方体の各辺に沿ってx,y,z軸をとり、x＝Lの壁Aが分子から受ける圧力Pを求めます。

分子の運動はどの方向に対しても偏りのない運動をしています。そこで、話を簡単にするために**1/3ずつの分子がそれぞれx方向、y方向、z方向のみに同じ速さv〔m/s〕で運動していると考えます。**

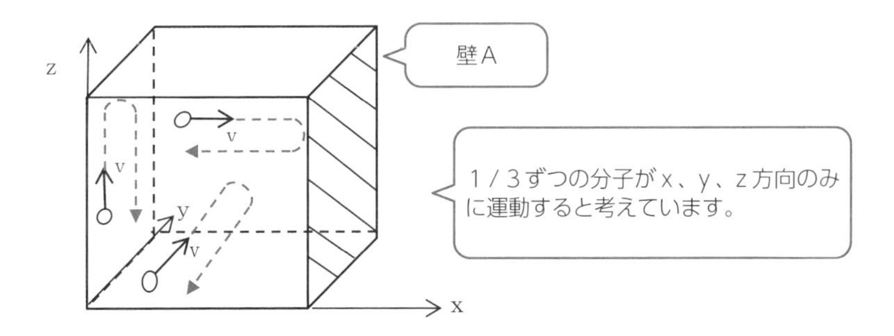

1分子のx方向の運動に注目すると、x＝0とx＝Lの2枚の壁の間で速さv〔m/s〕の単純な往復運動です。

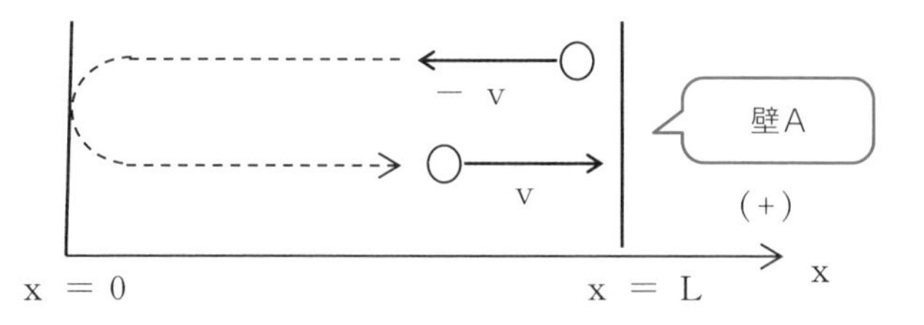

壁Aに衝突前の速度は＋v、衝突後の速度は－vです。まず、分子が受けた力積を25節で登場した「**力積＝運動量の変化**」で計算すると次のようになります。

分子が受けた力積$=(-mv)-(+mv)=-2mv$

力積が（－）とあるので左向きです。壁Aが受けた力積は、**作用反作用の法則**より分子が受けた力積と逆向きで同じ大きさなので、＋**2mv**ですね。

次に1〔s〕間に壁Aに衝突する回数を計算します。まず、分子が1往復する時間tは往復距離；2Lを速さvの割り算です。

分子の往復時間$t=\dfrac{2L}{v}$

上記の往復時間tが0.1〔s〕ならば、1秒に衝突する回数は1÷0.1＝10回/sと計算できます。

1秒あたりの衝突回数$=\dfrac{1}{t}=\dfrac{v}{2L}$〔回/s〕

以上の計算から、壁Aが1〔s〕間に受けた力積が決まります。

1秒あたりの力積$=+2mv\times\dfrac{v}{2L}=\dfrac{mv^2}{L}$

壁が受けた力；fが一定とみなせるならば力積＝f×1〔s〕です。

1秒あたりの力積$=f\times 1$〔s〕$=\dfrac{mv^2}{L}$

つまり、1秒あたりの力積は1個の分子から受けた力fです。さらに、全分子から受ける力Fを計算します。x方向に運動する分子数は全分子数Nの1/3ですから次のように計算できます。

全分子から受ける力；$F=\dfrac{mv^2}{L}\times\dfrac{N}{3}=\dfrac{Nmv^2}{3L}$

壁Aが受ける力Fが分かれば圧力が計算できます。圧力Pは1〔m^2〕あたりの力ですからFを面積S＝L^2〔m^2〕で割り算です。

$$圧力P = \frac{F}{L^2} = \frac{Nmv^2}{3L^3}$$

上記の分母に登場したL^3は立方体容器の体積です。そこでこの体積をV〔m^3〕に書き換えると圧力Pは次のように計算できます。

●**気体の圧力**；$P = \dfrac{Nmv^2}{3V}$

物理で日常の難問を解決する——教え子からのメール⑤

（p113からの続き）

さらに教え子からの質問は続きます。

周りの血液を吸わないように血栓に頭を突っ込んだ場合はどうでしょうか。図示のような場合、血栓の径（これは狭窄して開存している残された血管内腔に近いでしょうか）の幅に近いチューブ（だとすると細径）の方が広径チューブよりもいいでしょうか？　そういう結論にはならないでしょうか。また、圧力平衡というのはどういった原理なのでしょうか。

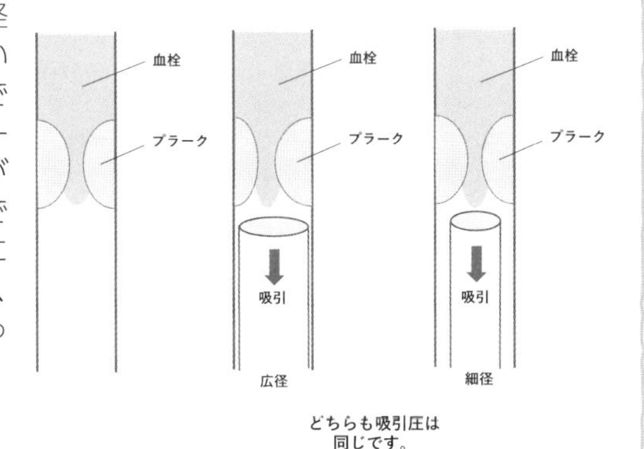

（50節 p140に続く）

ボルツマンと統計学

ボルツマン定数という言葉を知っていますか？　物理学者として有名なボルツマンですが、実は、統計学と深い関係があるのです。ボルツマン定数とは、気体定数をアボガドロ定数で割った値です。

ボルツマン定数は、オーストリアの物理学者ルートヴィッヒ・ボルツマンにちなんで名付けられた定数です。このボルツマン定数は、高校物理においては、熱と物質の状態の分野において登場します。

気体の内部エネルギー:U〔J〕

気体分子の運動エネルギー

この節では、気体の内部エネルギーを考えます。内部エネルギーとは記号でU〔J〕と表しますが、気体分子の運動エネルギーの合計です。

気体の内部エネルギー

前節で登場した気体分子の運動で計算した圧力Pのおさらいです。

気体の圧力；$P = \dfrac{Nmv^2}{3V}$ ……………………… ❶

この節では、気体の内部エネルギーを考えます。内部エネルギーとは記号でU〔J〕と表しますが、**気体分子の運動エネルギーの合計**です。さらに、41節で示しました絶対温度T〔K〕ですが、なぜ分子の運動エネルギーに比例するのかを証明します。

次のように容器内にN個の気体分子が飛び回っています。分子の質量をm〔kg〕、速さをv〔m/s〕とします。分子の運動エネルギーの合計が内部エネルギーU〔J〕であり、次のように表すことができます。

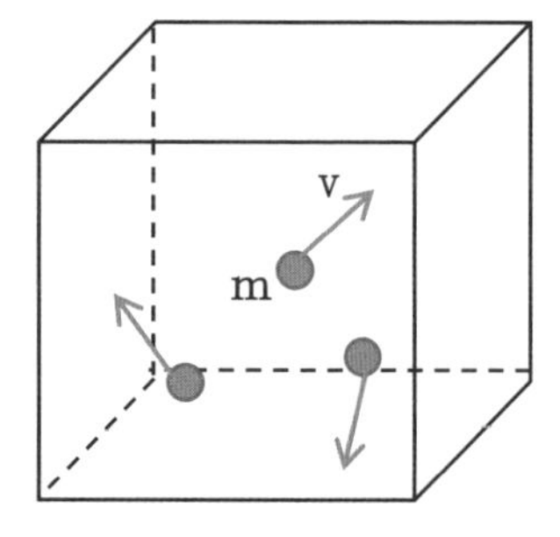

内部エネルギー；$U = \dfrac{1}{2}mv^2 \times N$〔J〕……… ❷

＊上式は単原子分子の内部エネルギーを表します。単原子はヘリウムやネオンなどの原子1個からなる分子です。

❶の圧力P、❷の内部エネルギーUの式を比較すると、よく似た部分があります。それはmv^2Nです。まず❶式からmv^2Nを求めると次のようになります。

$mv^2N = 3PV$

上の式を❷に代入すると、内部エネルギーは次のように計算できます。

$U = \dfrac{3}{2}PV$ ……………………………………… ❸

❸に登場したPVですが、44節の理想気体の状態方程式で登場しました。

理想気体の状態方程式 $PV = nRT$ ………… ❹

❹を❸の内部エネルギーの式に代入すると次のようになります。

● **内部エネルギー**；$U = \frac{3}{2}nRT$〔J〕

上の式から、内部エネルギーUはモル数；n〔mol〕と絶対温度T〔K〕に比例することが分かります。

改めて❷の内部エネルギーの式と上記を＝で結ぶと次のようになります。

$$U = \frac{1}{2}mv^2 \times N = \frac{3}{2}nRT$$

上式を絶対温度Tについて求めると次のようになります。

$$T = \frac{1}{2}mv^2 \times \frac{2N}{3nR}$$

まさに、**温度Tが分子の運動エネルギーに比例**することが分かります。

ボルツマンの死

気体分子の運動を推し進めたボルツマンが学会の反対に悲観して命を絶ったのは1906年のことでした。前年の1905年に26歳のアインシュタインがブラウン運動に関する論文を発表して原子、分子が実際に存在することを証明したのです。

歴史に「もし」は禁句なのですが、もしボルツマンがアインシュタインの論文に気が付いていたら、自死を選ぶことはなかったと思います。

ルートヴィッヒ・ボルツマン（1844～1906）▶

47 熱力学第一法則

熱と内部エネルギーと仕事の関係

気体に熱エネルギーを与えると、それがどのように使われるかを考えます。この節では、熱力学第一法則を紹介します。

熱力学第一法則

圧縮発火器という実験器具があります。次の図のようにシリンダーに空気と綿を入れて、ピストンを一気に押し込みます。このとき綿は、発火し一瞬にして燃え尽きます。つまり、圧縮によって、急激に温度が上がったのですが、なぜこのような現象が起きるのでしょうか？

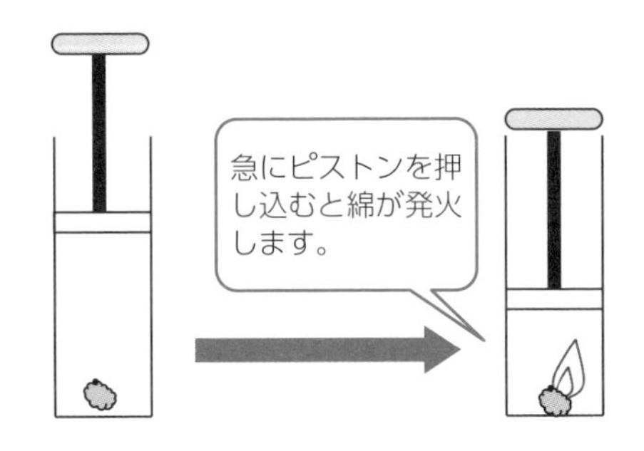

気体に熱エネルギーを与えると、それがどのように使われるかを考えます。イメージをはっきりさせるために次の図のように気体を封じ込めた容器にガスコンロなどでQ〔J〕の熱エネルギーを与えます。例えば密閉された缶ジュースをガスコンロにかけることをイメージすると①**温度が上がり**、②**膨張する**でしょう。

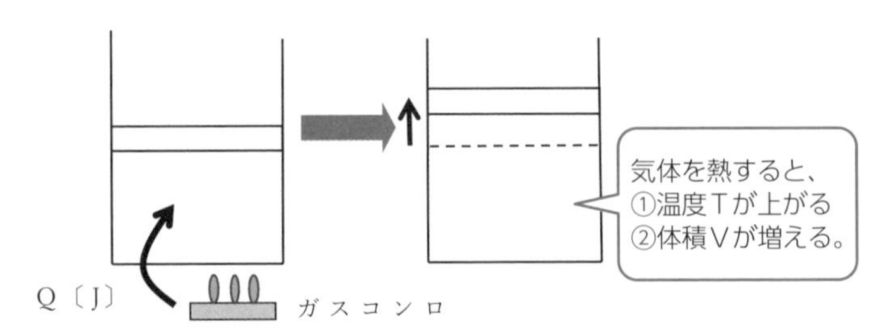

①、②の現象をエネルギーまたは仕事で捉えます。

①の温度が上がる現象は気体の内部エネルギーが増加したことを表しています。前節で登場した内部エネルギーU〔J〕は次の通りです。

内部エネルギー；$U = \frac{3}{2}nRT$〔J〕（温度Tとモル数nに比例）

上記の式より温度T〔K〕が上がると、内部エネルギーU〔J〕が増加するのが分かります。

②の膨張ですが、気体がピストンを押しながら移動するので外部に仕事したことになります。この仕事をW〔J〕と表します。以上を式で表すと次のようになります。

●与えた熱；Q＝内部エネルギーUの増加＋外部にする仕事W

上記の関係を**熱力学第一法則**といいますが、2つの量が分かれば、残り1つは自動的に決まることを表しています。

例えば、気体に与えた熱が30〔J〕で内部エネルギーの増分が10〔J〕ならば、外部にした仕事Wは次のように計算できます。

30〔J〕= 10〔J〕+ W　よって、**仕事W = 20〔J〕**

では、最初に登場した圧縮発火器を熱力学第一法則で考えます。急にピストンを押し込む場合は、外部と内部で熱の出入りがほとんどないとみなせます。これを**断熱変化**といいます。断熱変化を式で表すとQ＝0〔J〕となります。

次に圧縮とあるので体積Vが減っています。この場合、ピストンに働く力とピストンの移動方向は逆向きなので気体が外部にした仕事Wは負（－）となります。これを熱力学第一法則に当てはめると次のようになります。

0〔J〕＝内部エネルギーUの増加＋外部にした仕事W（<0）

よって、内部エネルギーの増加は正（＋）となります。

つまり、内部エネルギーが増加したのだから温度T〔K〕が上がったことが分かります。

急激な温度の上昇によって、発火点を超えた綿が燃えたのです。

熱効率

熱機関と熱効率

自動車のエンジンは、ガソリンを燃やして得た熱エネルギーを仕事に変える装置です。このような装置を熱機関といいます。詳しく説明します。

熱機関

自動車のエンジンは、ガソリンを燃やして得た熱エネルギーを仕事に変える装置です。このような装置を**熱機関**といいます。熱機関の能力はズバリ、**熱効率**で決まります。熱効率を通じて究極のエンジンを考えます。

熱機関を働かせるために下の図のように温度T_1〔K〕の高熱源と温度T_2〔K〕の低熱源の２つの熱源を用意します。

熱機関が高熱源から受け取る熱をQ_1〔J〕、低熱源に放出する熱エネルギーをQ_2〔J〕、熱機関が**1サイクル**の過程で、熱機関が外部にした仕事をW〔J〕とします。

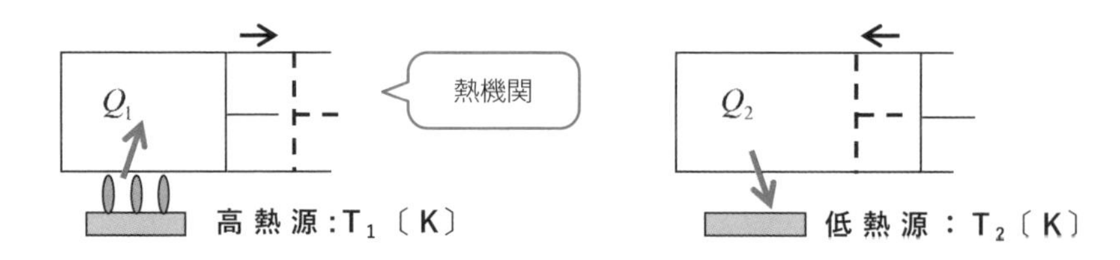

熱機関の熱効率とは高熱源から受け取った熱Q_1〔J〕に対しての仕事W〔J〕の割合です。注意したいのは、熱効率は必ず1サイクル（一巡して元の状態に戻す）で定義されます。エンジンはまさに膨張収縮を1サイクルとする往復運動を、タイヤを回転させる仕事に変えています。熱効率は効率を表す英単語efficiencyの頭文字eを使って次のように定義されます。

●熱効率；$e = \dfrac{W\text{（1サイクルで外部にした仕事）}}{Q_1\text{（正味の吸収熱）}}$

正味の吸収熱とは、実際に熱機関が得た熱を表します。ここで、前節で登場した熱力学第一法則を確認します。

● 与えた熱 Q = 内部エネルギー U の増加 + 外部にする仕事 W

1サイクルの過程ではスタートとゴールの温度Tは同じですから内部エネルギーUの増加は0です。

また熱機関に与えた熱の合計Qは、放出熱を－と考えて $Q = Q_1 - Q_2$〔J〕と表現できます。以上を熱力学第一法則に当てはめると次のように表現できます。

$$Q_1 - Q_2 = 0 + W$$

つまり、1サイクルの仕事Wは吸収熱と放出熱の差で表現できます。改めて熱効率：eを表すと次のようになります。

● **熱効率**；$e = \dfrac{W}{Q_1} = \dfrac{Q_1 - Q_2}{Q_1} = 1 - \dfrac{Q_2}{Q_1}$

例としてガソリンの燃焼によって車のエンジンに10〔J〕の熱を与えたところ、排気ガスを通じて8〔J〕の熱を排出したとします。この車のエンジンの熱効率：eは次のように計算できます。

エンジンの熱効率；$e = \dfrac{10 - 8}{10} = 0.2\ (20\%)$

熱力学第二法則

もし仮に捨てる熱 Q_2 が0〔J〕ならば、熱効率eは1つまり100%となりこれが究極のエンジンとなるのですが、実はそれは不可能であると証明されています。熱効率を最大値にする過程を発見者の名に因んで**カルノーサイクル**といいます。カルノーサイクルの熱効率は高熱源の温度 T_1〔K〕と低熱源の温度 T_2〔K〕を用いて次のように表せます。

究極のエンジン熱効率；$e = 1 - \dfrac{T_2}{T_1}$

低熱源の温度 T_2 が絶対温度0〔K〕でない限り熱効率は100%とするのは不可能なのです。この原理を**熱力学第二法則**といいます。

memo

波

私たちの世界は波で満たされています。空気を伝わる音波によって音楽を楽しんだり、電波に載せた情報をスマホで受け取ったり暗い部屋を光で満たしたり……そうそう、ニュートンは光を粒子と捉えたのに対し、同時代のホイヘンスは波ではないかと主張しました。その後、本章でも登場するヤングが行った実験で光は波であることが示されたのです。ところが……後にアインシュタインは、光はやっぱり粒子ではないかと言い始めたのです。一体光は波？粒子？どちらなのでしょう？

クリスティアーン・ホイヘンス
(1629～1695)

アイザック・ニュートン
(1643～1727)

トマス・ヤング
(1773～1829)

波の基本式

波の速さを表す

この節では、波について解説していきます。まずは、波について基本的な知識からご説明します。

波を考えるためのおさらい

円運動、単振動で登場した**周期T〔s〕**と**振動数f〔Hz〕**を改めて確認します。

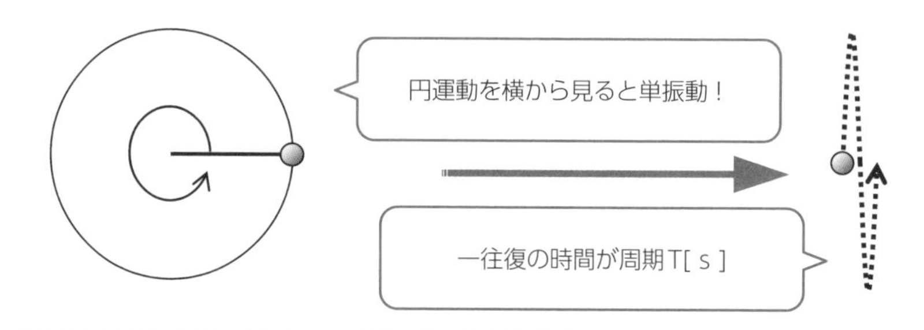

● **振動数**；f〔Hz〕$= \dfrac{1}{\mathrm{T}\,(\text{周期})}$（振動数は周期の逆数）

波を表す量：波長、振幅、波の速さ

図1のように、結び目のあるロープの一端を手でつまんで上下に単振動させます。すると、振動がロープを伝わり波形が移動します。ロープのような波を伝える物質を**媒質**、媒質中を振動が伝わる現象を**波動**といいます。

ロープの一端を上下1往復（周期Tです）させた場合に送り出される波形は、図2のように、**山**と**谷**を含んだ波形（サインカーブ）となります。

▼図1

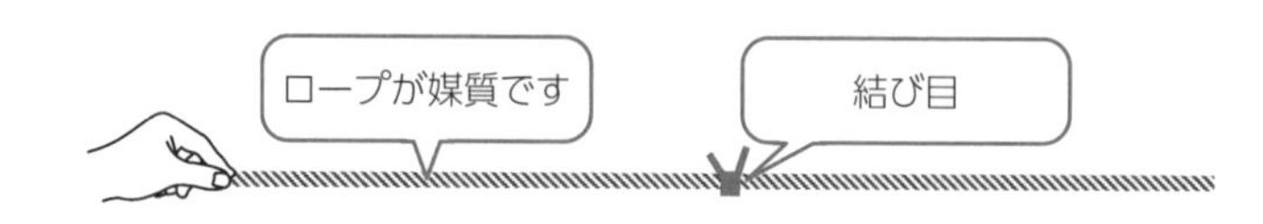

▼図2

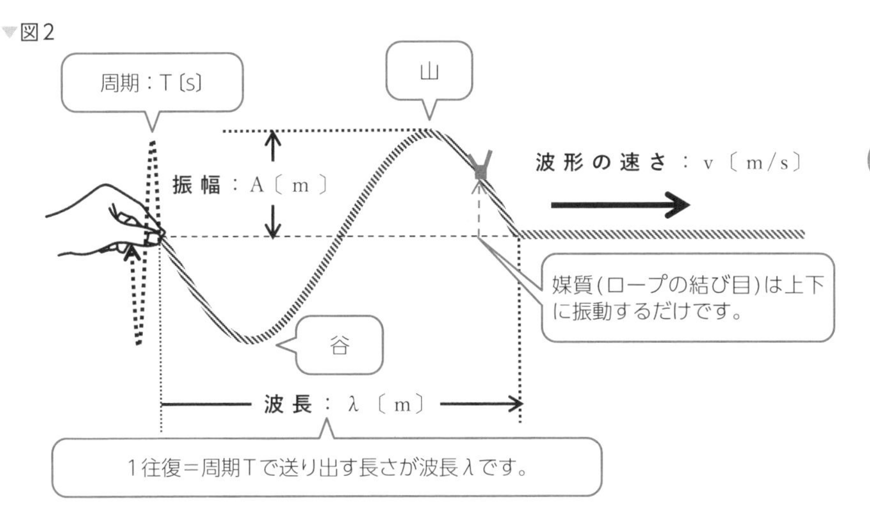

上下1往復で、送り出した山と谷を含む波の長さを**波長**といい、記号でλ〔m〕（λはギリシャ文字でラムダ）と表します。また、山の高さ、または、谷の深さが**振幅**：A〔m〕です。

＊波は波形が移動するだけで、媒質そのものが右に移動しているわけではありません。ロープの結び目の運動を見てわかるように、**媒質は上下に単振動**しているだけです。

波の速さ（波形の移動する速さ）v〔m/s〕は波長λ〔m〕を送り出す時間＝周期T〔s〕で割り算すると次のように計算できます。

波の速さ；v〔m/s〕＝ $\dfrac{\lambda\,(\text{波長})}{T\,(\text{周期})}$

上の式は $v=\lambda\times\dfrac{1}{T}$ と変形できます。f〔Hz〕＝ $\dfrac{1}{T\,(\text{周期})}$ より、波の速さv〔m/s〕は次のように表すことができます。

●**波の速さ；**$v\,[\text{m/s}] = \dfrac{\lambda\,(\text{波長})}{T\,(\text{周期})} = f\lambda$

横波、縦波

横波、縦波とその特徴

波には縦波と横波があります。これらについて特徴を説明していきましょう。また、波形、密度変化などについてもご説明します。

横波——波の伝わる方向と媒質の振動方向が直角

前節で登場したロープを上下に振動させ発生した波は、伝わる方向に対して**媒質**（波を伝える物質）の振動方向は直角です。これを**横波**といいます。

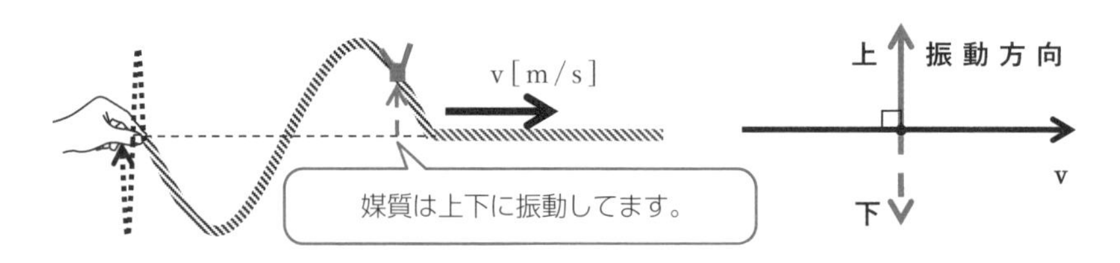

縦波——波の伝わる方向と媒質の振動方向が一致する

次の図のように、ばねを左右に振動させ発生した波は、波の伝わる方向と媒質の振動方向が一致します。これを**縦波**といいます。

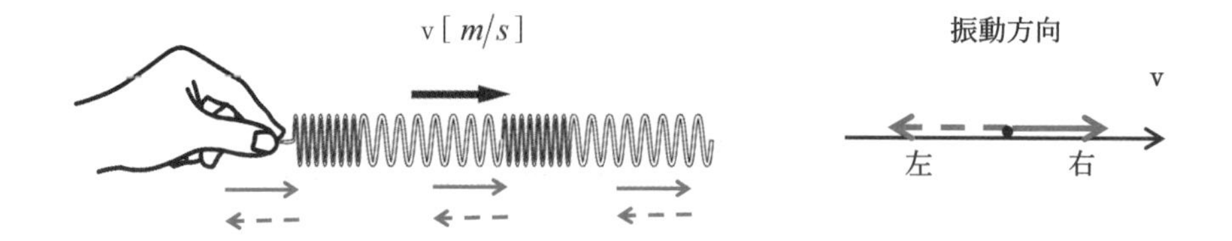

縦波の特徴①——波形（サインカーブ）が見えない

ばねの振動が伝わる縦波を眺めても、横波のような波形が見えません。なぜなら**縦波は、波の伝わる方向と媒質の移動方向が一致しているからです**。そこで、次の図のように、右向きの移動を上向きに、左向きの移動を下方向に書き換えることによって波形を見ることができます。

縦波の波形を見る方法

・右向きの移動➡上向きに変換

・左向きの移動➡下向きに変換

右➡上、左➡下の書き換えによって、次のy－xグラフのように、縦波の波形を見ることができます。x軸は媒質上の位置を表し、y軸は単振動の移動を表します。縦波の場合、**y軸は上下ではなく、左右の移動方向を表していることに注意します。**

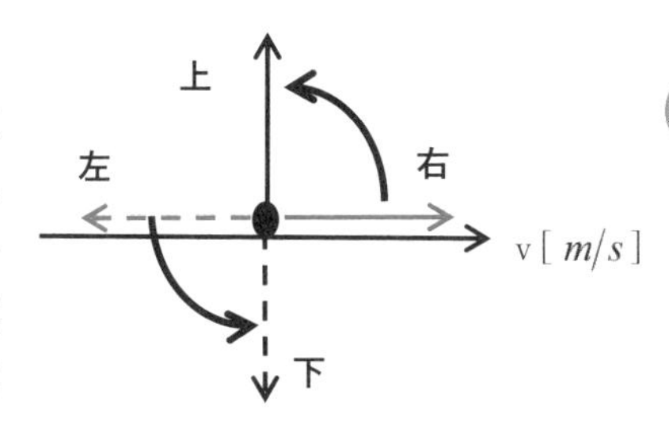

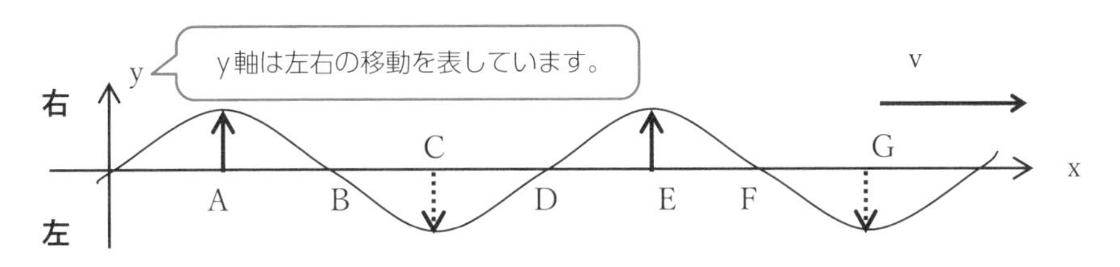

例えば点Aの移動方向は、上向きではなく右向き、点Cの移動方向は下向きではなく左向きに移動しています。

横波と縦波の具体例

横波の具体例

・ロープ伝わる波

・弦（バイオリンなどの弦の振動）

・光

・電磁波

・水面の波

・地震（S波）

縦波の具体例

・音波（空中）

・音波（水中）

・地震（P波）

縦波の特徴②——密度変化（疎と密）

縦波に特有な現象として、**密度の変化**があります。縦波のy－xグラフで、**上を右、下を左**の実際の移動に書き直すと次のようになります。

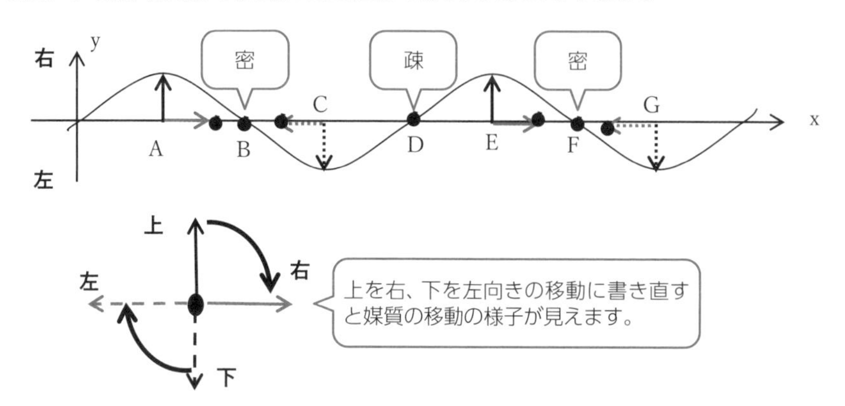

点B、Fのように媒質が混んでいるので密度が大きくなります。この部分を**密**と呼びます。これに対し点Dのように媒質がスカスカな部分は密度が小さくなります。この部分を**疎**といいます。縦波は媒質の密度変化、すなわち疎、密が伝わる波なので**粗密波**という表現方法があります。

物理で日常の難問を解決する——教え子からのメール⑥

(p127からの続き)

筆者の返事

「圧力差のある2つの領域が接している場合、高い側から低い側へ媒質が移動して同じ圧力になろうとする現象です。プラークに先端があり血液を吸わないならば、広径の方が単位時間当たりの吸引量が勝ると思います。脳血管内での血栓吸引に関わる圧平衡……2つの領域は、血栓による閉塞した部分と、チューブ先端が存在する手前の部分、でしょうか」

教え子

「やはり広径の方がいいわけですね！　物理の先生に伺えたことは本当にうれしいです。デバイスを作ったりする企業内にはそういった物理などの知識を持った技術者がいて、そういう人たちが開発をしてくれているのでしょう。お忙しい中、大変勉強になりました。ありがとうございました」

とまあ、やっと答えのない難問から解放されたのです。やれやれ……

このメッセージのやり取りを通じて物理的な考えが、様々な問題を解決する手助けになるものだと思いを新たにしました。

重ね合わせの原理、定常波

横波、逆向きに進む波が出会うと…

2つの波が出会うと、重なり合って合成波が生まれます。合成波はそれぞれの波の高さの和となります（重ね合わせの原理)。詳しく見ていきましょう。

重ね合わせの原理

次の図のように、逆向きに進む高さ2〔m〕と1〔m〕の箱型（**パルス波**といいます）の波形が重なり合うとどうなるのかを考えます。仮に物体ならば、衝突した結果それぞれの速度が変化します。つまり、お互いに影響を及ぼすことになるわけです。波の場合は物体とはまるで異なる振る舞いをします。

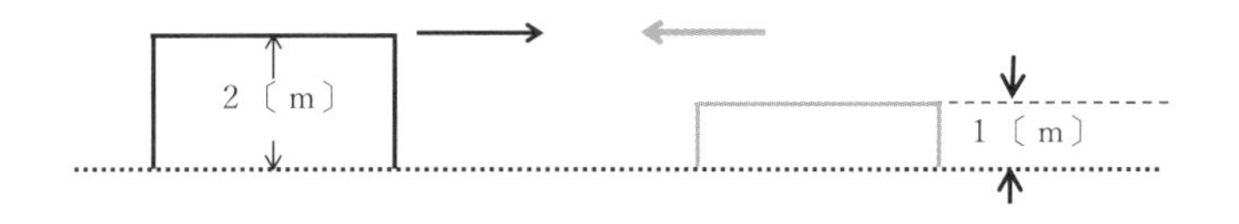

2つの波が出会うと次の図のように重なり合って**合成波**が生まれます。**合成波**はそれぞれの波の高さの和となるのですが、これを**重ね合わせの原理**といいます。

用語のおさらい

重ね合わせの原理　逆向きに進む波が重なり合った後、互いに影響されずに向きや速さ、波形を保ったまま進む性質を波の独立性といいます。これを重ね合わせの原理といいます。

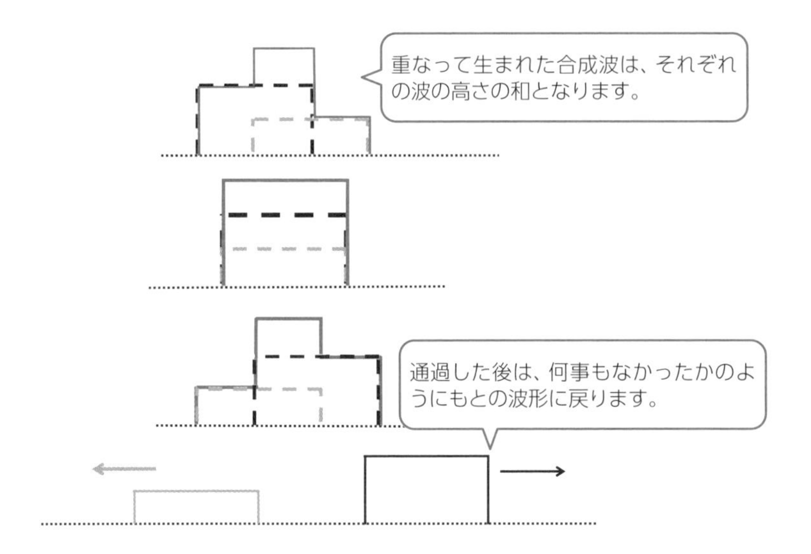

２つの波が通りすぎると、何事もなかったかのようにもとの波形に戻ります。つまり、物体の衝突のようにお互いに影響を及ぼすことはないのです。このことを**波の独立性**といいます。

定常波

次の図は２つの進行波の重ね合わせを $\frac{T}{4}$ ($\frac{\lambda}{4}$ 進む) ごとに追ったものです。合成波 (色の実線) は**重ね合わせ**の原理で作図できます。

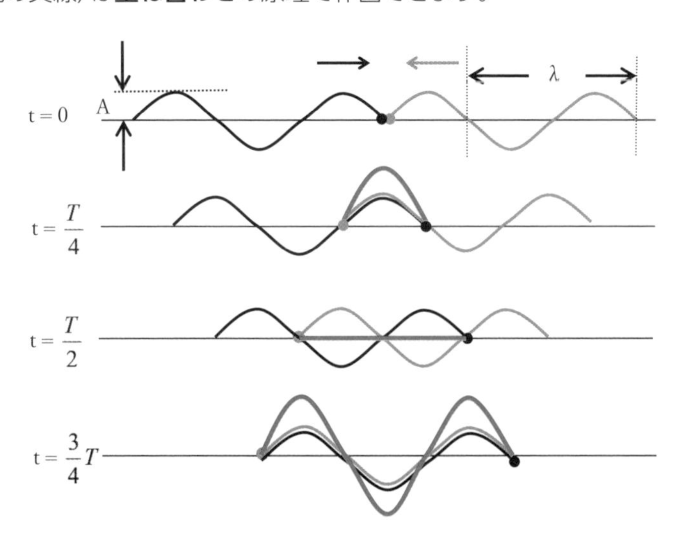

合成波だけを描くと次のようになります。

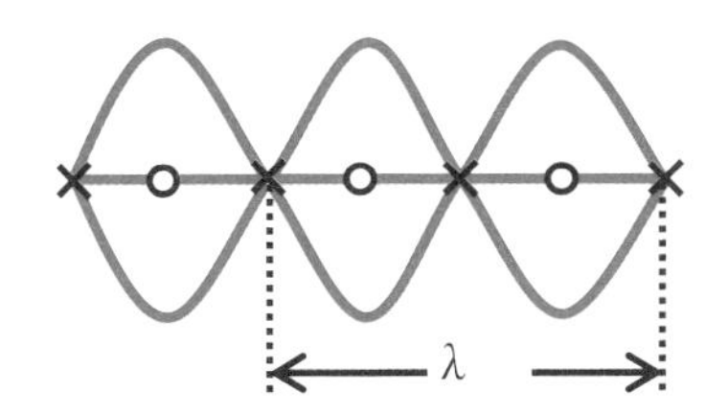

○ 腹 ： 振幅 2A

× 節 ： 振幅 0

逆向きに進む進行波が重なり合った合成波を定常波といいます。定常波はまったく振動しない部分（**節**）と、大きく振動（振幅2倍）する部分（**腹**）が等間隔で並びます。進行波は移動する波であるのに対し、定常波は節や腹に代表されるように振幅が場所によって異なり左右どちらにも移動しない特徴があります。

弦楽器、管楽器が美しい音色を奏でる仕組み

ギターやバイオリンなどの弦楽器、フルートやトランペットの管楽器が一定の音色を奏でるのは定常波が生まれるからです。

自由端、固定端

自由端反射、固定端反射

前節では逆向きに進む進行波が重なり合うと定常波が生まれることを示しました。この節では、自由端、固定端について説明していきます。

自由端反射と固定端反射

前節では逆向きに進む進行波が重なり合うと定常波が生まれることを示しました。

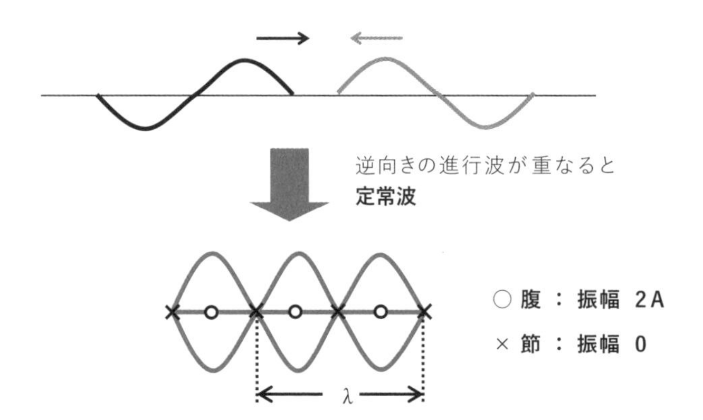

この節では、反射には2種類あることを説明します。次の図のように、ロープの右端を棒に取り付けます。棒に**入射波**が入射すると、棒を反射点として逆向きに**反射波**が送り出されます。まず、反射には**自由端反射**と**固定端反射**の2種類があります。

●自由端

ロープに**質量の無視できるリング**を取り付け、棒に対して摩擦なくなめらかに動ける反射点です。(重力の影響は無視)

●固定端

ロープが棒に結ばれて動けない反射点です。

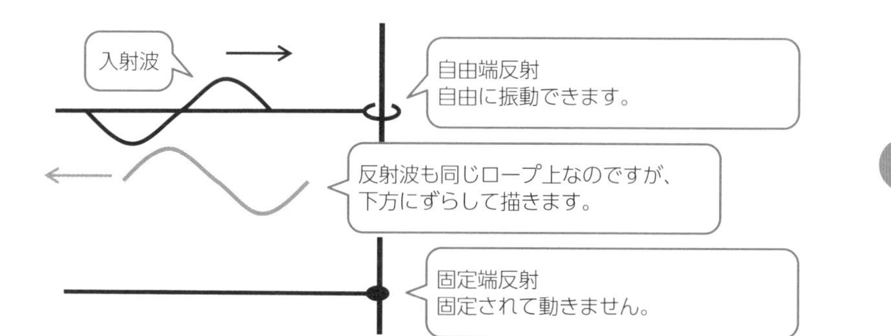

ロープには、逆向きに進む入射波と反射波が重なるので定常波が生じます。まず、**固定端は反射点でまったく振動できないので、定常波の節**となります。

これに対して、自由端は結論を急ぐと**定常波の腹**となるのです。

自由端に定常波の腹が生じる原因

リングがロープから受ける張力の大きさをT、その水平成分をT_x、鉛直成分をT_yとします。

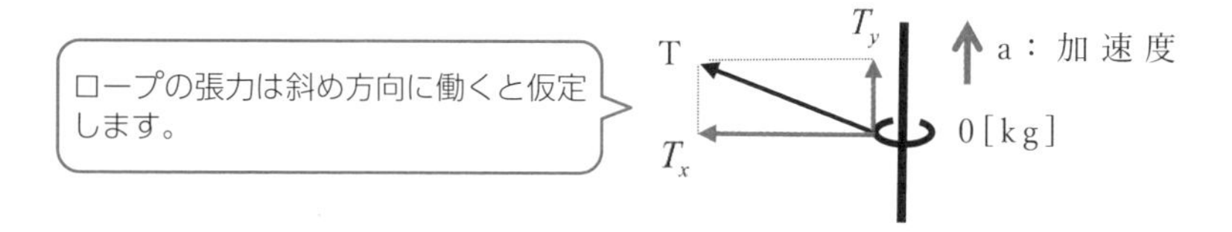

リング質量をmとして、鉛直方向の運動方程式：F＝maを与えると次のようになります。

●リングの鉛直方向の運動方程式；$T_y = ma$

リングの質量m＝0〔kg〕を上式に代入すると、T_y＝0となります。

つまり、リングに働く張力は水平成分T_xのみであることが分かります。よって、**リング付近のロープの傾きは常に0です**。定常波で傾きが常に0となるのは腹なので、自由端には定常波の腹が生まれるのです。

珍問難問!! 入試問題

物理の問題に俳句登場！①

88年度、弘前大

（設問）次の句に表されている情景を、物理現象として見るとき、エネルギーの種類とその変化について論述せよ。

「古池や　かわずとびこむ　水の音」

物理の問題で、俳句が登場するとは！　23節で仕事とエネルギーが登場しましたがエネルギーには様々な形がありましたよね。

運動エネルギー、位置エネルギー、熱エネルギー……エネルギーには様々な形があるのですが、どのような形になってもエネルギーはずーっと同じ値を保つのです。このことをエネルギーの保存則といいます。

では、改めて俳句の情景を思い浮かべてエネルギーの種類と変化を考えてください。

解答は62節（p167）で示します。

弦の定常波

弦楽器の音色

美しい音色を奏でるギターやバイオリンのような弦楽器。この節では、固定振動数と弦楽器との関係を探っていきたいと思います。

弦に生じる定常波

ギターやバイオリンのような弦楽器は様々な振動数の音を発することができます。ギターであれば弦の長さと弦を引っ張るいわゆるチューニングによって決まった音を奏でることができます。この決まった音を固有振動数といいますが、なぜ決まった音を送り出すことができるのでしょうか？

次の図のように、両端を固定した長さlの弦を指ではじきます。

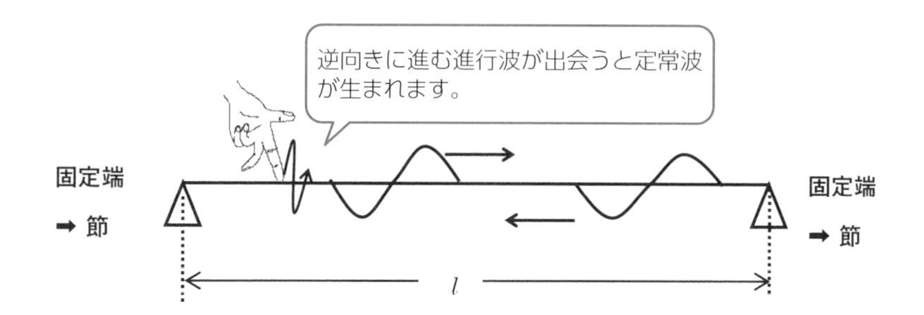

弦を弾くと横波が生まれ、両端（**固定端**ですね）で反射すると、逆向きに進む進行波が重なり合うので**定常波**が生まれます。

前節で学んだように**固定端は定常波の節**となります。両端が節となる定常波の波長λはどのように表すことができるでしょうか？

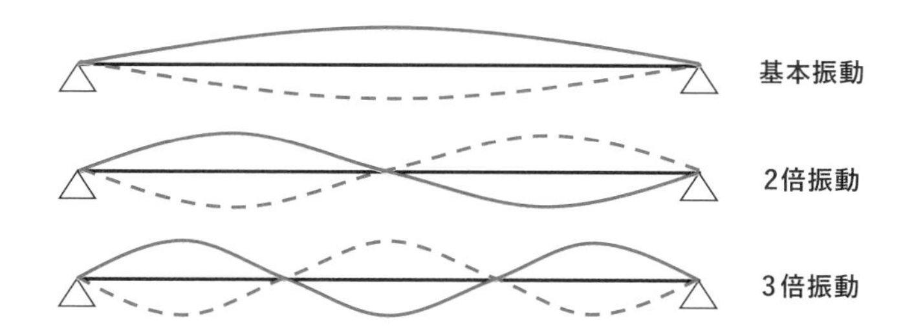

弦に生じる最も単純な定常波は、長さlの弦に腹１コがおさまる状態です。この振動状態を**基本振動**といいます。他の振動は、弦に腹が２個、３個…と、自然数個おさまった状態となり、それぞれ２倍振動、３倍振動…です。

弦の長さl〔m〕を定常波の腹１個分（$\frac{\lambda}{2}$）の長さを基準に式で表すと、次のようになります。

腹１コ：$l = \frac{\lambda}{2} \times 1$　（**基本振動**）

腹２コ：$l = \frac{\lambda}{2} \times 2$　（**2倍振動**）

腹３コ：$l = \frac{\lambda}{2} \times 3$　（**3倍振動**）

⋮

腹nコ：$l = \frac{\lambda}{2} \times n$　（**n倍振動**）

（自然数n = 1, 2, 3...）

よって弦に生じた定常波の波長λは、一般的に自然数nを用いて表すと次のようになります。

● **弦の波長；** $\lambda = \frac{2l}{n}$　（自然数n = 1, 2, 3...）

さらに弦を伝わる速さvはどのような要素で決まるのかを次の節で考えます。

速さvと波長λが決まれば、弦の音色すなわち振動数fが波の基本式：v＝fλで決まるのです。

弦の固有振動数、共振、共鳴

弦楽器の秘密を探る

前節では長さl〔m〕の弦に生じた定常波の波長λを計算しました。この節では、固有振動数を計算して、共振、共鳴現象について考えていきます。

弦を伝わる波の速さ

前節では、長さl〔m〕の弦に生じた定常波の波長λを計算しました。

弦の波長：$\lambda = \dfrac{2l}{n}$（自然数n = 1, 2, 3...）

この節では、弦の**固有振動数**を計算し、共振、共鳴現象について考えます。弦を伝わる波の速さv〔m/s〕は弦の両端に働く張力T〔N〕と弦の線密度ρ〔kg/m〕（弦1〔m〕あたりの質量〔kg〕）を用いて次の式で表すことができます。ちなみに、この式を導くためには大学レベルの知識が必要となります。

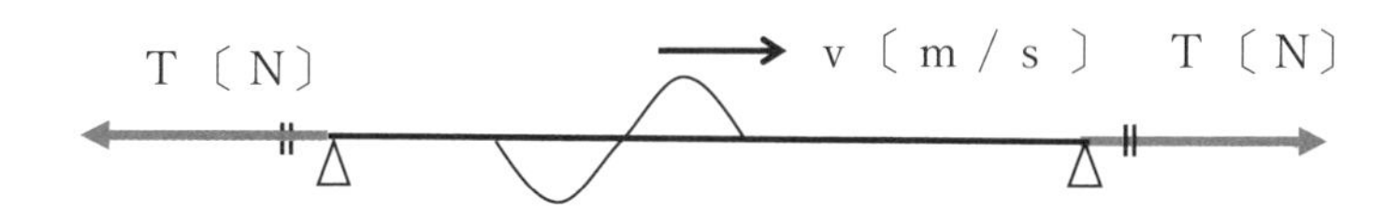

● **弦を伝わる波の速さ；**v〔m/s〕$= \sqrt{\dfrac{T\,[\mathrm{N}]}{\rho\,[\mathrm{kg/m}]}}$

弦の固有振動数

ここまでの知識を踏まえて、弦に生まれた定常波の振動数を計算します。まず波の伝わる速さの式：v＝fλに波長の式：λ〔m〕＝$\dfrac{2l}{n}$、弦を伝わる速さの式v〔m/s〕＝$\sqrt{\dfrac{T\,[\mathrm{N}]}{\rho\,[\mathrm{kg/m}]}}$を代入すると、次のようになります。

$$\sqrt{\frac{T\,[\mathrm{N}]}{\rho\,[\mathrm{kg/m}]}} = f \times \frac{2l}{n}$$

上の式を振動数fについて求めると、弦の固有振動数の式が完成です。

$$\bullet\ \textbf{弦の固有振動数};\ f\,〔Hz〕 = \frac{v}{\lambda} = \frac{n}{2l}\sqrt{\frac{T}{\rho}} \quad (\text{自然数}\,n = 1, 2, 3...)$$

n＝1の振動数fを**基本振動数**と呼び、自然数n（腹の数）が2, 3, 4と増えると振動数も2倍、3倍…と増えます。これらの振動数を、**2倍振動数**、**3倍振動数**…といいます。

共振（共鳴）

次の図のように、弦の一端に音さを取り付け、他端に重りをつるします。

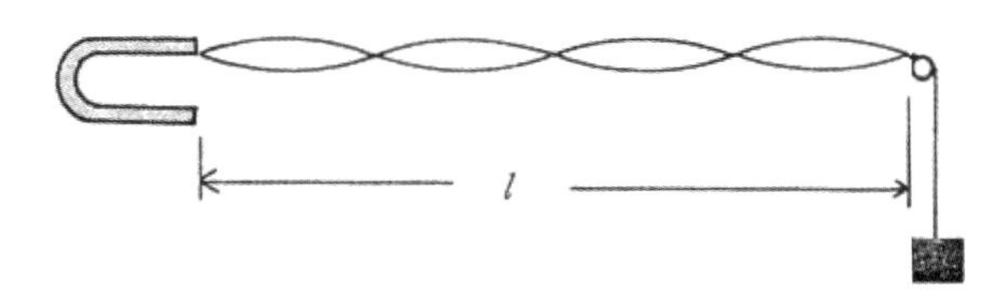

音さは弦を外部から揺さぶりをかける役目があるのですが、この際に**音さの振動数が弦の固有振動数と一致する**場合に限って、弦に定常波が生まれます。このような固有振動数と同じ振動を外部から与えることによりうまく振動ができる現象を**共振**または**共鳴**といいます。この現象は身近な場面で見ることができます。

ブランコと固有振動数

次のイラストのように、ブランコの外から押して大きく振れるようにするにはどうすれば良いかを考えます。まず、ブランコを単独で揺らした場合の振動数fが1［Hz］だったとします。

f＝1〔Hz〕はブランコの**固有振動数**です。ブランコの固有振動数と同じf＝1〔Hz〕のタイミングで外部から振動を加えることによって、次第に振幅が大きくなり、より大きく振動させることができるのです。

気柱の共鳴

ビンを吹いた時のボーッ音の謎を探る

ビンの口に息を吹きかけると、ボーッと音が鳴ります。これはビン内の空気が振動することによる現象です。詳しく解説します。

気柱の共鳴

ビンの口に息を吹きかけると、ボーッと音が鳴ります。これはビン内の空気が振動することによる現象です。ビンや管楽器に含まれる空気を気柱といいます。では、気柱はどのように振動してるのでしょうか？

●一端を閉じた気柱（閉管）に生じる波長λ〔m〕

次の図は一端を閉じた長さLの気柱です。気柱の閉じている部分を閉端、開いている部分を開端といいます。開端の側から音さによって音波を送り込みます。

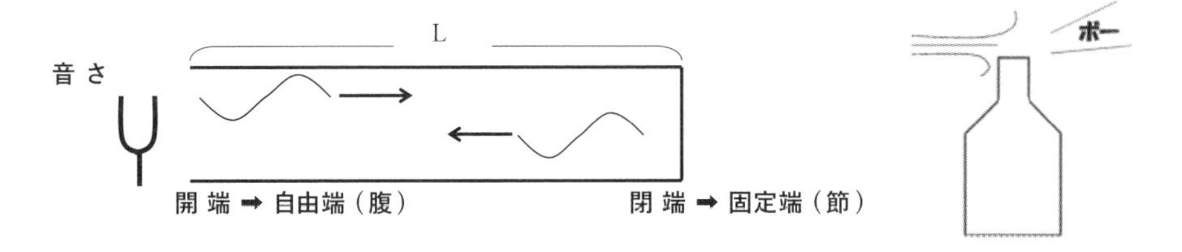

音波は閉端で反射されるので、気柱内では逆向きに進む音波が重なるので定常波が生まれます。

ここで注意点なのですが、**音波は縦波**です。つまり、波の伝わる方向と媒質（空気分子）の振動方向が一致しており、閉端では空気分子が左右に振動できないので固定端となります。一方開端は空気の分子が自由に振動できるので自由端とみなせます。以上を踏まえて気柱に生じた定常波の波長λを計算します。

最も単純な定常波を考えると、気柱に腹半分（λ/4）が収まった状態となるのですが、この振動状態が気柱の**基本振動**となります。他の振動は、腹半分（λ/4）が3個、5個…と、奇数個収まる状態であり、それぞれの振動状態を3倍振動、5倍振動…といいます。

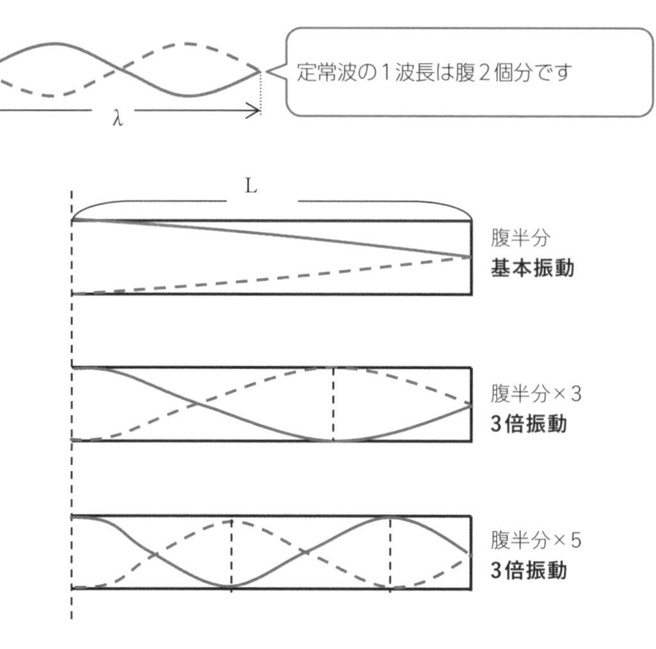

次のように、気柱の長さL〔m〕を、腹半分（$\frac{\lambda}{4}$）の数（**奇数**）で表すと、気柱に生じた定常波の波長λ〔m〕が決まります。

腹半分：　$L = \frac{\lambda}{4} \times 1$　（**基本振動**）

腹半分×3：$L = \frac{\lambda}{4} \times 3$　（**3倍振動**）

腹半分×5：$L = \frac{\lambda}{4} \times 5$　（**5倍振動**）

一般的に、気柱の長さは次のように表現できます。

気柱の長さ：$L = \frac{\lambda}{4} \times (2n - 1：奇数)$　$(n = 1, 2, 3, ...)$

よって、気柱にできた定常波の波長λは、次のようになります。

● **気柱の波長**；$\lambda = \frac{4L}{2n - 1}$　$(n = 1, 2, 3...)$

次の節では、気柱の固有振動数を求めます。

56 気柱の固有振動数

管楽器の秘密

前節では、長さL〔m〕の閉管に生じた定常波の波長λを計算しました。本節では気柱の固有振動数を計算します。

気柱の固有振動数：f〔Hz〕

前節では長さL〔m〕の閉管に生じた定常波の波長λを計算しました。

気柱（閉管）の波長；$\lambda = \dfrac{4L}{2n-1}$　$(n = 1, 2, 3...)$

本節では気柱の固有振動数を計算します。

まず、1気圧のとき、音波の伝わる速度V〔m/s〕は、空気の温度t〔℃〕に依存し次のように表すことができます。

音速 V〔m/s〕= 331.5 + 0.6t〔℃〕

上記の式は、0℃の音速が331.5〔m/s〕であり、温度が1℃上昇するたびに0.6〔m/s〕ずつ増加するのが分かります。

ここで音速Vと前章で求めた波長$\lambda = \dfrac{4L}{2n-1}$を用いて、気柱の固有振動数f〔Hz〕を計算します。波の速さV＝fλにλを代入すると次のようになります。

気柱の固有振動数；$f = \dfrac{V（音速）}{\lambda} = \dfrac{V}{4L} \times (2n-1)$　$(n = 1, 2, 3...)$

気柱の共振（共鳴）

改めて、前節で登場した音さから気柱に音を送り込む場面に注目します。実は、どんな場合でも気柱に定常波が生まれるわけではありません。**気柱の固有振動数と音さの振動数が一致した場合**に限って気柱には定常波が生じます。弦の固有振動数の章でも登場しましたがこの現象はまさに**共振（共鳴）**なのです。

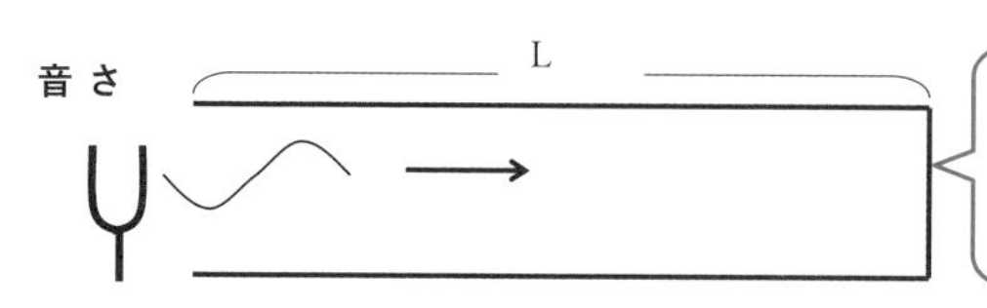

音さの振動数と気柱の固有振動数が一致した場合に定常波が生まれる➡共鳴

管楽器

管楽器の音色はまさに気柱の固有振動数で決まるのですが、固有振動数は音速Vが絡んでいます。

$$f = \frac{V(\text{音速})}{\lambda} = \frac{V}{4L} \times (2n - 1)$$

音速は

$$V〔\text{m/s}〕= 331.5 + 0.6t〔℃〕$$

の式で表されます。温度が上昇すると、音速Vは増加するので、振動数fが増加し、音色が変わってしまいます。当然同じ音色を奏でるには、気柱の長さLを変化させる必要があります。

一方弦楽器ですが、弦の固有振動数は次の式です。

弦の固有振動数：$f〔\text{Hz}〕= \frac{V}{\lambda} = \frac{n}{2l}\sqrt{\frac{T}{\rho}}$

弦の場合、温度が上昇すると、熱膨張によって弦そのものが伸びる場合があるようです。この結果、弦の張力が小さくなり振動数fが減少するのです。同じ音色にするには、ギターの場合であれば先端についているペグと呼ばれるねじ状の部品を回すことによって音色を調整する必要があります。

管楽器は温度が上がると振動数が増加し、弦楽器は温度が上がると振動数が減少します。オーケストラなどで複数の楽器の音色を合わせることはとても大変な作業であることが分かると思います。

ドップラー効果の波長

救急車の音が変化するのはなぜ？

救急車が近づくとサイレンが高く聞こえていたのが、遠ざかると急に低く変化します。なぜドップラー効果が起きるのかを解明します。

ドップラー効果を探る

ドップラー効果とは、音源や音を聞く観測者が動くことにより、受け取る振動数：f〔Hz〕が変化する現象です。例えば、救急車が近づくとサイレンが高く聞こえていたのが、遠ざかると急に低く変化します。この節ではなぜドップラー効果が起きるのかを考えます。手始めに、ドップラー効果で注意する点から説明します。

注 音源が動いても、音速Vは変化しない！

次の図のように、水面を指で触れて振動させると、指を波源として円形波が広がります。もし、指を移動させながら振動させる場合、広がる円形波の中心がずれるだけで広がる円形波の速さは指の移動速度とは一切関係がありません。音波も水面波同様に音源の速度とは無関係なのです。

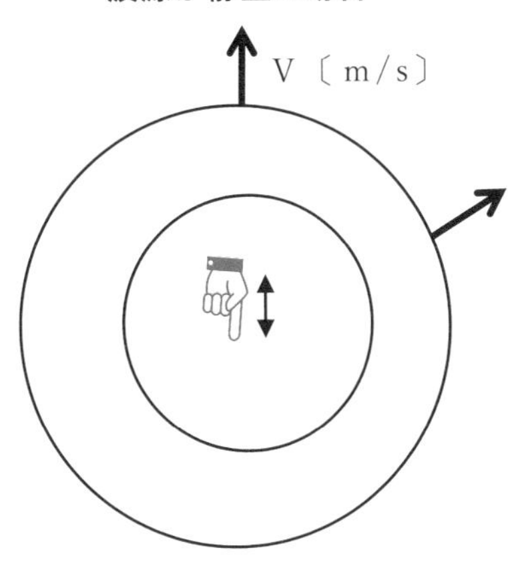

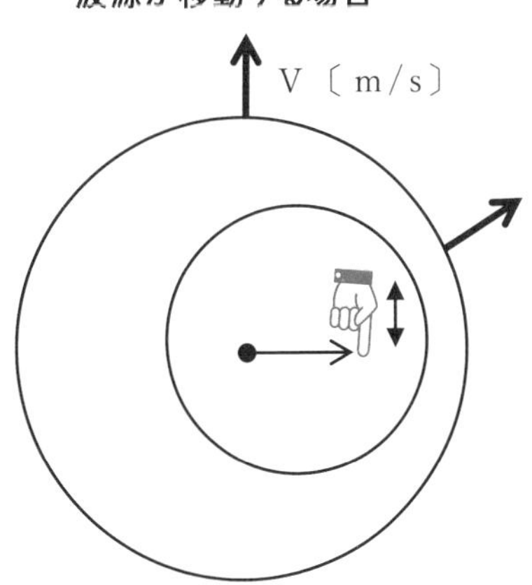

音源が動く場合のドップラー効果

次の図は音源が静止している場合と、音源Sが速さvで動く場合、観測者Oに向かって1〔s〕間に送りだされた波の様子を示します。振動数fは1〔s〕あたりの往復回数＝波長λの数であり、音さが動いても送り出される波長λの数＝f〔Hz〕は変化しません。音波の速さVは注で示したように音源の速さとは無関係なので1〔s〕間に波の先端が進んだ距離は共にV×1〔m〕で同じです。

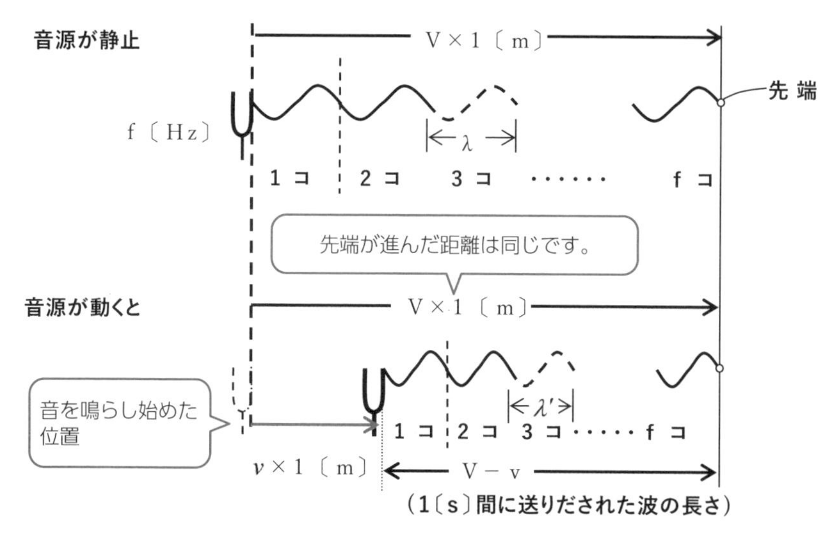

ところが音さが動く場合、音さの移動距離v×1〔m〕が1〔s〕後の波の終端となるので、波の長さはV－v〔m〕となります。

音源が動く場合の波長：λ'は、1〔s〕間に送り出された波の長さ：V－vを、波長の数fコで割ると次のように計算できます。

●**音源が動く場合の波長；** $\lambda' = \dfrac{V - v}{f}$ ……………… ❶

❶の波長 $\lambda' = \dfrac{V - v}{f}$ は、音源Sが静止の場合の波長 $\lambda = \dfrac{V}{f}$ に比べて短くなることが分かります。**音さが動くと、波長が変わるのが分かります。**

次の節では、音源、観測者両方が動く場合のドップラー効果を考えます。

58 ドップラー効果の振動数

観測者が動く場合の振動数

前節では、音源が動くことによって波長が変化することを学びました。観測者が動く場合にどのような影響があるかを考えます。

ドップラー効果の振動数

前節では、音源が動くことによって波長が変化することを学びました。音さが音波の伝わる方向にv〔m/s〕で移動する場合の波長λ'は次のように表すことができました。

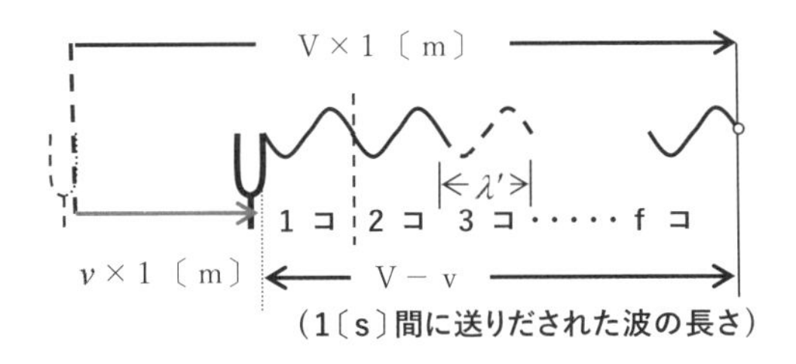

●音源が動く場合の波長；$\lambda' = \dfrac{V-v}{f}$ ……… ❶

本節では、観測者が動く場合にどのような影響があるかを考えます。

次の図のように、動く音源から送り出される波長λ'をu〔m/s〕で移動する観測者が受け取る音波の振動数f'を考えます。

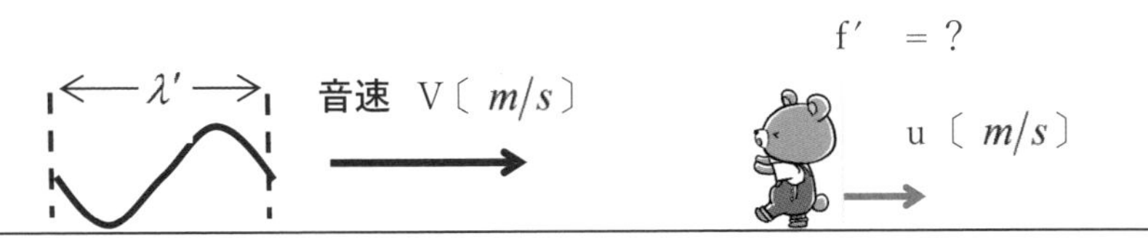

＊音源から送り出された波長λ'は、観測者がどのように動いても変えることはできません。つまり、**波長λ'は音源の速度vだけで決まります**。

観測者が動くと、**観測者から眺めた音速が変わり**ます。8節で登場した**相対速度＝相手の速度－自分の速度**より、音速はV－uの速さで伝わるように見えます。この場合、波の速さの公式$V=f'\lambda'$の音速VがV－uに変わるので、振動数f'は次のように計算できます。

$$f' = \frac{V-u}{\lambda'} \quad \cdots\cdots\cdots\cdots \text{❷}$$

❶の$\lambda' = \dfrac{V-v}{f}$を❷に代入すると次のように計算できます。

●**音源、観測者が動く場合の振動数；**$f' = f\,\dfrac{V-u\,(\text{観測者})}{V-v\,(\text{音源})}$

上記の式の通り、受け取る振動数は音源の速度v、観測者の速度u両方の影響があることが分かります。

これがポイント

ドップラー効果の活用事例

ドップラー効果は様々な場面で実用的に使われる技術です。ピッチャーの投げたボールに超音波を当てて反射音の振動数の変化からボールの速度を測定するスピードガンやスピード違反の車の速度を測定するのもドップラー効果が利用されています。

実は天文学でもドップラー効果で驚きの観測結果があります。それはアメリカの天文学者のハッブルが発見した**赤方偏移**です。

ハッブルは宇宙に存在するすべての星からの波長が予想される波長より長くなり波長の長い赤色にずれていることを発見したのです。

このことから宇宙が膨張することが実証されたのです。宇宙の膨張は宇宙がビックバンを起こした理論の裏付けとなったのです。

ちなみに、1990年に打ち上げられたハッブル宇宙望遠鏡は、上空約550キロを周回する主に可視光観測の反射望遠鏡です。銀河や太陽系外惑星、誕生直後の宇宙などの観測などで大きな成果を上げています。

▲ハッブル宇宙望遠鏡

59 ホイヘンスの原理、反射の法則

水面に小石を投げると…

この節では、波面が登場します。波面とは山や谷などの波の高さが等しい部分をつなげた面です。水面に小石を投げると広がる波紋がまさに波面です。

ホイヘンスの原理

この節では、**波面**が登場します。波面とは山や谷などの波の高さが等しい部分をつなげた面です。水面に小石を投げると広がる波紋がまさに波面です。ニュートンと同時代のオランダの物理学者**クリスティアーン・ホイヘンス**は波面がどのように進むのかを予想する方法を編み出しました。この方法を**ホイヘンスの原理**といいます。図1のような時刻0〔s〕の波面が右方向にv〔m/s〕で進んでいます。t〔s〕後の波面は次の2つのstepで描くことができます。

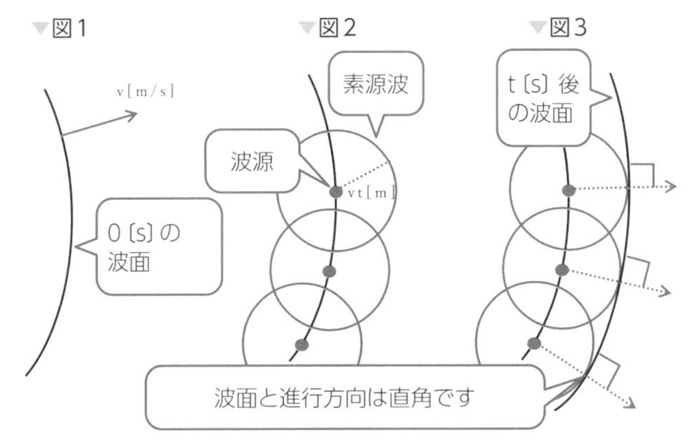

Step1 波面上の各点を波源と考え円形波を描きます。この円形波を**素源波**といい、半径はvt〔m〕となります。

Step2 すべての円形波に接する面がt〔s〕後の波面となります。

図3のとおり、波源からスタートした波の**進行方向と波面は直角に交わっている**のが分かります。

● 波の進行方向⊥波面

反射の法則

図4のように境界面に入射する**入射波**があります。入射波の一部は屈折、一部は反射しますが、ここではまず反射波に注目します。

▼図4

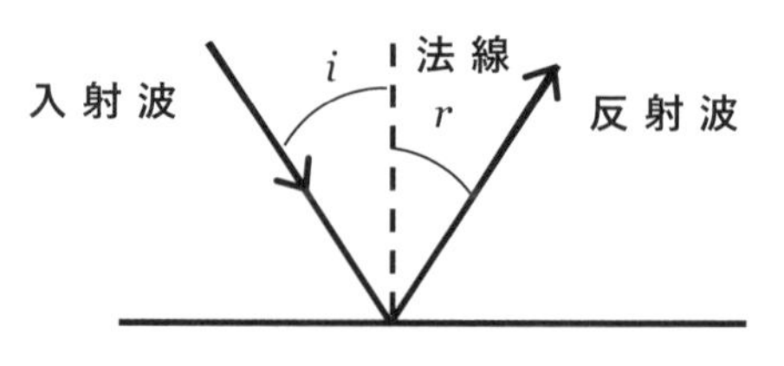

境界面の法線と入射波のなす角を***i***（**入射角**）、反射波と法線のなす角をr（反射角）とします。入射角iと反射角rの関係をホイヘンスの原理で証明することを考えます。

図のように境界面の点A、Bに速さvで入射する平行な進行波があります。点Aを通る波面は進行方向に垂直でAA'で表されます。波がA'からBに到達する時間をtとすると、A'Bはvt〔m〕となります。反射波の点Bを通る波面はBB'です。入射波がA'からBに達する時間tと反射波がAからB'に到達する時間は同じなのでAB'はvt〔m〕です。よってA'B＝AB'です。

▼図5

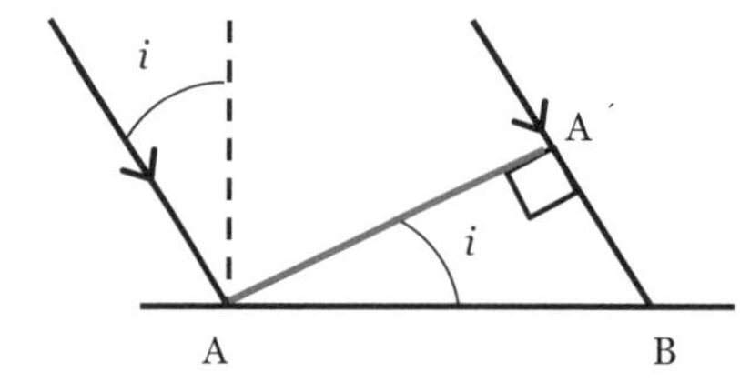

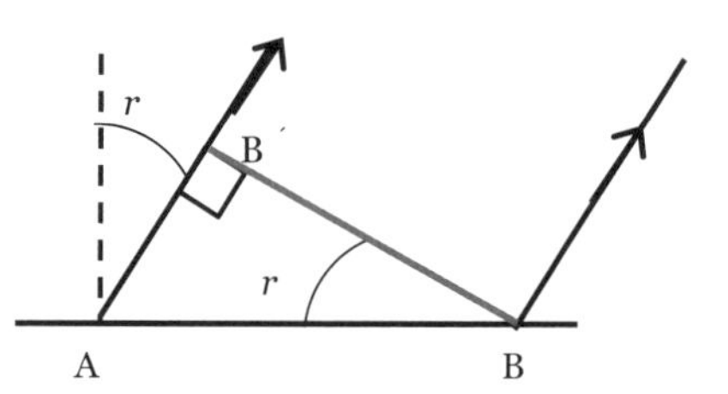

A'B＝AB'なので上図の左右の三角形△ABA'と△BAB'は合同となります。よって次の関係が成り立ちます。

● **入射角i＝反射角r（反射の法則）**

ホイヘンスとニュートン

初めて光を研究したのは、ニュートンですがニュートンは光を粒子と考えました。同時代のホイヘンスはホイヘンスの原理を武器に光は波であると異を唱えています。果たしてどちらの説が正しいのでしょうか…？

屈折の法則

ホイヘンスの原理を利用！

この節では屈折の法則について説明します。波動一般の屈折現象における2つの媒質中の進行波の伝播速度と入射角・屈折角の関係を表した法則です。

屈折の法則

図1のように頂角θ、斜辺A、底辺x、高さyの直角三角形に注目します。三角比は三角形の2辺の長さの比ですが、sin（サイン）とcos（コサイン）を確認します。sin θは斜辺Aと高さyの比、cos θは斜辺Aと底辺xの比を表します。

▼図1

$$\cos\theta = \frac{x}{A} \Rightarrow x = A\cos\theta$$

$$\sin\theta = \frac{y}{A} \Rightarrow y = A\sin\theta$$

図2のように2つの媒質Ⅰ、Ⅱが接している境界面に向かって媒質Ⅰから平面波（波面が平行な波）が入射すると、波の一部は**反射**し、一部は**屈折**して媒質Ⅱに進みます。境界面の法線に対する角度として、入射角をθ_1、反射角をθ'_1、屈折角をθ_2とします。また、媒質Ⅰでの波の速さをv_1、媒質Ⅱでの速さをv_2とします。

▼図2

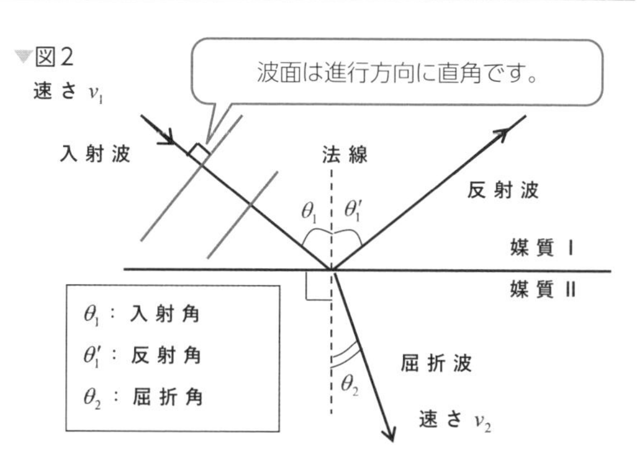

まず、入射角θ_1と反射角θ'_1の関係は、前節で示した反射の法則により次の関係があります。

●反射の法則：θ_1（入射角）＝θ'_1（反射角）

では入射角θ_1と屈折角θ_2の間に成立する関係を考えます。前節登場したホイヘンスの原理で示したとおり、**波面は波の進行方向に対して直角**です。

入射波の波面ABに注目すると、媒質Ⅰで入射波がBからB'に達すると同時に、媒質Ⅱでは屈折波はAからA'に到達します。波面$A'B'$は屈折波に対して直角となります。

▼図3

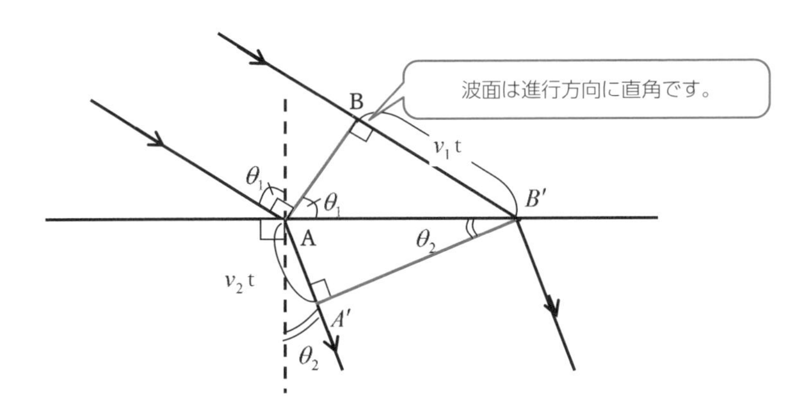

B➡B'、A➡A'の時間をtとすると、それぞれの媒質を伝わる速さv_1、v_2を用いて$AA'=v_1$t、$BB'=v_2$tとなります。

直角三角形AB'B、B'AA'に注目して三角比$\sin\theta_1$、$\sin\theta_2$の比を求めると、次のようになります。

$$\frac{\sin\theta_1}{\sin\theta_2}=\frac{v_1t/AB'}{v_2t/AB'}=\frac{v_1}{v_2}$$

❶式の右辺は、速さの比なので**一定**です。これは入射角θ_1、屈折角θ_2がどんな値でも$\sin\theta_1$、$\sin\theta_2$の比が一定となることを表していますが、これを**屈折の法則**といいます。

ここで一定値である速さの比：$\frac{V_1}{V_2}$を定数としてn_{12}と置く。このn_{12}を**Ⅰに対するⅡの相対屈折率**といいます。

●屈折の法則　Ⅰに対するⅡの相対屈折率；$n_{12}=\frac{\sin\theta_1}{\sin\theta_2}=\frac{v_1}{v_2}$

61 全反射

臨界角と全反射

前節では、媒質ⅠからⅡに屈折する場合に成り立つ屈折の法則が登場しました。この節では全反射を考えます。

臨界角と全反射

前節では媒質ⅠからⅡに屈折する場合に成り立つ屈折の法則が登場しました。

●**屈折の法則　Ⅰに対するⅡの相対屈折率；**$n_{12} = \dfrac{\sin\theta_1}{\sin\theta_2} = \dfrac{v_1}{v_2}$

この節では全反射を考えますが、次のような注意点があります。

真空中を伝わる光波の速さは記号でcと表し、$c = 3.0 \times 10^8$〔m/s〕です。空気中を伝わる光速も真空中とほぼ同じ値です。また、アインシュタインの相対性理論によって真空中の光速がこの宇宙における**速度の最大値**であることが分かっています。

次の図のように水から空気に向かって屈折する光波に注目します。

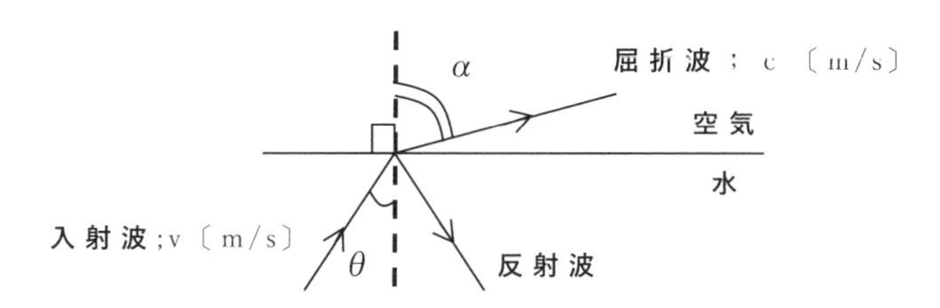

入射角をθ、屈折角をα（ギリシャ文字のアルファ）、空気中の光速をc、水中での光速をvとします。もし、空気側から入射角rで入射すると水側での屈折角はθとなります。つまり、光を逆に進ませても同じ経路をたどります。ここで空気に対する水の屈折率；nは速さの比として次のように表すことができます。

空気に対する水の屈折率 $n = \dfrac{c}{v}$

空気中の光速cはこの世の最大値です。よって水中での光速vはcより小さいので屈折率nは1より大きいことが分かります。θとαは屈折の法則より、次のような関係があります。

空気に対する水の屈折率 $n = \dfrac{\sin\alpha}{\sin\theta} > 1$

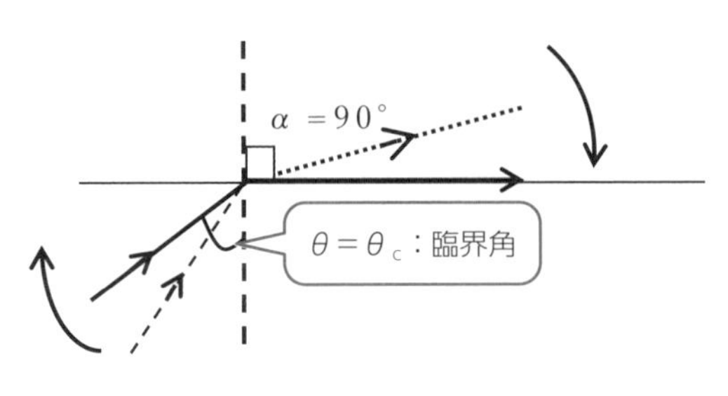

$n>1$なので、$\sin\alpha > \sin\theta$です。よって入射角θより屈折角αの方が大きいことが分かります。入射角θをどんどん大きくすると、屈折角αも大きくなり、ついに$\alpha = 90°$となる瞬間が訪れ屈折の限界に達します。このときの入射角をθ_cと表し、**臨界角**といいます。臨界角をθ_cと表します。

すでに屈折角は90°の限界となっているので、もし入射角θが臨界角θ_cを超えると光は屈折しないのです。

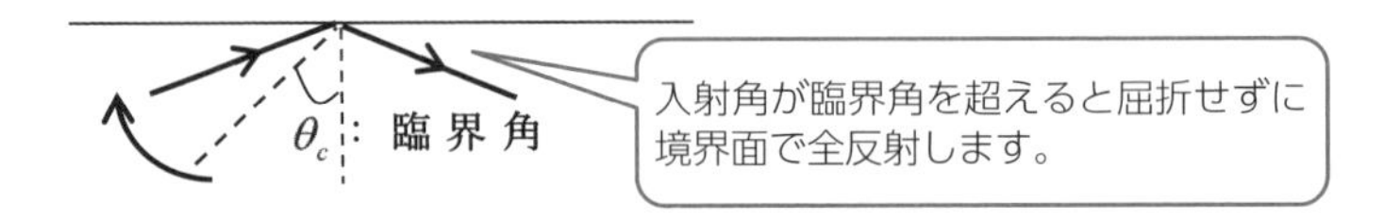

光が境界面で屈折しない、ということは入射した光は**すべて境界面で反射**することになります。この現象を**全反射**といいます。

全反射の応用、光ファイバー

全反射の応用に光ファイバーが挙げられます。次のように空気中に置かれたガラスの管の側面に光が入射する場合、入射角が臨界角を超えると全反射が反射するたびに起きるのでエネルギーのロス無しに情報を伝達することができます。

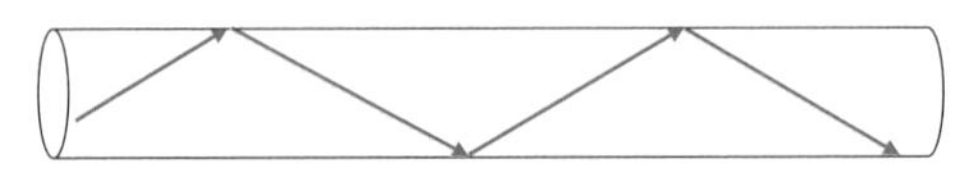

1964年に東北大学の西澤潤一博士が光通信用光ファイバーの特許を出願しています。ところが特許庁はその有用性を認めず、差し戻します。西澤教授は何度も申請を繰り返しますが、その間にアメリカが国際特許を取得し、西澤教授の技術が認められることはありませんでした。

62 干渉の条件

強めあい、弱めあい

2つの波源から送り出された単振動の重ね合わせを考えます。重ね合わせによって強めあい、弱めあう現象を干渉といいます。

干渉の条件

前節では媒質ⅠからⅡに屈折する場合に成り立つ屈折の法則が登場しました。この節では、2つの波源から送り出された単振動の重ね合わせを考えます。重ね合わせによって強めあい、弱めあう現象を**干渉**といいます。干渉はどのような条件で決まるのでしょうか？

次の図のように、水面上に**同じ振動**の2つの波源S_1、S_2があり、波長λの円形波が送り出されています。水面上の1つの点Pで同じ振動が重なると**強めあい**となり、逆方向の振動が重なると**弱めあい**となります。まず点Pでの干渉が何によって決まるのかを考えます。

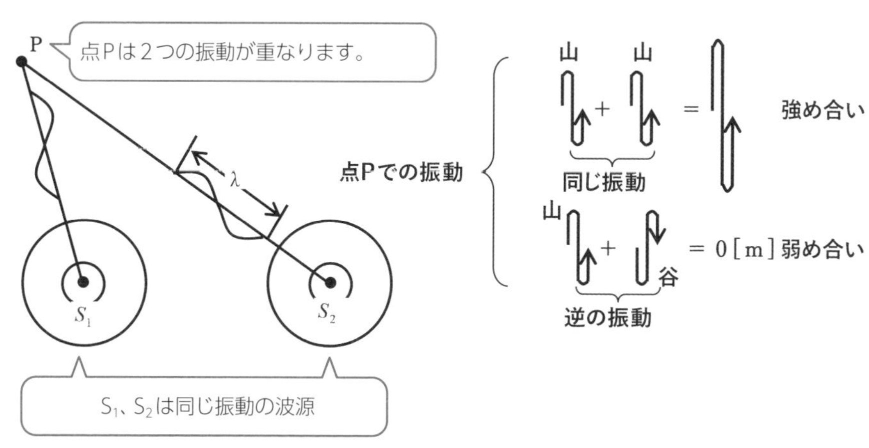

まず2つの波が進む**距離差**：$|S_1P - S_2P|$に注目します。

S_1P、S_2Pを横一線に並べてみると、S_1、S_2は同じ振動の波源なのですから、同じ形の波形が並びます。

①Pで強めあう条件

点PにS_1からの波の山とS_2からの波の山が出会うと強めあいとなります。次の図のように距離の差が0, λ, 2λ…でPは強めあいとなります。

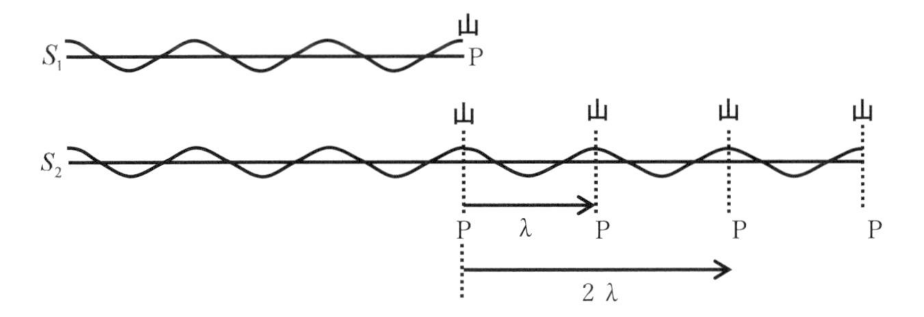

強めあう条件：距離差 $|S_1P - S_2P| = m\lambda \quad (m = 0, 1, 2, \ldots)$

②Pで弱めあう条件

点PにS_1からの波の山とS_2からの谷が出会うと、弱めあいとなります。次の図のように距離の差が $\frac{\lambda}{2}$、$\frac{\lambda}{2}+\lambda$、$\frac{\lambda}{2}+2\lambda$…ならばPで弱めあいとなります。

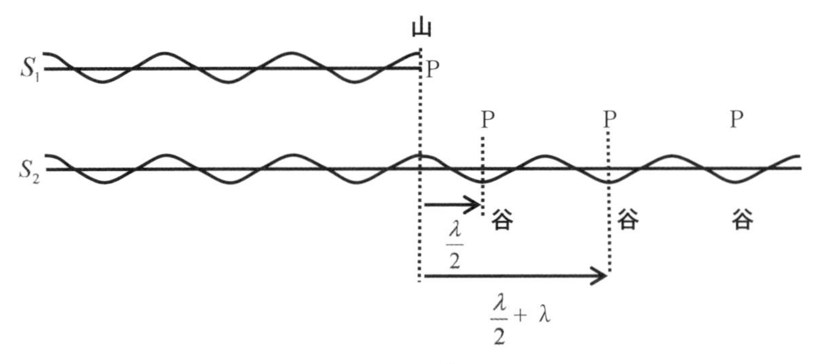

弱めあう条件：距離差 $|S_1P - S_2P| = \frac{\lambda}{2} + m\lambda \quad (m = 0, 1, 2, \ldots)$

干渉の条件をまとめると、次のように表すことができます。

●**距離差**：$|S_1P - S_2P| = \frac{\lambda}{2} \times \begin{cases} 2m & \text{(偶数)：強めあう} \\ 2m+1 & \text{(奇数)：弱めあう} \end{cases}$

（波源が同じ振動の場合）

珍問難問!! 入試問題

物理の問題に俳句登場！②

（p146からの続き）

次の句に表されている情景を、物理現象として見るとき、エネルギーの種類とその変化について論述せよ。

「古池や　かわずとびこむ　水の音」

筆者の考えた解答

蛙がピョンと飛び出した瞬間、運動エネルギーを持つ。蛙が水面との衝突の際に運動エネルギーを失うがエネルギーの保存則により熱エネルギーと、水の音とあるので音波のエネルギーに変わる。

しかしこの問題は深く考え始めるときりがないのです。そもそも蛙はピョンと飛び出す際の運動エネルギーをどうやって得たのでしょうか？

蛙が餌を食べて消化の過程で体内の化学エネルギーに変わり、これが筋肉を通じて蛙の運動エネルギーに変わったといえますよね。

ちょっとウンチク

シャボン玉がキラキラきれいに見える理由

虹色に光るシャボン玉は、なぜあのように見えるのでしょう。ガラスや水面がキラキラ光るのとはまた違った、不思議な美しさです。波の性質を持つ光は、「回折」します。この波の性質があるため、複数の波が重なり合うと「干渉」という現象も発生します。

シャボン玉の美しい虹色は、膜の表面で反射する光と内面で反射する光が互いに干渉しあって、光がより強調されたりしているためです。その色は、見る方向や大きさ、膜の厚さで変わります。

光の干渉、ヤングの実験

光が波である実証実験

前節では、同じ振動の波源による干渉の条件を考えました。この節では光の干渉とヤングの実験について解説します。

回折

この節では、波特有の現象である**回折**、イギリスの物理学者**トマス・ヤング**が行った**光の干渉**実験を考えます。次の図のように水面上にスリット（穴）の開いた衝立の左方から平面波が入射する場合を考えます。スリット幅が平面波の波長に比べて小さい場合、スリットを通過する際にあたかもスリットを波源として同心円状に広がります。**回折は波特有の現象**であり粒子では決して起きない現象です。

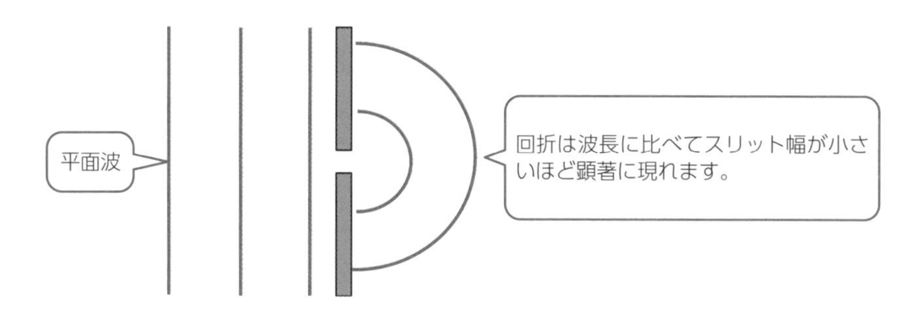

ヤングの実験

ここからは**光を波として**話を進めます。次の図のように、光源から波長：λ〔m〕の光をスリットS_0に当てます。スリットの幅が狭ければ、様々な方向に光が広がる**回折**が生じます。スリットS_0の右方に2つのスリットS_1、S_2を与えるとS_0と同様にそれぞれのスリットで回折が生まれます。スリットS_1、S_2がS_0から**等距離**離れている場合、S_1、S_2は同じ振動の波源となります。

さらにスリットS_1、S_2の右方にスクリーンを置くと、スクリーン上で干渉が観察されます。

スクリーン上で光が強めあうと明るくなり、弱めあうと暗くなります。スクリーン上でS_1、S_2から等距離離れた点Oでは距離の差は0〔m〕なので同じ振動が重なり合った結果強めあうので明線となります。Oから離れるにしたがって距離の差が増加し明暗の位置が交互に現れます。この明暗の縞模様を**干渉縞**といいます。

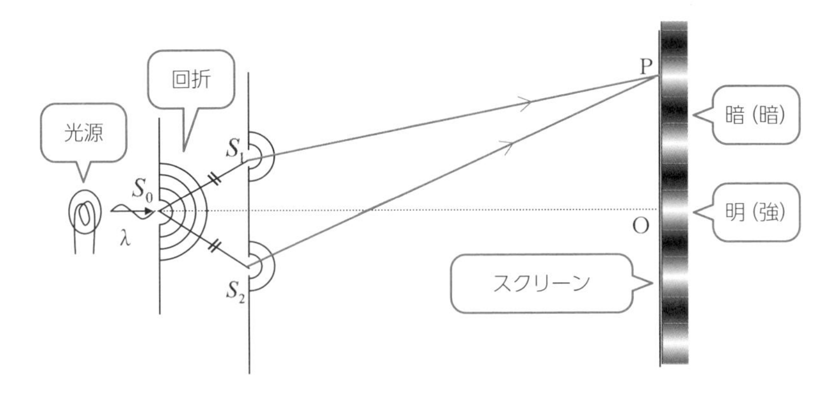

$$\textbf{距離差：} |S_1P - S_2P| = \frac{\lambda}{2} \times \begin{cases} 2m & \text{（偶）：強めあう（明るくなる）} \\ 2m+1 & \text{（奇）：弱めあう（暗くなる）} \end{cases}$$

$$(m = 0, 1, 2...)$$

1805年にイギリスの物理学者トマス・ヤングが上記の実験を行いスクリーン上で干渉縞が観測された結果、光が波であることが実証されたのでした。

光は粒子か？　波か？

ニュートンは光を粒子と考えましたが、同時代のホイヘンスは、光は波であると異を唱えています。しかしながら、1805年にヤングの実験によって光は波であるとの結論に至ったのです。ところが1887年にヘルツが光を波と考えると説明のつかない光電効果を発見してから物理学者の苦悩が始まります。

ヤングの実験からちょうど100年後の1905年にアインシュタイン博士が光を粒子と考えると光電効果がうまく説明できることが分かったのです。

果たして光は波なのか粒子なのか…本書の後半で登場する原子の世界であるキーワードが登場します。それは「**量子**」です。

memo

第4章

電磁気

私たちが電気に囲まれた生活を送れるのは、イギリスの化学者でもあり物理学者でもあるマイケル・ファラデーが発見した電磁誘導のおかげです。ファラデーは貧しい家庭に生まれ小学校も中退、13歳から新聞配達員や、製本職人として働き始めます。雇い主に働きぶりが認められ本を自由に読む許可を得たファラデーは科学の分野の知識を吸収し、世界で初めて発電機の原理を生み出したのです。

ベンジャミン・フランクリン（1706～1790）

ゲオルク・オーム（1789～1854）

マイケル・ファラデー（1791～1867）

ジョン・フレミング（1849～1945）

静電気力、クーロン力

帯電とクーロンの法則

静電気、クーロン力、帯電について説明します。

帯電——物質が電気を帯びる原因

「電気」の分野は「力学」と比べて理解が難しいといわれています。なぜなら力学は野球のボールや落下する石のように目に見える現象を扱っているのに対し、コンセントから伸びている導線を見つめても電気は目に見えないからです。目に見えない現象は**イメージ**がとても重要となります。

物体が電気を帯びる**現象**を、帯電といいます。物質が帯電する原因は、物質が原子からできているからです。原子は＋の電気を持った原子核と－の電気を持った軌道電子で構成されています。

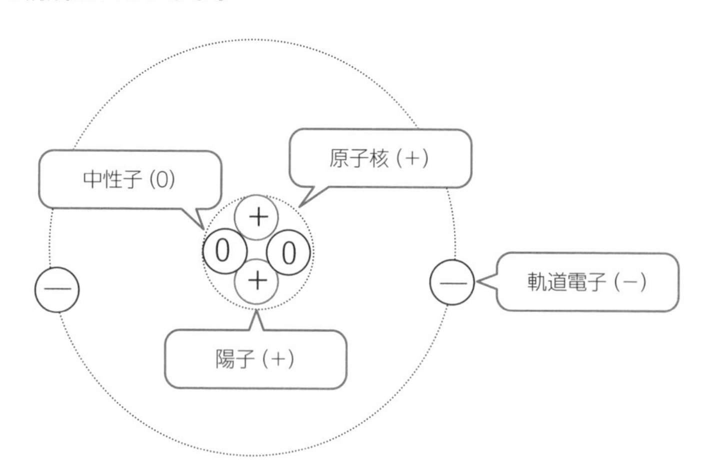

通常の原子は、＋と－が同じ量あるので電気的には0です。ところが原子が**軌道電子を放出すると正に帯電**します。逆に、**電子を受け取ると負に帯電**します。異なる物質をこすると生まれる電気を摩擦電気といいますが、摩擦電気の原因は電子の移動によるのです。次の図のようにガラス棒を布でこするとガラス棒から布に電子が移動します。

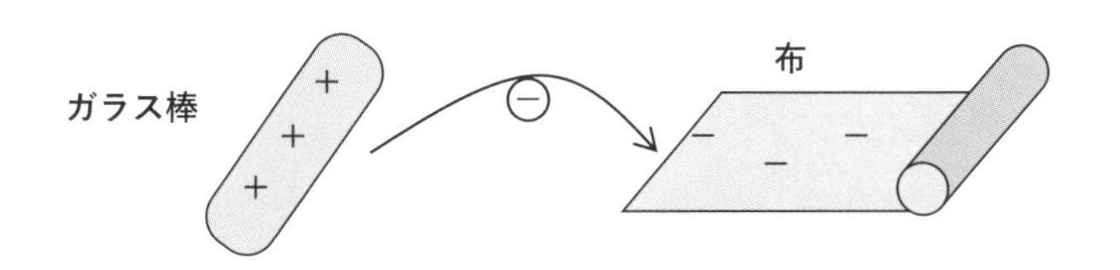

元々電気が0のガラス棒と布ですが、電子が移動した結果ガラス棒は正に、布は負に帯電します。帯電している物体が持つ電気を**電荷**とよび、電荷の量を**電気量**といいます。電気量の単位は**クーロン〔C〕**で表します。1〔C〕は、1〔A；アンペア〕の電流が1〔s〕間に運ぶ電気量です。電流と電気量の一般的な関係は電流の節で後ほど詳しく説明します。

ちなみに、電子1個の電気量は符号が－（マイナス）で、大きさは1.6×10^{-19}〔C〕です。電子が持つ電気量の大きさは、電気量の最小単位であり、**電気素量**といい、電子を表す英単語electronの頭文字を使ってeと表します。

クーロンの法則

電荷が受ける電気の力を**静電気力**といいますが、次の図のように2つの点電荷（電気を帯びた小球）の間に働く力を特に**クーロン力**といいます。クーロン力の方向は＋と－の異符号ならば**引力**が働き、＋と＋、－と－の同符号ならば**反発力**が働きます。

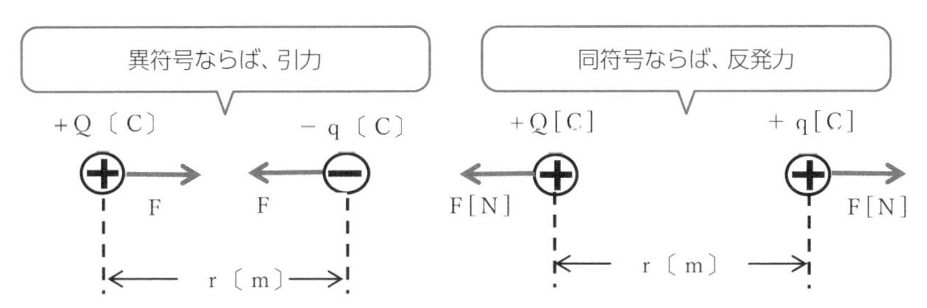

電荷間の距離をr〔m〕、電荷の持つ電気量の大きさをQ〔C〕、q〔C〕とします。ここで32節で登場した万有引力を再確認します。

万有引力；$F = G\dfrac{Mm}{r^2}$　**（各物体の質量に比例、距離の2乗に反比例）**

クーロン力も万有引力と同様に、**距離rの2乗に反比例**し、**電気量：Q、qの積に比例**する次の式で表すことができます。

● クーロン力；$F = k\dfrac{Qq}{r^2}$　　● クーロン定数；$k = 9.0 \times 10^9\ [Nm^2/C^2]$

（距離の２乗に反比例、電気量の積に比例）

重力、弾性力を、位置エネルギーが定義できる保存力で表すことを21節で説明しましたが、**静電気力（クーロン力も含めて）も位置エネルギーが定義できる保存力**なのです。

入試問題で熊登場！①

96年京都府立大の入試問題から

（設問）スキーをしていて熊に遭遇したとする。斜面の下の山小屋に逃げ込めば安全である。山小屋では図に示すような断面図を持ったA、B、Cの3つのルートがある。熊はスキーヤーと同じルートを追い、スキーは抵抗なく滑り、熊が走る速度は斜面の傾斜に関係なく等しいと仮定した場合、どのルートを通ればスキーヤーが逃げ切る可能性が最も高いか、理由をつけて答えよ。

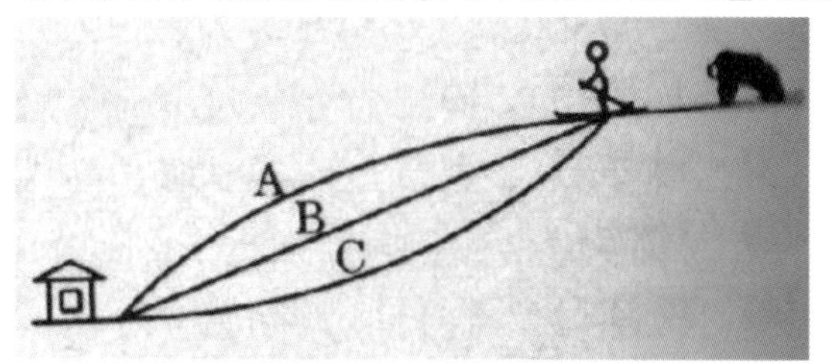

ヒント

緊迫した状況ですよね。スキー場で背後から熊が近づいている。できるだけ早く山小屋に逃げ込みたいですね！（解答は85節 p224で示します）

電場、電位

静電気力と位置エネルギー

電場、電位は保存力と位置エネルギーの関係が土台となります。そこで、保存力と位置エネルギーの関係の再度確認からしていきます。

電場、電位

この節で登場する電場、電位は保存力と位置エネルギーの関係が土台となります。そこで、まずは、21節で登場した**保存力と位置エネルギーの関係**を再度確認することから始めたいと思います。

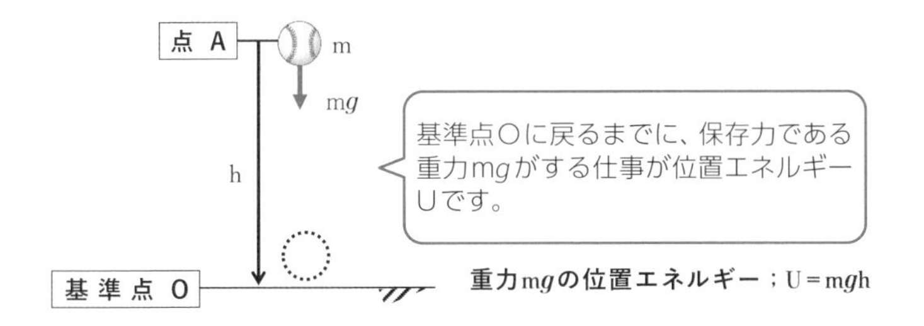

次の図のように＋の電気を帯びた板（**帯電体**といいます）から離れた点Aにおける電場と電位を定義します。まず、点Aに＋1〔C〕の点電荷を置きます。同符号同士は反発力が働くので点電荷には帯電体から遠ざかる方向に**静電気力**が働きます。この**＋1〔C〕に働く静電気力を電場と定義して記号でE**と表します。

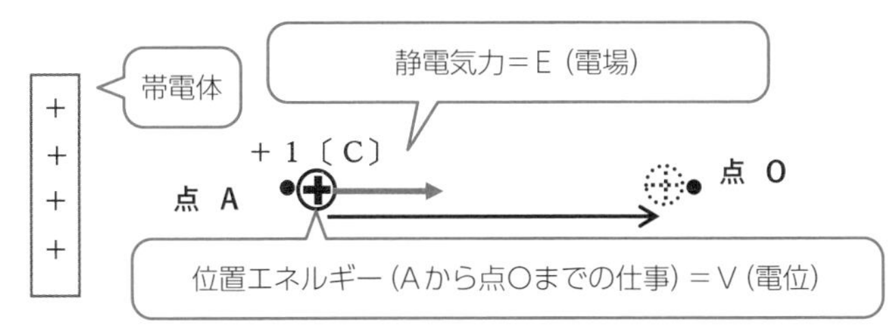

さらに、＋1〔C〕が受ける静電気力（＝電場：E）は保存力なので位置エネルギーが定義できます。帯電体からさらに離れた点Oを基準点とし、点Aから点Oまで電荷が移動する際の仕事が位置エネルギーです。この**静電気力で決まる位置**

エネルギーを電位と定義して記号でVと表します。

　ではもし、同じ点Aに＋q〔C〕の電荷を置いた場合の静電気力F〔N〕、静電気力による位置エネルギーU〔J〕がどのように表すことができるかを考えます。

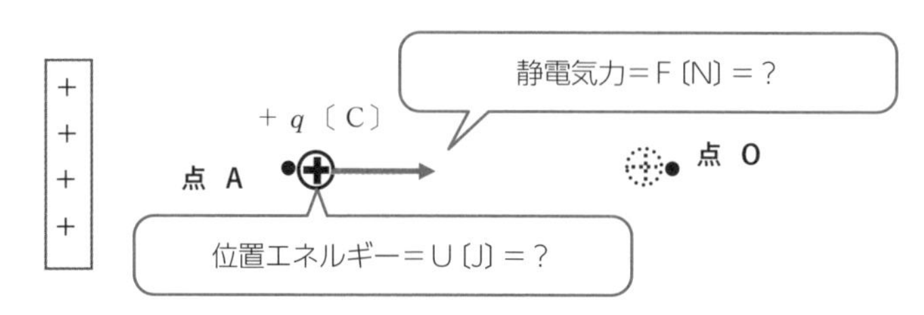

　＋1〔C〕が受ける静電気力をE（電場）と定義したのですから、同じ位置に＋2〔C〕を置くと受ける力FはEの2倍、＋3〔C〕を置くと受ける力FはEの3倍となるので、＋q〔C〕が受ける静電気力FはEのq倍となります。

●**静電気力；F＝qE　電場Eの単位は〔N/C〕**
〔N〕〔C〕

　上の式の静電気力Fの単位は〔N；ニュートン〕、電気量qの単位は〔C；クーロン〕ですから**電場の単位は〔N/C〕**となります。

　次に＋1〔C〕が持つ静電気力による位置エネルギーをV（電位）と定義したのですから、同じ位置に＋2〔C〕を置くと位置エネルギーはVの2倍、＋3〔C〕を置くとVの3倍となるので、＋q〔C〕が持つ静電気力による位置エネルギーUは、電位Vのq倍となります。

●**静電気力による位置エネルギー；U＝qV　電位Vの単位は〔V〕**
〔J〕〔C〕

　上の式の位置エネルギーUの単位は〔J：ジュール〕、電気量qの単位は〔C；クーロン〕ですから電位の単位は〔J/C〕となりますが通常は**〔J/C〕を〔V；ボルト〕と表します**。乾電池の1.5〔V〕でおなじみの単位ですね。

ベンジャミン・フランクリンと雷

自然界で起きる電気現象と言えば雷です。100$紙幣の肖像画で有名なアメリカの科学者ベンジャミン・フランクリンは雷の中で凧揚げを行い、凧糸を通じて、ライデン瓶と呼ばれる装置に電気を貯めたのです。非常に危険な実験で同じ実験を行った科学者が何人も犠牲になっています。

▲100$紙幣で有名なフランクリン

電場と電位の関係

電場の大きさと電場の方向

前節では、電場と電位が登場しました。この節では、電場と電位の関係について解説していきたいと思います。

電場と電位の関係

前節に続き帯電体から離れた点Aにおける電場Eが一定の場合、点Aの電位Vがどのように計算できるかを考えます。

電位の点Aから基準点Oまでの距離がd〔m〕とします。電位Vは+1〔C〕が持つ位置エネルギーですから、点Aから基準点Oまでの移動する際の電場E（=1〔C〕が受ける静電気力）がする仕事を考えます。

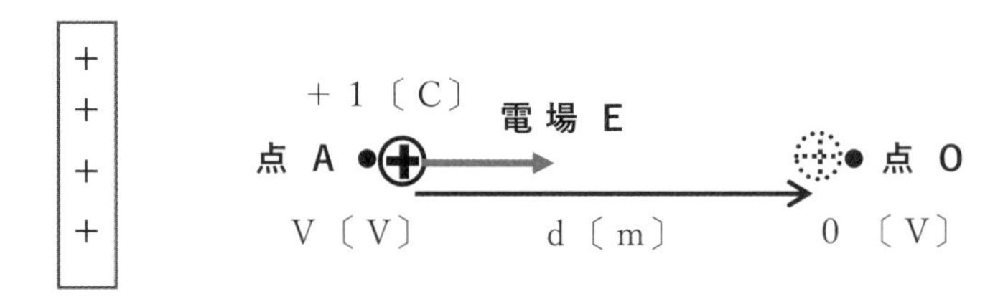

改めて保存力と位置エネルギーの関係を確認します。重力mgの位置エネルギーUがmgの仕事で次のように計算できます。

重力の位置エネルギー；$U = mg \times h = mgh$

ちなみに、**重力mgの方向は位置エネルギーUが減少する方向**です。

上記の計算と同様に点Aでの電位Vは次のように計算できます。

点Aでの電位；$V = E \times d$（電場×距離）

上の式を電場Eについて計算すると次のようになります。

ちなみに点Oは電位の基準点なのでVはAとOの電位差と考えることができます。

- **電場の大きさ；**$E = \frac{V(電位差)}{d(距離)}$
- **電場の方向＝電位 V が減少する方向**
  （重力の方向＝位置エネルギーが減少する方向と同様です）

上記の式の意味を明確にするために例を挙げます。次の図のように4〔V〕と2〔V〕の電位差がある領域の距離が0.1〔m〕離れている場合、電場の方向と大きさを計算します。

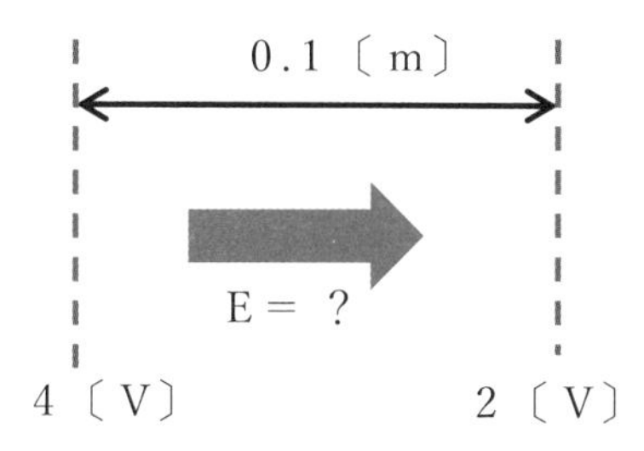

まず、電場Eの方向ですが、**電位が減少する方向**なので右向きとなります。電場Eの大きさは電位差/距離で次のように計算できます。

$$電場E = \frac{4-2〔V〕}{0.1〔m〕} = 20〔V/m〕$$

上記の計算で電場の単位が〔V/m〕となりましたが、F＝qEで登場した電場Eの単位〔N/C〕とまったく同じです。

U＝qVで示した電位Vの単位〔V〕は元の形が〔J/C〕です。さらに〔J〕は仕事の単位であり仕事＝力×移動距離なので〔J〕＝〔N・m〕です。以上を踏まえて〔V/m〕と〔N/C〕が同じであることを次のように示すことができます。

電場Eの単位が〔V/m〕、〔N/C〕は同じである理由は、以下のとおりです。

$$\frac{〔V〕}{〔m〕} = \frac{〔J/C〕}{〔m〕} = \frac{〔J〕}{〔Cm〕} = \frac{〔Nm〕}{〔Cm〕} = \frac{〔N〕}{〔C〕}$$

67 点電荷による電場、電位

改めてクーロンの法則から始めよう

前節では、電場と電位の関係について説明しました。この節では、点電荷の電場、電位について考えます。

点電荷による電場、電位

この節では点電荷による電場、電位を考えます。まず、64節で登場しましたクーロン力を再度確認します。

+Q〔C〕　+q〔C〕

F〔N〕　r〔m〕　F〔N〕

●**クーロン力**；$F = k\dfrac{Qq}{r^2}$　●**クーロン定数**；$k = 9.0 \times 10^9$〔Nm^2/C^2〕

次の図のように、+Q〔C〕の点電荷からr〔m〕離れた点Aにおける電場Eと電位Vをどのように表せるかを考えます。

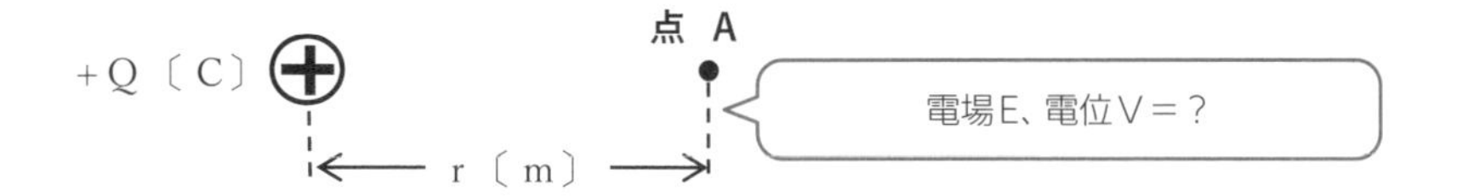

電場の定義は+1〔C〕が受ける静電気力です。そこで点Aに**+1〔C〕の電荷をイメージ**します。つまり、実際に+1〔C〕を用意しなくてもそこに電荷を想像するだけで十分なのです。

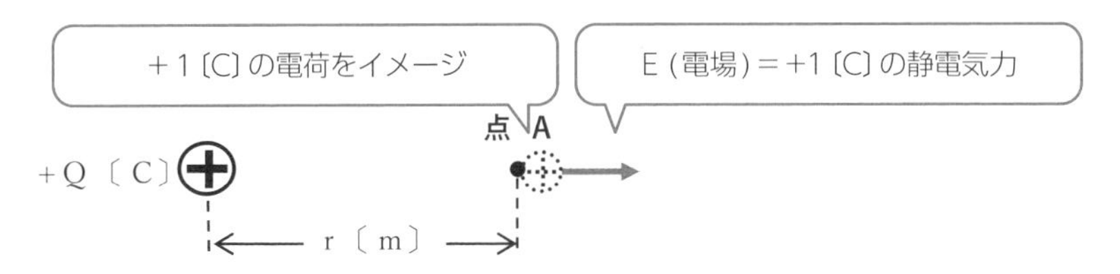

点Aにある+1〔C〕は+Qから遠ざかる方向に静電気力を受けますが、この静電気力が点Aにおける電場Eそのものです。まず、電場Eの方向は+Qから遠ざかる方向です。大きさは点電荷が及ぼしあうクーロン力$F=k\dfrac{Qq}{r^2}$に、q=1〔C〕を代入すると電場Eは次のように表すことができます。

●**点電荷Qによる電場の大きさ；**$E=k\dfrac{Q}{r^2}$

次にA点における電位Vは+1〔C〕が持つ位置エネルギーですから、基準点Oが必要となります。基準点Oは、ズバリ宇宙の果て(r=∞)に定めます。宇宙の果てを基準点に選ぶ位置エネルギーは34節で登場した万有引力の位置エネルギーでも登場しましたね。

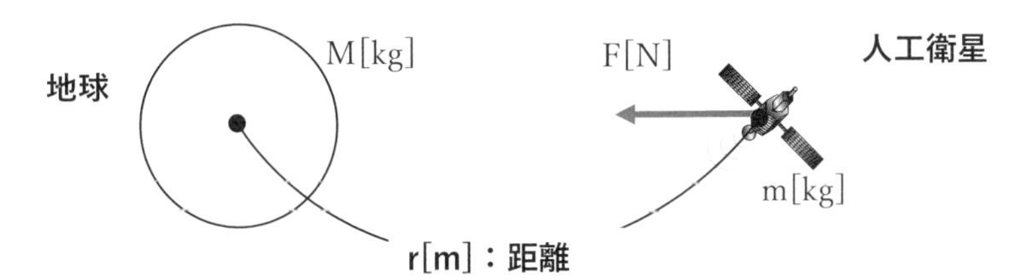

万有引力による位置エネルギー：$U=-G\dfrac{Mm}{r}$ (無限遠方を基準)

万有引力と+1〔C〕が受ける静電気力の大きな違いは力の方向です。万有引力と静電気力は力の方向が逆向きなので、無限遠方まで移動する際の仕事は+の値となります。大きさは距離rに反比例の形は同じとなるのです。

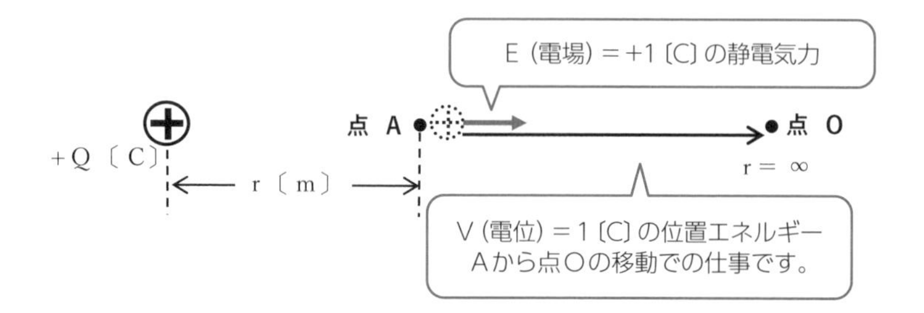

万有引力の位置エネルギーUで－を＋にG、M、mの文字をk、Q、1に置き換えると次の式で表すことができます。

●**点電荷による電位**：$V = k\dfrac{Q}{r}$　（無限遠が基準です）

ここまでのクーロン力、点電荷の電場E、電位Vの式をまとめると実によく似ていることが分かります。

●**クーロンの法則**；$F = k\dfrac{Qq}{r^2}$

●**電場**；$E = k\dfrac{Q}{r^2}$

●**電位**；$V = k\dfrac{Q}{r}$

電気力線、等電位線(面)

空間にある電場を視覚的に表現する

前節では、電場と電位の関係について説明しました。ここでは、電気力線と等電位面の関係を考えます。

ファラデーの功績

空間における電場を視覚的に表現する方法が**電気力線**です。電気力線を考えたのがイギリスの物理学者であり化学者のマイケル・ファラデーです。ファラデーは小学校を中退するほど家が貧しく学校にはほとんど通っていません。にも関わらず、物理学では電気と磁気の分野で様々な発見をしています。ちなみに、化学の分野ではベンゼンの発見に貢献しました。

電気力線――電場の様子を視覚的に捉えるための線

次の図1のような＋Q〔C〕、－Q点電荷の周りの電場Eに注目します。**電場Eは＋1〔C〕の電荷が受ける静電気力**です。

▼図1

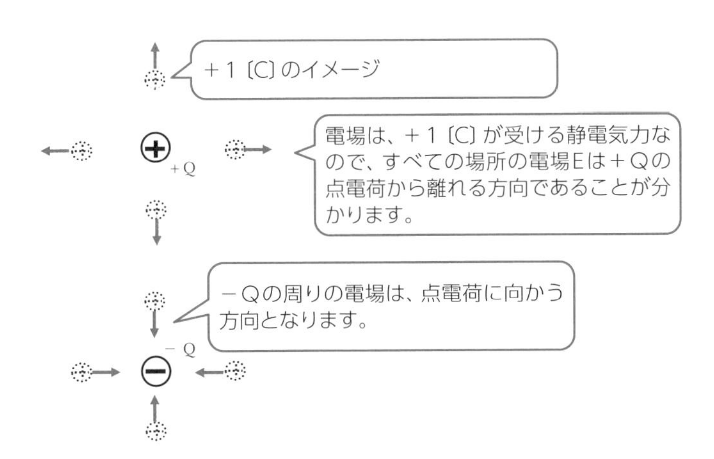

図2のように＋Qの周りの電場Eは、点電荷から離れる方向であり、－Qの周りの電場Eは点電荷に向かう方向であることが分かります。空間における電場

を、より視覚的に捉える方法が**電気力線**です。電場をある場所の風向きと考えた場合電気力線は風の流れに沿った直線（または曲線）です。当然＋Qは風の吹き出し口、－Qは風の吸込み口であり、次のように電気力線を描くことができます。

▼図2

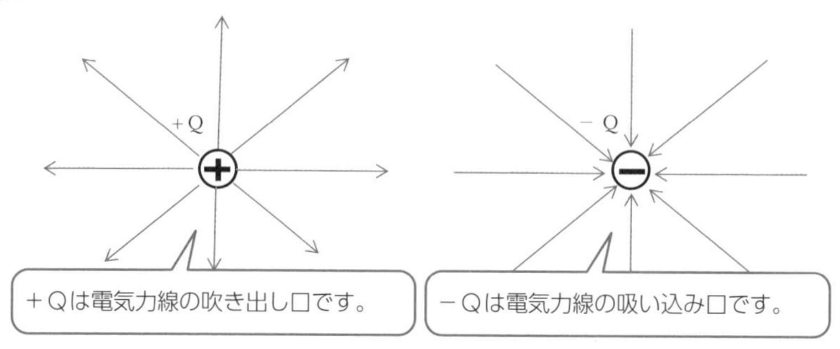

等電位線（等電位面）

平面上で電位が等しい部分をつなげた曲線を**等電位線**、空間では電位が等しい部分をつなげると面となるので**等電位面**といいます。

ここで点電荷の周りの等電位線（等電位面）はどのような形になるかを考えます。前節で登場した点電荷の電位の式を確認します。

● **点電荷による電位；** $V = k\dfrac{Q}{r}$

上の式を見てわかるように、点電荷からの距離rが同じであれば電位は同じとなります。よって点電荷の周りの等電位線は平面上では円となります。下の図のように、電気力線は等電位線と**直角に交わる**のが分かります。実はどんな場合でも電気力線は**等電位線と直角に交わるのです。**

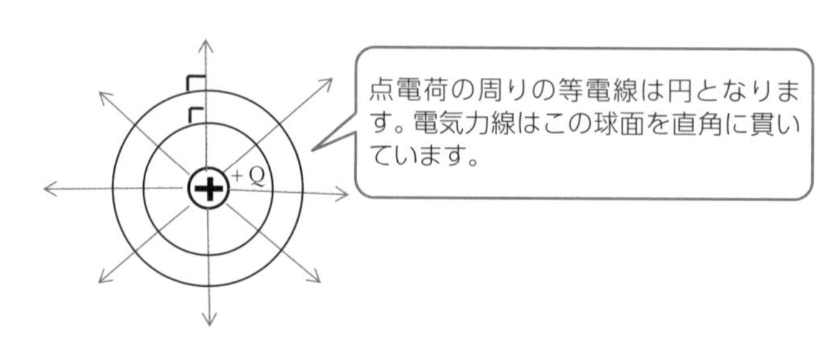

電気力線の本数

電気力線を数えてみよう

前節では、電場の様子を現す電気力線が登場しました。この節では、電気力線の本数を数える方法をお教えしましょう。

電気力線の本数

前節では電場Eの様子を表す電気力線が登場しました。本節では電気力線の本数を数える方法を考えます。

図1のように、大きさE〔N/C〕の電場に対して垂直な1〔m^2〕を用意します。**1〔m^2〕を貫く電気力線の本数を面上の電場Eと同じ本数貫くと定義**します。

▼図1

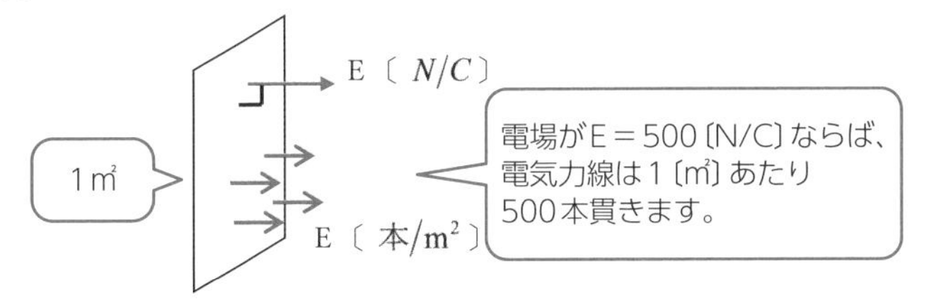

上記の電気力線の定義を土台にして＋Qから出ている電気力線の本数を数えます。図2のように、＋Qの電荷を**閉曲面**で囲みます。閉曲面とは、その名の通り穴の開いていない袋とじになった曲面です。

▼図2

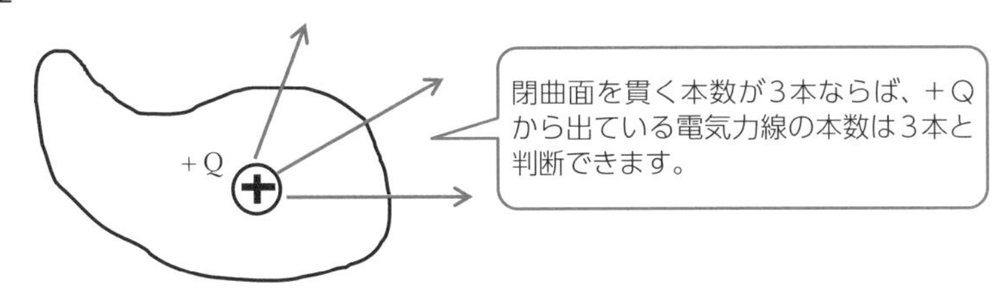

当然ですが、＋Qから出る電気力線の本数が3本ならば、閉曲面を貫く本数3本であるはずです。つまり、＋Qから出る電気力線の本数は＋Qを囲む閉曲面

を貫く本数を数えれば良いのです。

閉曲面はどんな形でも良いのですが、本数を数えやすい閉曲面が理想なので次の図のように、＋Ｑを中心とする半径rの球面で囲みます。ちなみに、球面の表面積をS〔m^2〕と表すと、円周率をπ（3.1415...）として$S=4\pi r^2$です。

まず、球の表面における電場の方向は球面に直角で大きさEは67節で学んだように、次の式で表すことができます。

点電荷の電場 $E = k\dfrac{Q}{r^2}$ （球面上は同じ値です）

球の表面1m^2あたりの電気力線の本数は電場Eと同じ本数を貫いています。

▼図3

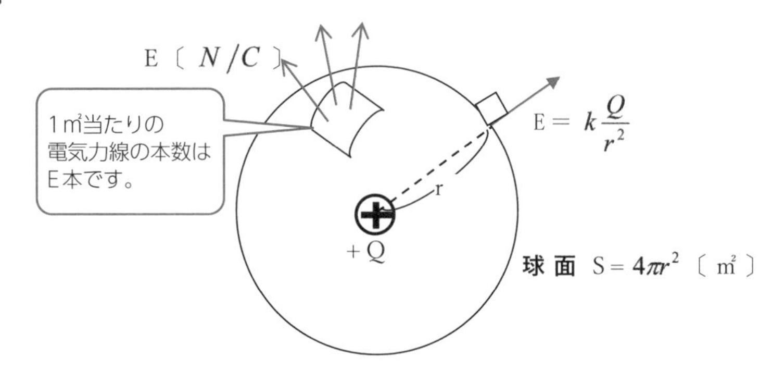

球面を貫く電気力線の総本数N〔本〕はE〔本/m^2〕×S〔m^2〕で次のように計算できます。

電気力線の総本数；$N = E \times S = k\dfrac{Q}{r^2}4\pi r^2 = 4\pi kQ$〔本〕

閉曲面を貫く電気力線の本数は＋Ｑから出ている電気力線の本数でもあるわけです。4πkは単なる定数なので、電気力線の本数は電気量Q〔C〕に比例することが分かります。一般的に点電荷ではない大きさのある帯電体の場合でも、電気量がQ〔C〕ならば帯電体から出ている電気力線の本数は4πkQ〔本〕となります。

▼図4

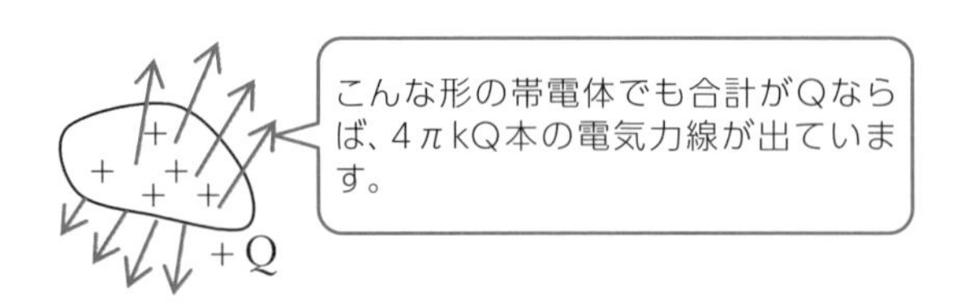

静電誘導

スマホをアルミホイルで包むと圏外になる

スマホや携帯をアルミホイルで隙間なく包むと圏外になります。なぜでしょうか？　導体と不導体の違いを説明し、静電誘導という現象を考えます。

静電誘導

導体とは電気をよく通す物質です。導体の代表は金属ですが、水や人体も導体に分類されます。導体は原子核と電子の結びつきが弱いために自由に動き回る電子があり、これを**自由電子**といいます。自由電子のおかげで導体は電気をよく通します。これに対し、紙やせともの などは自由電子がないので電気を通さない**不導体**（または**絶縁体**）となります。

次の図のように、導体に正（＋）の帯電体を近づけて外部電場Eを与えた際に起きる現象が**静電誘導**です。

❶導体内部にある自由電子は（－）なので、外部電場Eと逆向きに静電気力Fを受け＋の帯電体に向かって移動します。

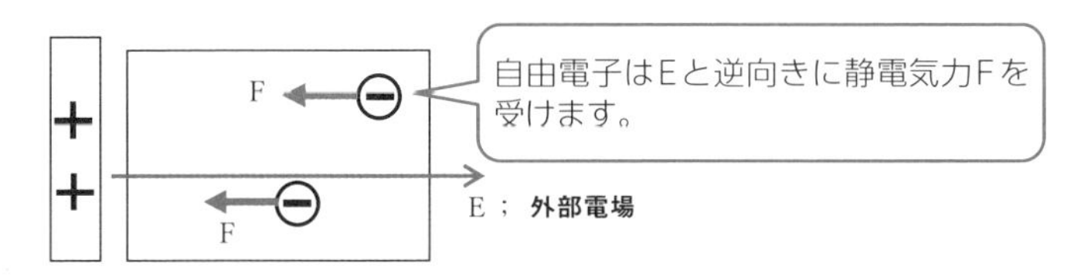

❷自由電子が導体の左側に集まるので負（－）に帯電し、右側は電子が出て行ったために正（＋）に帯電します。電気力線は＋から－に向かう方向なので導体内部に右側（＋）から左側（－）に向かう新たな電場$\mathbf{E}^*$が生まれます。

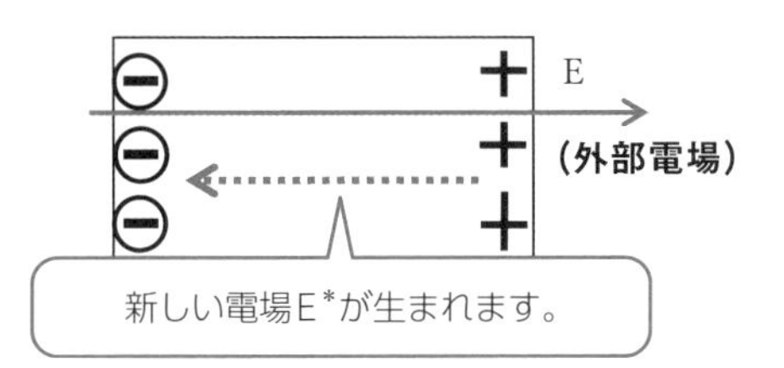

❸導体内部の電場は右向きを正とするとE－E*となります。左右の帯電量が増加するに従い電場E*は増加するので導体内部の電場は0となります。66節で示したように電場はV（電位差）/d（距離）なので導体内部の**電場が0ならば導体は電位差Vが0**となります。

つまり、**導体は電位が一定**という特徴があります。

スマホと電磁波

スマホや携帯は**電磁波**の電場の変化を受け取る装置です。電磁波については後ほど説明します。

アルミ箔は金属です。金属の外部から電場をかけても自由電子が移動し内部の電場が0となる現象が静電誘導でしたね。次の図のように、導体で囲まれた空間でも同じように電場が打ち消されます。

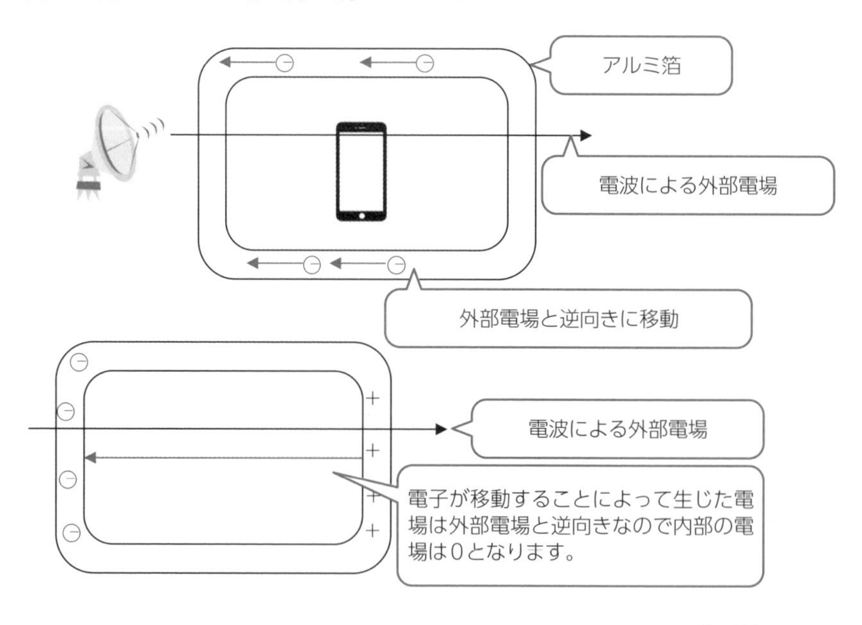

導体で囲まれた空間は電場が打ち消されますが、この現象を**静電遮蔽**（せいでんしゃへい）と呼びます。ですから、アルミホイルで包まれたスマホは圏外となります。

雷が鳴った場合、逃げ込む先は車の中がよいとされています。なぜなら車は大部分が金属でできているので車の内部は静電遮蔽により電場の影響を受けないからです。

誘電分極

コピー機の仕組みを知る

本節では自由電子を持たない不導体に外部電場を掛ける際に起きる誘電分極を考えたいと思います。

誘電分極

前節では導体に外部電場をかけると自由電子の移動により、導体内部の電場が0となる静電誘導が登場しました。本節では自由電子を持たない不導体に外部電場を掛ける際に起きる**誘電分極**を考えます。

❶次の図のように**不導体**に正（+）の帯電体を近づけて外部電場Eをかけます。

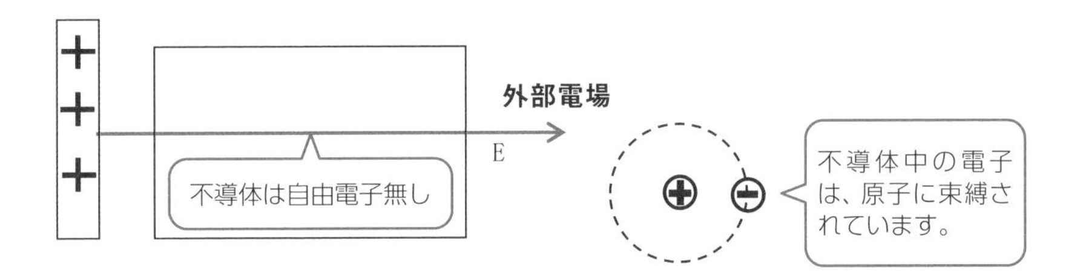

❷原子内の原子核（+）は、電場Eと同じ方向に、電子（−）は、電場Eと逆向きに力を受けるので、下の右図のように右が+、左が−に電気的な偏りが生じます。この現象を、**分極**といいます。

❸すべての原子が分極した結果、不導体そのものが分極します。分極によって外部電場Eと逆向きの電場E*が生まれますが、導体と異なり新たに生まれた電場E*は、外部電場Eまでは大きくなれないのです。

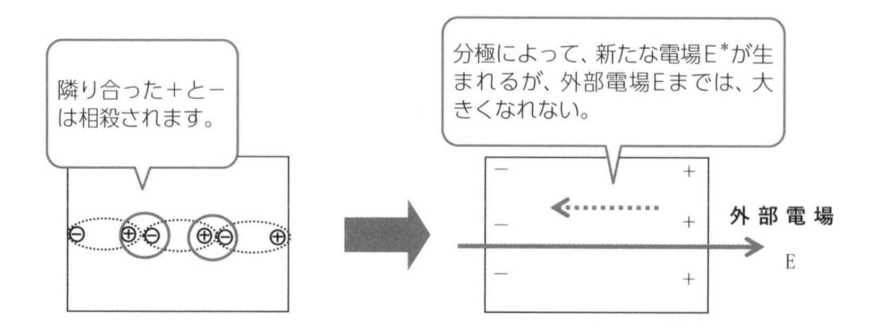

❹不導体内部の電場はE－E*となるので、外部電場Eより小さくなります。

コピー機の仕組みはこうだ!

ガラス棒を布でこすると摩擦電気によりガラス棒は＋に帯電します。この帯電体を紙片などの不導体に近づけると紙片がガラス棒に引き寄せられます。これはまさに、誘電分極によって起きる現象です。

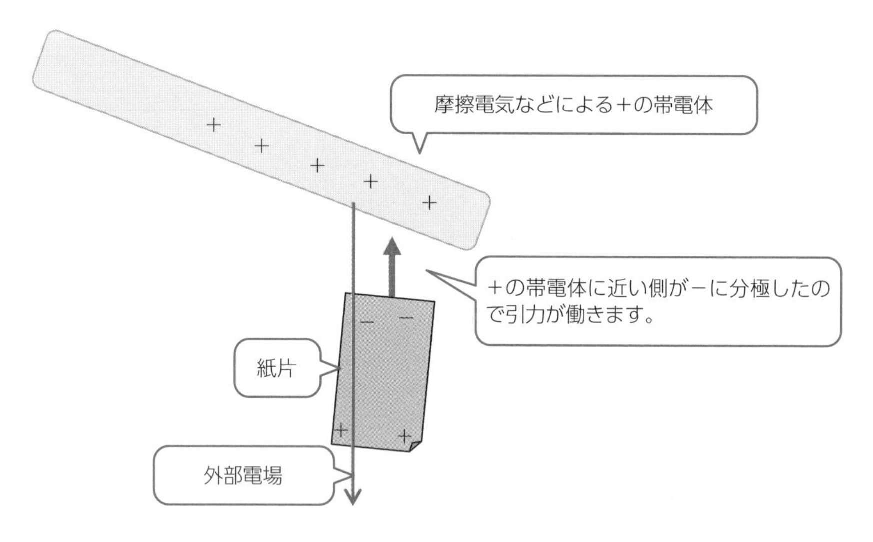

コピー機はまさに、上記の原理を用いています。感光ドラムを静電気により文字の形に帯電させ、トナーを上記の誘電分極によって付着させて紙に転写するのです。

72 コンデンサー

電気を貯める装置、コンデンサーの基本

この節では、コンデンサーについて説明します。コンデンサーとはどんな働きをしているものなのでしょうか？

コンデンサーの電気量Qと電位差Vの関係

この節では、**コンデンサー**が登場します。コンデンサーとは電気を貯める装置です。作り方は次の図のように、アルミ箔などの**導体板**を２枚用意し、ほんの少し離して置くだけです。導体板は原子からなるので、＋と－の電荷はあるのですが、合計は0〔C〕です。

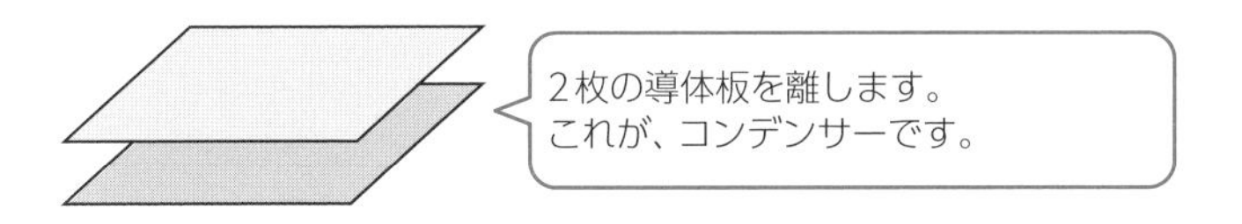

それぞれの導体板（以後、**極板**と呼びます）の面積をS〔m^2〕、２枚の極板の距離をd〔m〕とします。まず、下の極板から＋の電荷をつまみ出し、上の極板に運ぶことを繰り返します。現実的には電池を利用して電荷を運びますが、電池の原理は後ほど説明します。

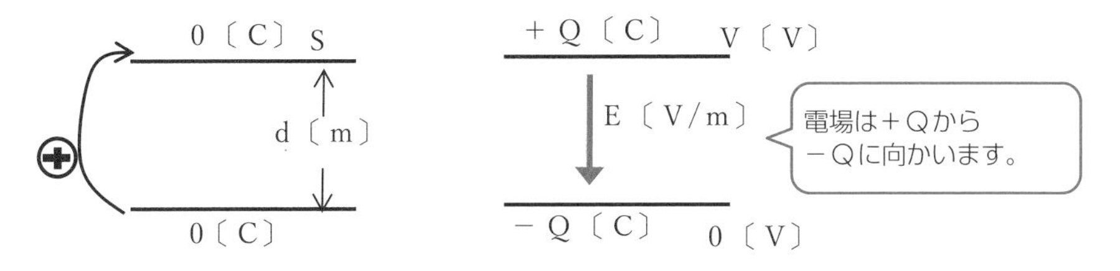

＋が運ばれた結果、上の極板は正（＋）の電気量が貯まります。上の極板にたまった電気量が＋Q〔C〕の場合、下の極板の電気量は－Q〔C〕となります。この状態がコンデンサーの充電であり、**Q〔C〕蓄えられた**と表現します。

ここで極板間に注目すると、電気力線は＋Qから－Qに向かう方向なので、下向きの電場Eが生まれます。66節で示したように、電場Eは電位の減る方向

なので上が高電位、下が低電位となる電位差が生まれています。上下の電位差をV〔V〕とすると、極板間の電場は次のように表すことができます。

電場 $E = \dfrac{V(\text{電位差})}{d(\text{距離})}$ ……………… ❶

極板間の電場Eは電気力線を利用して、電気量Qを用いて表すことができます。69節で示した通り**+Q〔C〕から出る電気力線の本数は、4πkQ〔本〕**です。次の図のように、コンデンサーの極板間では+Qから出た4πkQ〔本〕の電気力線が−Qでは4πkQ〔本〕吸い込まれます。

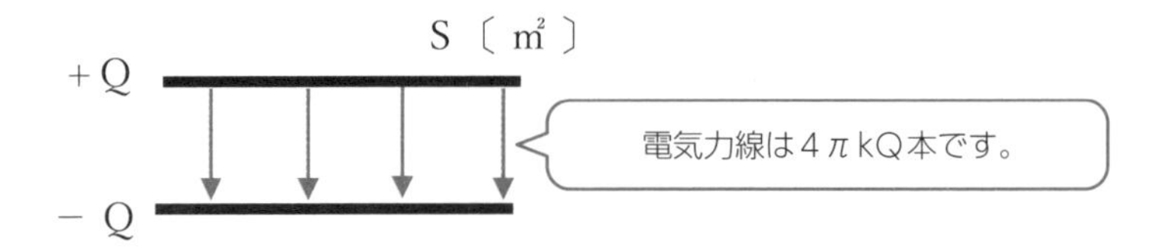

1〔m^2〕あたりの電気力線の本数が電場Eに等しいので、Eは4πkQ〔本〕を極板面積S〔m^2〕で割ることで計算できます。

極板間の電場：$E = \dfrac{4\pi kQ}{S}$ ……………… ❷

❷=❶より、電気量Q〔C〕と電位差V〔V〕の関係を考えます。

$\dfrac{4\pi kQ}{S} = \dfrac{V}{d}$、 $Q = \dfrac{1}{4\pi k} \times \dfrac{S}{d} V$ ……………… ❸

❸式の $\dfrac{1}{4\pi k} \times \dfrac{S}{d}$ =Cと置きます。Cは容量を表す英単語capacityの頭文字でありCがコンデンサーの**電気容量**といいます。❸は電気容量Cを用いて次のように表すことができます。

> ● **Q=CV　Cの単位は〔F：ファラド〕**

上記の式はコンデンサーの電気量Qと電位差Vが比例関係であることを表します。電気容量Cの単位は、ファラデーの名に因んでファラド〔F〕で表します。

誘電体

スマホに欠かせない物質

この節では、誘電体というものについて解説していきます。電池の仕組みなどもご説明していきます。

誘電体とは何か

前節では、コンデンサーの電気量Qと電位差Vの関係が登場しました。

Q〔C〕＝C〔F〕V〔V〕　(QとVは比例)

ちなみに、コンデンサーを充電する現実的な方法は、電池を使います。電池には、①電位差を保つ(例；乾電池ならば1.5V)　②負極から正極に＋の電荷を運ぶポンプの役目(**起電力**といいます)の2つがあります。

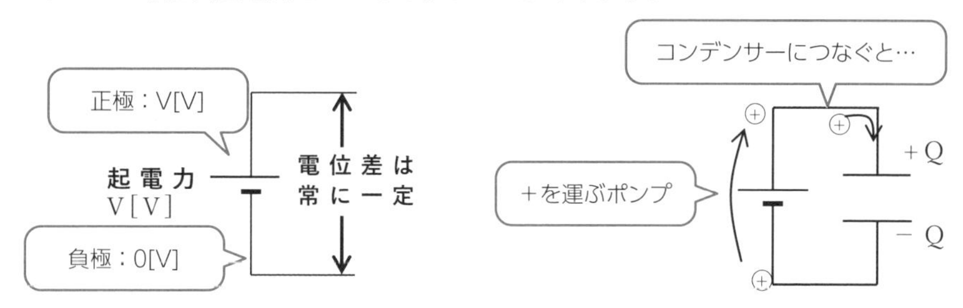

本節では、もしコンデンサーの極板間を不導体で満たすとどうなるのかを考えます。ちなみに、コンデンサーに挟み込む不導体を**誘電体**といいます。

次の左図のように、極板間が真空の電気容量がC〔F〕のコンデンサーにQ〔C〕充電します。この場合のコンデンサーの電位差をV、極板間の電位差をEとします。**コンデンサーの電気量Qを保ったまま**、右図のように誘電体を極板に挟み込みます。すると、71節に登場した**誘電分極**によって誘電体の上部が－、下部が＋に分極します。この分極によって生じた電界をE^*とすると、極板間の電場はEから$E-E^*$に減少します。

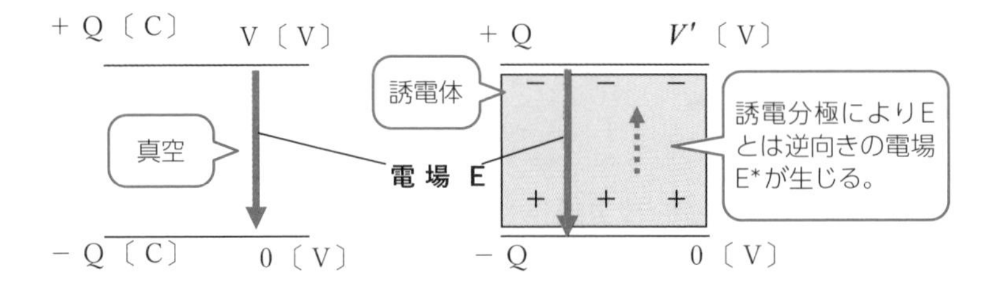

電場の大きさは**電位差/距離**なので、極板間の電場が減るとコンデンサーの電位差も減少します。

ですから誘電体を挟んだ後の電位差を*V'*とすると元の電位差Vより小さくなります。Q=CVより、帯電量Qが一定で電位差Vが減少すると、電気容量C(=Q/V)は増加します。よって、誘電体で満たしたコンデンサーの電気容量を*C'*とすると元の電気容量Cより大きくなることが分かります。*C'*/Cは電気容量の比なのですが、**比誘電率**といいます。様々な誘電体の比誘電率の例を挙げると次のようになります。

誘電体	比誘電率
ポリエチレン	2.5
アルミ酸化皮膜	7～8
タンタル酸化皮膜	10～20

例えば、コンデンサーにポリエチレンを挟み込むと電気容量は2.5倍に増加するのです。

スマホの便利さのために

先ほどの表の最後に登場したタンタル酸化皮膜は、極板が真空のコンデンサーに比べなんと、10～20倍に電気容量を増やすことができます。

携帯電話やスマホに欠かせない部品の1つが、コンデンサーです。スマホは小型化を追求しているので、できるだけ体積が小さくてすむコンデンサーが必要となります。そのためにもタンタルはスマホ製造に欠かせない物質となっています。

アフリカのコンゴ民主共和国には、世界でも数少ないタンタルの鉱山があります。この宝の山をめぐる国内の利権争いが、いまだに続く内戦の原因となっているのです。

74 電流の基本

オームの法則

この節では、電流が登場します。また、オームの法則についても詳しく説明していきます。

電流：I

前節では、コンデンサーの電気量Qと電位差Vの関係が登場しました。この節では、電荷の移動状態を表す物理量として**電流**が登場します。導線内を電荷が移動する状態を、**電流が流れた**と表現します。ただし導線がなくても、例えば雷のように空間中を電荷が移動する場合も電流が流れたと表現します。電流は電流の強さを表す英単語Intensity of Currentの頭文字を用いてIと表します。まず、電流の方向と大きさを定義します。

❶電流の方向＝正（＋）電荷の移動方向

正（＋）の電荷の移動方向が、電流Iの方向です。ただし導線内を実際に移動するのは、下右図のように負（−）の電荷をもった**自由電子**です。電流は（＋）の移動方向なので、負（−）の電荷である電子の移動と逆向きになります。

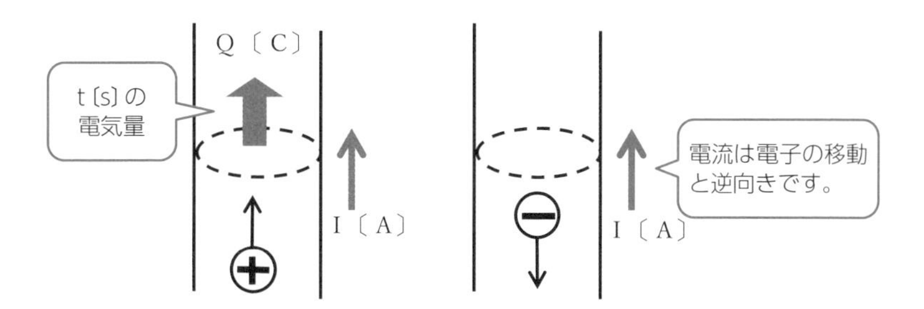

❷電流の大きさ：I＝1〔s〕間に通過する電気量

1〔s〕間に、導線の断面を通過する電気量が電流Iです。上右図のように、t〔s〕の間に導線の断面を通過した電気量がQ〔C〕ならば電流Iは次のように表すことができます。

●電流 I〔A〕= $\dfrac{Q〔C〕}{t〔s〕}$

電流の単位は、〔C/s〕でもよいのですが、通常はお馴染みの単位〔A:アンペア〕で表します。

抵抗、オームの法則

抵抗とは**電荷の移動を妨げる導体**です。自由電子が抵抗内を移動する際、導体内部の原子が障害物となります。このため電子は抵抗内の障害物と衝突しながら進むと考えます。抵抗に電位差（電圧）を与えた場合、抵抗を流れる電流I〔A〕と電位差V〔V〕の間はどのような関係があるのでしょうか？

図のように長さl〔m〕、断面積S〔m^2〕の抵抗に起電力：V〔V〕の電池を接続します。電池は、負極から正極に正の電荷を運ぶポンプの役目（＝**起電力**）を持っているので、抵抗内部を高電位から低電位の方向に正電荷が移動します。これが抵抗を流れる電流Iとなります。

＊導線内を実際に移動するのは自由電子（－；マイナス）ですが、ここでは＋の電荷が移動しているとして話を進めます。

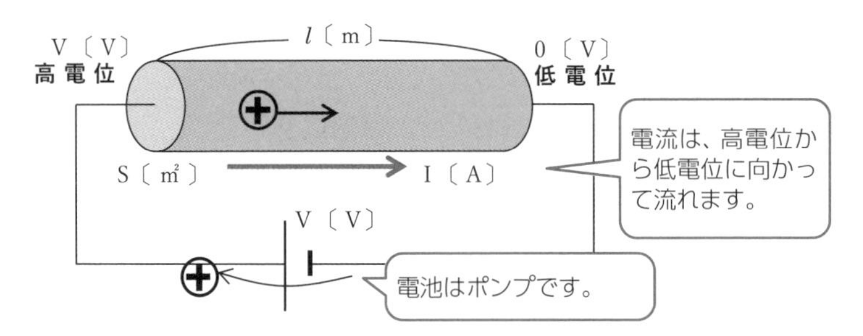

1827年、ドイツの高校教師であったゲオルク・ジーモン・オームが抵抗に流れる電流：I〔A〕と電位差（電圧）：V〔V〕の間には、次の比例関係があることを発表しています。この関係を**オームの法則**といいます。

●**オームの法則**；$V = R \times I$
〔V〕〔Ω〕〔A〕

Rは**抵抗値**と呼ばれる比例定数です。単位はΩ：オームで表します。次の節では、抵抗値Rが何で決まるのか、また消費電力について考えます。

抵抗率と消費電力

アイロンが熱くなる仕組み

前節では、オームの法則が登場しました。この節では、抵抗率と消費電力について解説していきます。

抵抗率

前節では、抵抗に流れる電流I〔A〕と抵抗にかかる電圧V〔V〕の比例関係を表すオームの法則が登場しました。本節では、抵抗値R〔Ω〕が何で決まるのか、さらには消費電力について考えます。

オームの法則を電流Iについて求めると、次のようになります。

$$I〔A〕= \frac{V〔V〕}{R〔\Omega〕}$$

上記の式から分かるのは、抵抗値R〔Ω〕が大きいほど電流I〔A〕が流れにくくなります。つまり、抵抗値Rは電流Iの流れにくさを表します。ですから抵抗の長さl〔m〕が大きいほど抵抗値Rは増加し、断面積S〔m^2〕が大きいほど抵抗値Rは減少します。抵抗値Rは次のように表すことができます。

● **抵抗値 $R〔\Omega〕= \rho \frac{l〔m〕}{S〔m^2〕}$ （長さlに比例、断面積Sに反比例）**

上記のρはローマ字でローと読み、**抵抗率**と呼びます。抵抗率は物質の種類によって決まる値で、単位は〔Ωm〕です。いろいろな物質の抵抗率の例を表に示します。オリンピックのメダルの順序は金、銀、銅ですが、抵抗率は銀、銅、金の順となります。

物質	抵抗率（Ω・m）
銀	1.62×10^{-8}
銅	1.72×10^{-8}
金	2.35×10^{-8}

消費電力：P〔W〕

抵抗に電流が流れる際に生まれる熱エネルギーを**ジュール熱**といいます。アイロンが熱くなるのはジュール熱によるのです。まず、t〔s〕間に抵抗を通過する電気量：Q〔C〕に注目します。

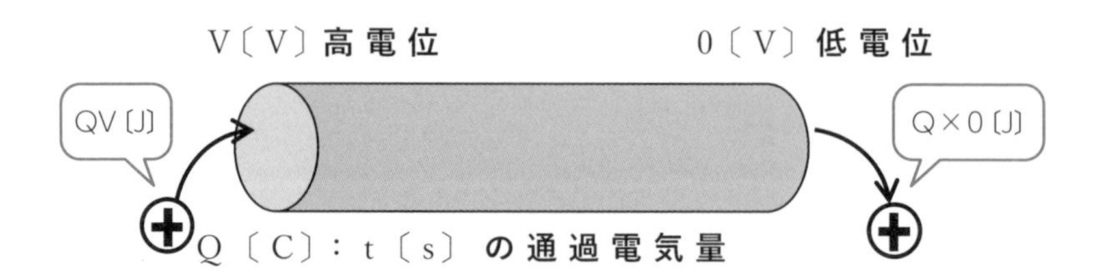

65節で登場した位置エネルギーの式**U＝qV**より入り口（電位V〔V〕）で、Q〔C〕が持つ位置エネルギーQV〔J〕なのに出口（電位0〔V〕）では、Q×0〔J〕に減少しています。減少エネルギーQV〔J〕が抵抗で発生したジュール熱です。単位時間（1〔s〕）に生まれるジュール熱を**消費電力（記号でP）**、といい、次のように計算できます。

抵抗での消費電力 $P = \dfrac{QV〔J〕}{t〔s〕} = \dfrac{Q〔C〕}{t〔s〕} \times V〔V〕$

ここで前節で登場した電流Iの定義を確認します。

電流：$I〔A〕= \dfrac{Q〔C〕}{t〔s〕}$

消費電力Pで登場した $\dfrac{Q〔C〕}{t〔s〕}$ は電流Iなので、P＝電流×電圧です。

●消費電力 $P〔W〕= I〔A〕\times V〔V〕$

ご家庭のアイロンに、消費電力400〔W〕と書いてあったら、1〔s〕間に発生するジュール熱が400〔J〕であることを表しています。

76 半導体

シリコンバレーの名前の由来

この節では、半導体について解説していきたいと思います。よくニュースで話題にのぼる半導体ですが、そもそもどのようなものなのでしょうか？

半導体

前節で登場した抵抗値Rは次のように表すことができます。

抵抗値 $R〔\Omega〕= \rho \dfrac{l〔m〕}{S〔m^2〕}$ （長さlに比例、断面積Sに反比例）

上記の**抵抗率**：ρ〔Ωm〕が非常に小さい物質が**導体**、抵抗率が非常に大きな物質が**不導体**です。物質の中には導体と不導体の中間の抵抗率を持った物質があり、これを**半導体**といいます。半導体とはどのような物質なのでしょうか？

半導体には、シリコン（ケイ素）やゲルマニウムなど様々な種類がありますが、本節では $_{14}Si$（シリコン）に注目します。元素記号*Si*の左下にある数字14は**原子番号**です。原子番号は原子核に含まれる陽子の個数を表していると同時に軌道電子の個数を表しています。シリコン $_{14}Si$ ならば14個の軌道電子があります。電子が回る軌道を単純に書くと次の図のようになります。

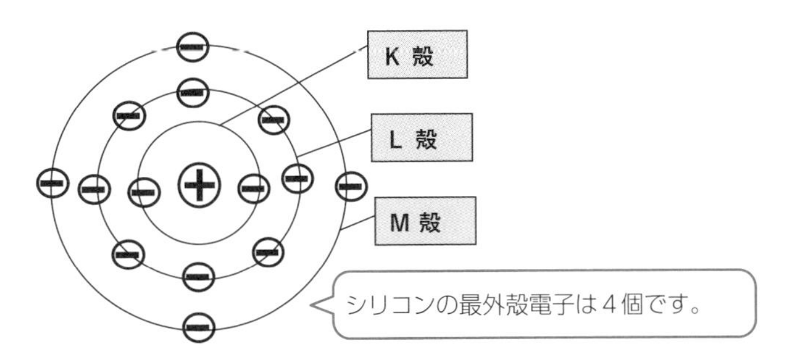

軌道の内側から**K殻**（かく）、**L殻**、**M殻**…といいますが、それぞれの軌道に入ることができる電子数は、K殻：2個、L殻：8個、M殻：18個と決まっています。電子は内側の軌道から順に埋まりますが、一番外側の殻を回っている電子を**最外殻電子**と呼び、この電子の数が原子の化学的性質を決めます。

シリコン*Si*の軌道電子数は14個であり、K殻2個、L殻8個、M殻4個となるので最外殻電子は4個となります。最外殻電子4個の*Si*を下の図のように4本の手をもった原子と考えます。

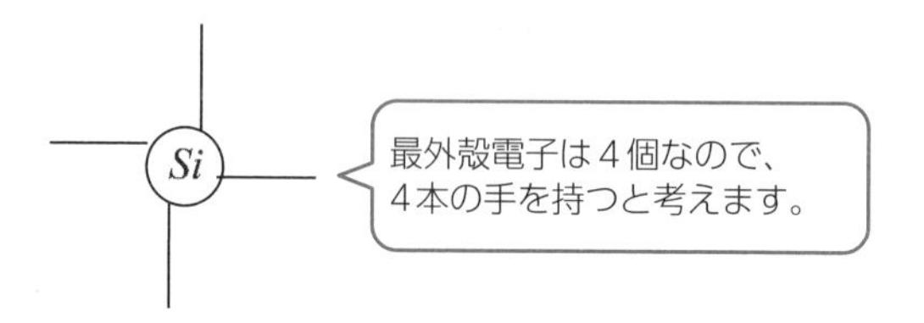

*Si*は結晶構造を形成しています。本当の構造は正4面体が積み重なった立体的な構造なのですが、次の図は分かりやすいように平面的に表しています。

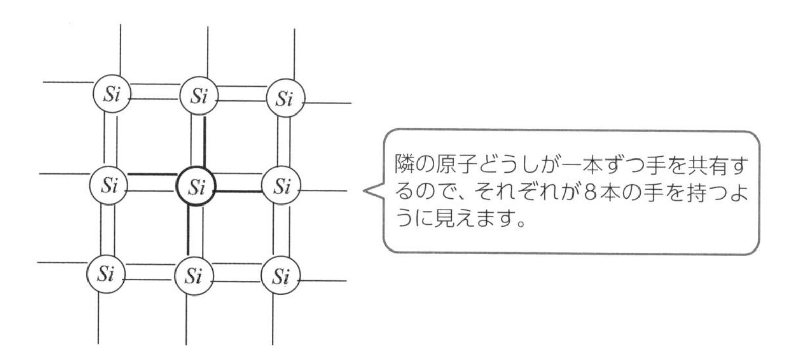

1つひとつの*Si*は4本の手があり、隣の*Si*と手を一本ずつ出しあって結びつきます。この電子を共有する結びつきを**共有結合**といいます。共有結合の結果、それぞれの*Si*が8本の手を持っているように見えます。つまり、結晶の*Si*は、最外殻電子数が8個となり安定します。ですからシリコン結晶の最外殻電子は、共有結合のため導体のように自由に動くことはできないのです。次の節では半導体に不純物を混ぜるとどうなるのかを考えます。

シリコンバレーの名前について

アメリカの東海岸にあるシリコンバレーはApple、Google等の先端IT企業が本拠を置くハイテクの世界的な中心地です。シリコンというネーミングはまさに半導体そのものを表しています。

半導体にはN型とP型がある

半導体に微量の不純物を混ぜると…

この節では、半導体について、さらに詳しく説明していきます。N半導体とP型半導体について見ていきましょう。

N型半導体

前節では、半導体が、最外殻電子が共有結合のため導体のように自由に動くことはできないことを説明しました。本節では半導体の結晶に微量な不純物を混ぜるとどうなるかを考えます。まず$_{14}Si$（シリコン）よりも手が一本多い$_{15}P$（リン）を不純物としてシリコン結晶に微量混入します。するとシリコンの結晶内で本来$_{14}Si$が収まる場所に$_{15}P$が置き換わります。

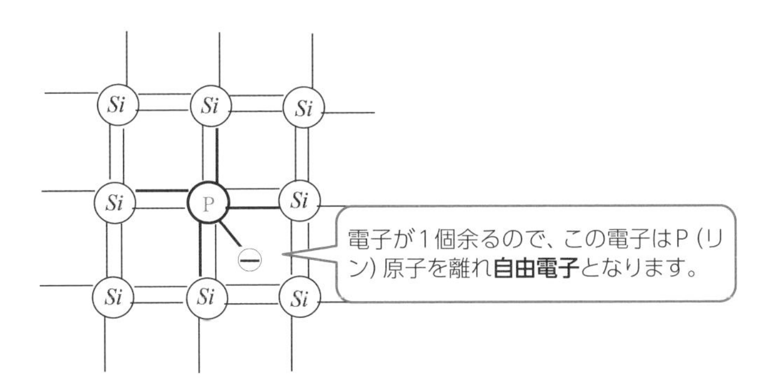

$_{15}P$（リン）は最外殻電子が5個なので電子が1個あまり、P原子を離れ自由に結晶内を動くことができるのです。つまり純粋なシリコンの結晶に比べ電流が流れやすくなるのです。あまった電子が電流の担い手となっている半導体を**N型半導体**といいます。N型とは電子の符号、負を英語でNegativeというのでその頭文字を用いています。

P型半導体

逆に$_{14}Si$（シリコン）よりも手が一本少ない多い$_{13}Al$（アルミニウム）をシリコン結晶に微量混ぜるとどうなるでしょうか？

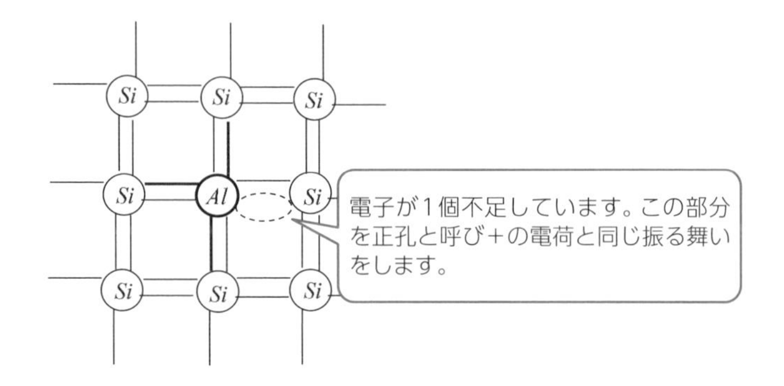

アルミニウム原子は最外殻電子が3個なので、電子が1個不足しています。つまり電子の空席ができるのです。この電子の空席を**正孔**（または**ホール**）といいます。正孔はあたかも＋の電荷と同じ振る舞いをします。分かりやすい例を挙げると、次の図のように6人がけの椅子に5個の電子がいて1つだけ席が空いているとします。この空席が正孔です。左向きの電場をかけると空席の左隣の電子が電場と逆向きに力を受け、右に移動します。

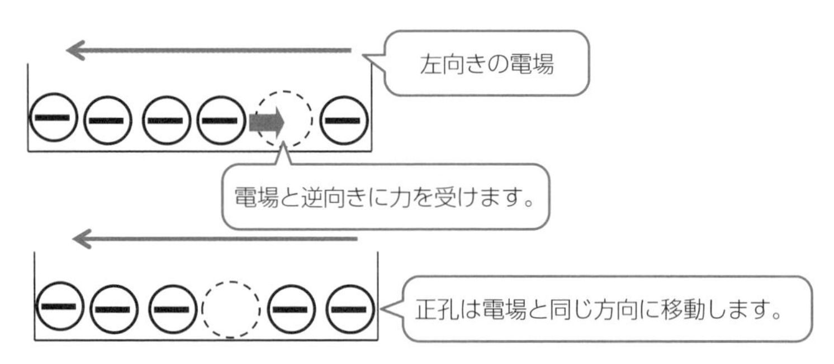

空席（正孔）を埋めるように電子が動くと、正孔は電場と同じ方向に動きます。つまり正孔は正電荷と同じ振る舞いをするのです。

本来は電子が移動しているのですが、**正孔が電流の担い手**と考えることができます。正孔が電流の担い手となっている半導体を**P型半導体**と呼びます。P型とは正孔の符号、正を英語でPositiveというのでその頭文字を用いています。

ダイオード

ダイオードの基本的な仕組み

この節では、ダイオードについてご説明したいと思います。ダイオードとは、N型半導体とP型半導体を隣り合わせに接合したものをいいます。

ダイオードの基本

前節で登場したN型半導体とP型半導体の違いを改めて示します。

N型半導体 ………… **電流の担い手が電子（−）**
P型半導体 ………… **電流の担い手が正孔（+）**

本節では上記の半導体を接合すると、**ダイオード**になることを説明します。

P型半導体と、N型半導体を隣り合わせに接合したものを、**ダイオード**といいます。次の図のように、P型が高電位となるように電圧を与えます。するとP型からN型に向かう方向に電場が生じるのでN型の電子は電場と逆向き、P型の正孔は電場と同じ方向に移動するのでそれぞれが接合面に向かって近づきます。

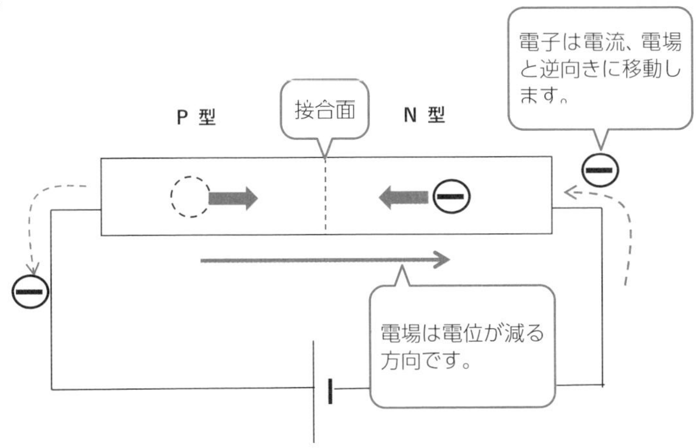

接合面で電子と正孔が出会うと電子は電子の空席である正孔に収まりそれぞれ消滅（**再結合**ともいいます）します。

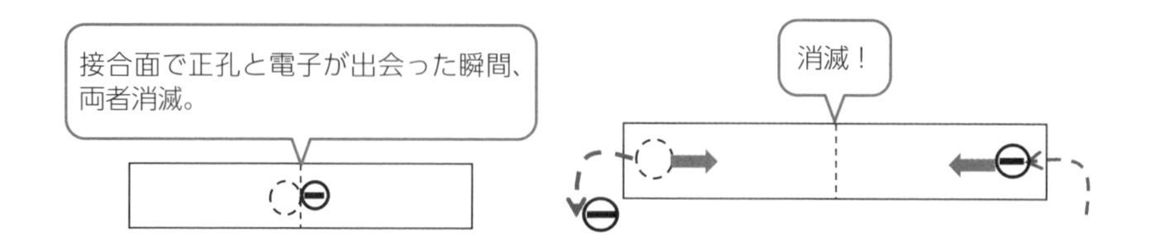

電池の起電力によってN型には電子が送り込まれ、P型からは電子が出ることによって正孔が生まれます。この現象が繰り返された結果、N型からP型に電子の流れが生じます。電流は電子の移動と逆なのでP型からN型に流れます。このP型からN型半導体に向かう方向を**順方向**と呼びます。

逆にN型を高電位にした場合はN型の電子、P型の正孔はお互いに離れるように移動します。

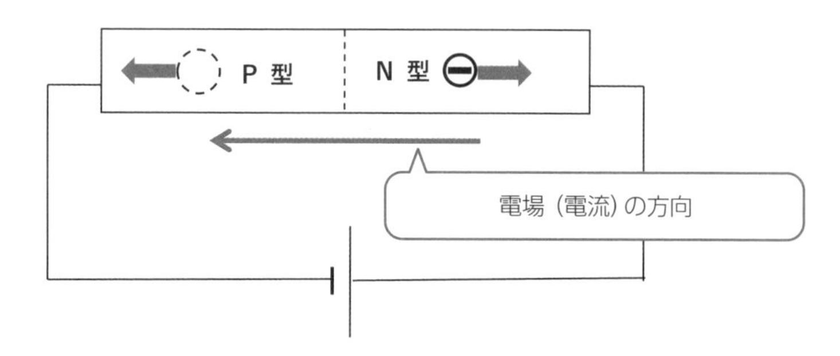

この場合、それぞれの半導体から電流の担い手である電子、正孔がいなくなるので、電流は流れなくなります。つまりN型からP型に向かって電流は流れないのです。N型からP型に向かう方向を**逆方向**といいます。このように一方向にのみ電流が流れるダイオードの性質を**整流作用**と呼びます。ダイオードは下の図の記号で表します。

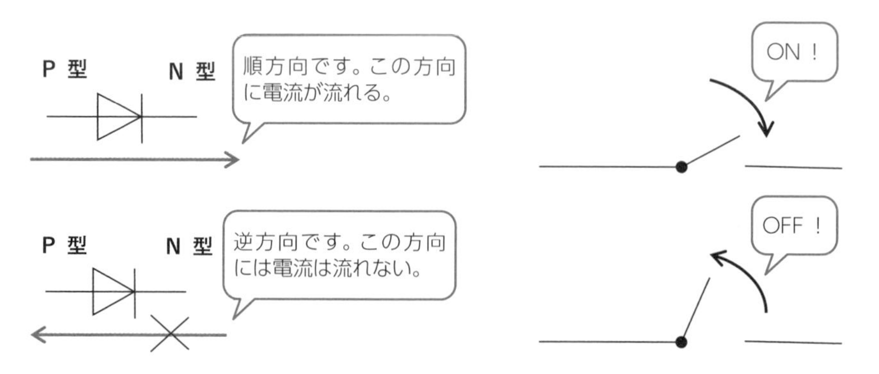

ダイオードは**スイッチの性質**を持っています。順方向は電流が流れるのでスイッチON、逆方向は電流が流れないのでスイッチOFFと考えることができます。ちなみにコンピューターは0と1が支配する世界です。0、1を制御する回路にはON、OFFのスイッチが必要となります。電位差によってスイッチのON、OFFを外部からコントロールする部品としてダイオードは非常に重要な部品となります。

日本人が発明したダイオード

江崎玲於奈（えさきれおな）博士は東京通信工業株式会社（現在のソニー）でダイオードの研究を行いPN接合の幅を薄くすると、電圧を大きくするほど逆に電流が減少するという負性抵抗を示すことを発見しエサキダイオードを生み出したのです。この功績により1973年にノーベル物理学賞を受賞しています。江崎博士は次の「ノーベル賞を取るために、してはいけない5か条」のリストを提案しています。

1. 今までの行き掛かりにとらわれてはいけない。呪縛やしがらみに捉われると、洞察力は鈍り、創造力は発揮できない。
2. 大先生を尊敬するのはよいが、のめり込んではいけない。
3. 情報の大波の中で、自分に無用なものまでも抱え込んではいけない。
4. 自分の主義を貫くため、戦うことを避けてはいけない。
5. いつまでも初々しい感性と飽くなき好奇心を失ってはいけない。

79 磁石と磁場

N極とS極

この節では、磁石について学びます。N極とS極が引かれ合い、N極とN極は反発します。静電気の分野と比較しながら話を進めます。

磁極と磁気力

この節では、磁石が登場します。磁石はN極とS極の**磁極**からなります。N極どうし、S極どうしは反発し、N極とS極は引力が働きます。

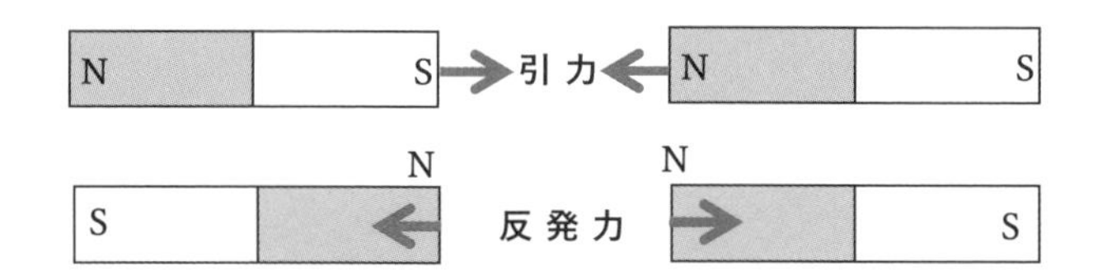

磁石の磁極が及ぼし合う力を**磁気力**といいます。

磁気量

磁気力は電荷が及ぼしあう**クーロン力**とよく似ています。そこでまず、**N極を＋、S極を－**に対応させます。さらに電荷の大きさを表す電気量；＋Q〔C〕、－Q〔C〕に対し磁極の強さを表す物理量として**磁気量**があります。磁気量の単位は〔Wb；ウェーバー〕で表し、N極の磁気量は＋m〔Wb〕、S極の磁気量は－m〔Wb〕です。

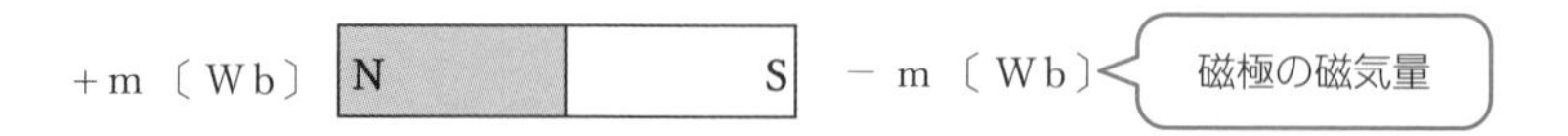

磁場（磁界）：H

電場Eは64節で＋1〔C〕の電荷が受ける静電気力と定義しました。

電場と同様に磁場を定義しますが、記号でHと表し、次のように定義します。

● **磁場：H＝＋1〔Wb〕のN極が受ける磁気力**

下の図のように板状の磁石のN極から離れた点Aに磁気量＋1〔Wb〕のN極を置くと受ける磁気力が磁場Hです。

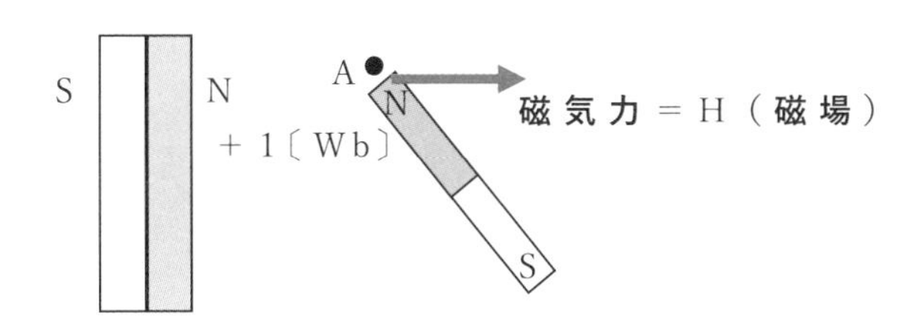

同じ点Aに磁気量＋m〔Wb〕のN極を置くとN極が受ける磁気力；Fは静電気力F＝qEと同様に次の式で表すことができます。

● **磁極が受ける磁気力F〔N〕＝m〔Wb〕×H　磁場Hの単位〔N/Wb〕**

電流がつくる磁場

導線に電流を流すと、その周りには、同心円状の磁場が生まれます。ちなみに、磁場の様子を表す曲線を**磁力線**といいます。磁場の方向は次の右ねじの法則に従います。

右ねじの法則『電流の向きに右ねじを進めるとき、ねじを回す向きに磁場が生まれます』（右手の親指➡ねじ進む方向、他の4本指閉じる➡ねじ回す）

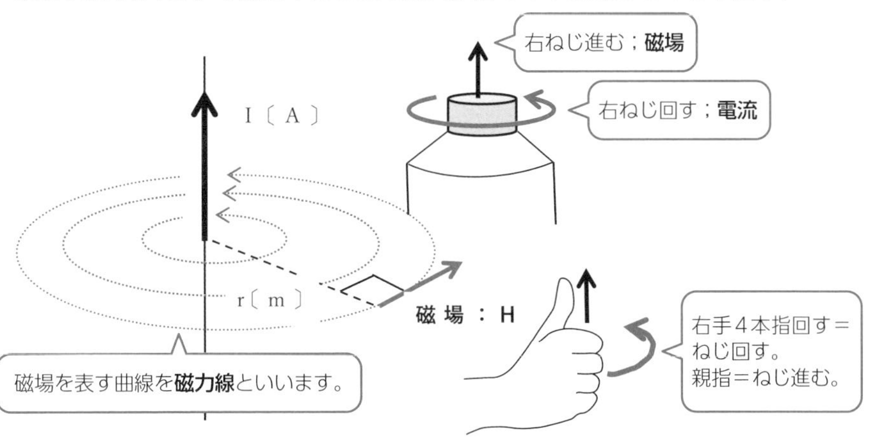

導線に流れる電流がI〔A〕、導線からの距離がr〔m〕における磁場の大きさHは、電流Iに比例し導線からの距離r〔m〕に反比例し、次の式で表すことができます。

●**直線電流による磁場**；$H = \dfrac{I[A]}{2\pi r[m]}$ ；単位〔A/m〕

磁場の単位はF〔N〕＝m〔Wb〕×Hから得られる〔N/Wb〕と電流による磁場の単位〔A/m〕がありますが、同じです。

モノポールはあるのか？

電荷は＋と－が単独に存在しますが、磁石はどんなに切り刻んでもN極とS極がペアで存在します。このペアを磁気双極子といいますが、N極のみ、S極のみの単一の磁極である磁気モノポールは現在のところ発見されていません。もし、発見したとか何らかの方法で作り出したなら間違いなくノーベル賞受賞となるでしょう。

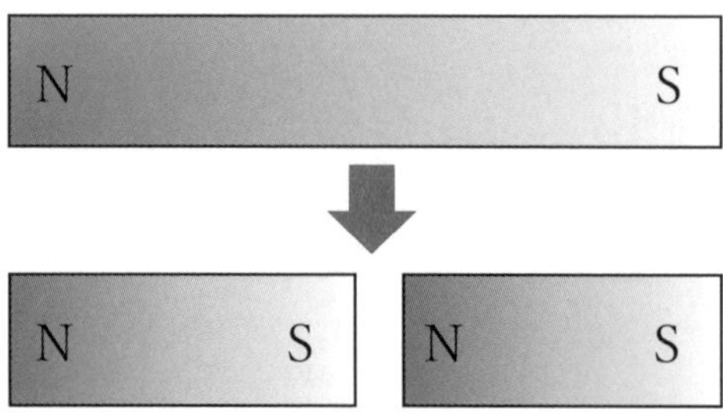

電磁力

電流が磁場から受ける力

この節では、電磁力の方向を決める方法である、フレミングの法則について説明していきたいと思います。

フレミングの法則

電流が外部磁場から受ける力を電磁力といいます。電磁力の方向を決める有名な方法が右図の**フレミングの左手の法則**です。ロンドン大学教授のジョン・フレミングが電磁力の方向をなかなか覚えない学生に対していわゆるテクニックとして説明したようです。

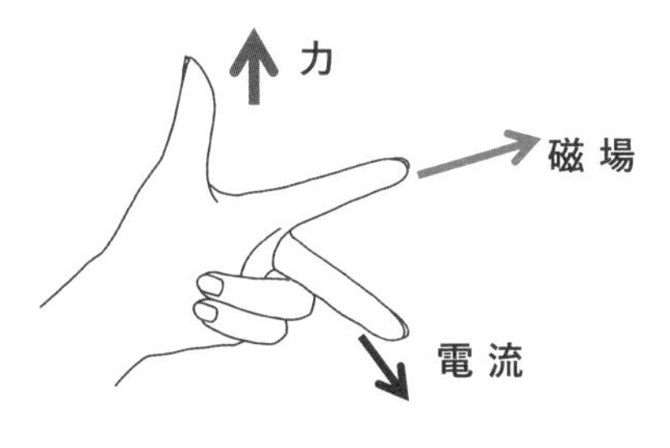

下の図のように長さl〔m〕の導線にI〔A〕の電流を流します。前節で示したように導線の周りには同心円状の磁場が生まれますが、自分の作る磁場からは力を受けません。磁石のN極を近づけて、外部から磁場Hを与えることで電流Iは外部磁場Hから電磁力を受けます。この力の大きさをF〔N〕とします。

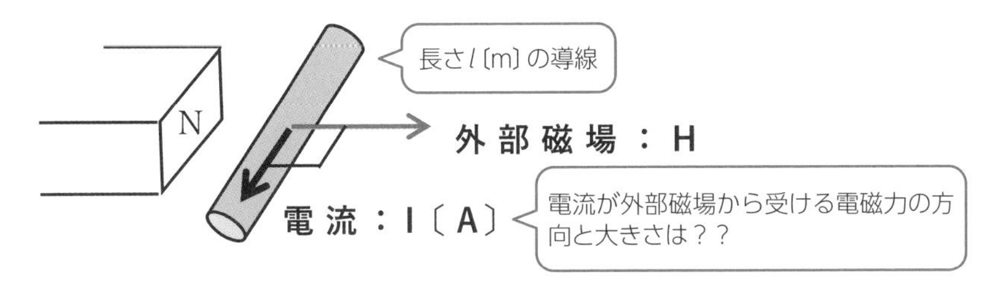

電磁力Fの方向

電磁力の方向の決定方法として、フレミングの左手の法則がありますが、筆者は次の右ねじ法をおすすめします。

- **右ねじ法**
  電流と磁場を含む平面内で、電流を磁場に向かって（角度小さい側、近道となるように）ばたっと倒す。倒す方向を右ねじを回す方向と考えたときに、右ねじが進む方向が電磁力の方向となります。

電磁力の漢字の順序に注目して①**電**（流）から②**磁**（場）に向かってねじ回す➡③（ねじ進む方向）

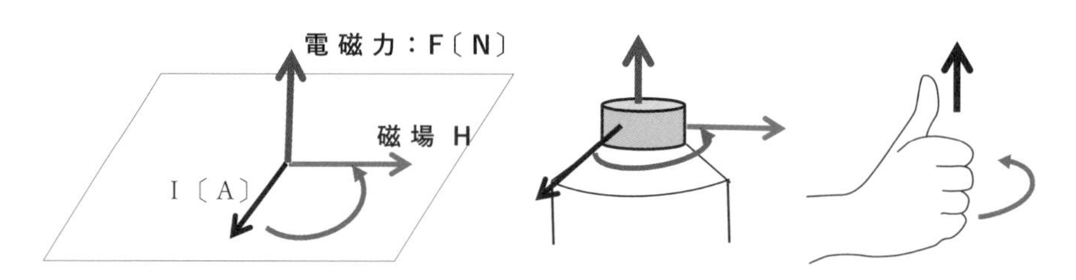

電磁力の大きさ

電磁力の大きさ：Fは導線の長さl〔m〕、電流I〔A〕、外部磁場H〔A/m〕に比例します。電流Iと磁場Hが直角の場合、この関係を次のような式で表すことができます。

電磁力$F = \mu_0 IHl$　（電磁力FはI、H、lに比例）

上の式に現れたμ_0（ミューゼロ）は**真空の透磁率**と呼び、磁場Hに関係した比例定数ですがちょっとややこしい式となっています。

そこで、真空の透磁率μ_0と磁場Hとを組み合わせて、**磁束密度**：Bを定義します。

- **磁束密度$B = \mu_0 H$　（磁場と同じ方向をもったベクトル量）**

なぜ、密度という言い方をするのかは次節で登場する**磁束**の定義ではっきりさせます。電磁力$F = \mu_0 IHl$の$\mu_0 H$を磁束密度Bに置き換えると次のように書き換えることができます。

- **電磁力F〔N〕= I〔A〕× B × l〔m〕**

磁束密度Bの単位は上記の式から〔N/Am〕と表すことができます。

前節で磁場Hの単位より〔N/Wb〕=〔A/m〕なので〔N〕=〔WbA/m〕となります。これをBの単位〔N/Am〕に代入すると、〔Wb/m^2〕と表すことができます。

さらにはBの単位;〔N/Am〕=〔Wb/m^2〕を一言で〔T:テスラ〕と言い表すことができるのです。

テスラはアメリカの物理学者で交流を世に広めた物理学者です。電気自動車メーカーの名前にもなっていますね。

狂気の天才　ニコラ・テスラ

ニコラ・テスラは1856年にクロアチアで生まれ1884年に発明家のエジソンの下で働きますが1年後に独立し変圧器を発明しています。

テスラは8つの外国語に堪能(セルビア・クロアチア語、チェコ語、英語、フランス語、ドイツ語、ハンガリー語、イタリア語、ラテン語)で、詩作、音楽、哲学にも精通するまさに天才なのです。

後に発電所からの送電方法で直流で送るエジソンと交流で送るテスラはライバル関係となりますが、結局、テスラ側が勝利します。テスラは人類の役に立つ発明とは別に「地震発生装置」や「地球2分割破壊法」などの人類を滅亡に導く論文も発表しています。

▲ニコラ・テスラ
(1856~1943)

81 電磁誘導

誘導起電力、誘導電流

79節では、電流Iが磁場Hを作ることを説明しました。この節では、電磁誘導、誘導起電力、誘導電流などについて考えていきます。

磁束（コイルを貫く磁束線の総本数）

次の図のようにコイルに棒磁石を近づけると起電力が生じ電流が流れます。この現象を**電磁誘導**、生まれた起電力を**誘導起電力**、その起電力によって流れる電流を**誘導電流**といいます。

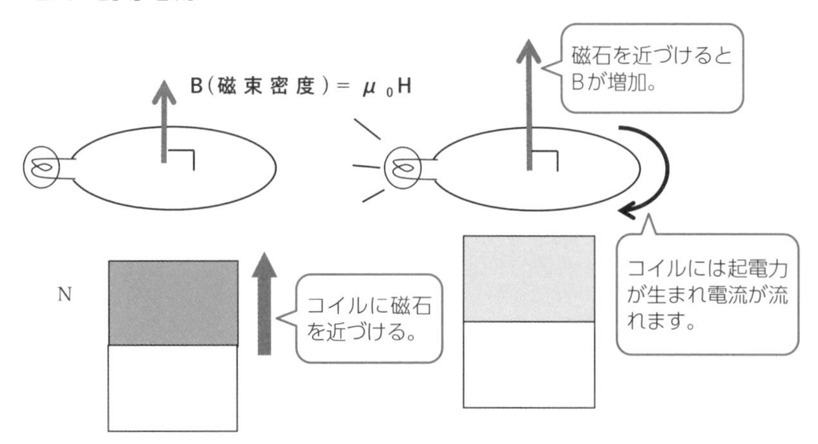

前節では、磁場：Hと磁束密度：Bの関係：$B=\mu_0 H$が登場しましたが、新しい物理量として**磁束**：Φ（ギリシャ文字でファイ）が登場します。磁束とはコイルを貫く磁束線の本数です。

＊磁場Hに対する曲線が79節で登場した**磁力線**です。これに対し磁束密度Bに対する曲線を**磁束線**といい区別します。

まずコイルの面上における磁束密度がBの場合、1〔m^2〕を貫く**磁束線の本数をB〔本/m^2〕**と決めます。これは69節で大きさEの電場に対して垂直な面1〔m^2〕を貫く**電気力線の本数をE〔本/m^2〕**と決めたのと同じ発想です。

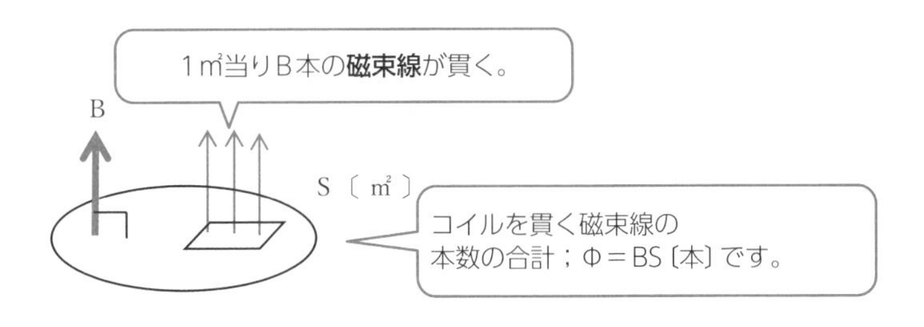

コイルの面積がS〔m^2〕ならば、磁束はΦ＝BS〔本〕となります。ただし磁束密度Bの単位は前節で登場した〔Wb/m^2〕を用いると磁束Φの単位は〔Wb/m^2〕×〔m^2〕＝〔Wb〕となります。

●**コイルを貫く磁束線の本数＝磁束：Φ〔Wb〕＝BS〔m^2〕**

上の式をBについて書き換えるとB＝Φ〔Wb〕/S〔m^2〕となるので、Bの単位は〔Wb/m^2〕となります。つまりBは**1〔m^2〕あたりの磁束線の本数**を表しているので**磁束密度**というのです。

レンツの法則（誘導電流の方向を決める方法）

誘導電流の方向は、次の**レンツの法則**で決まります。

『誘導電流（または誘導起電力）はコイルを貫く磁束の変化を、誘導電流がつくる磁場によって妨げる（邪魔する）向きに流れる』

分かりにくい文章なので、次のように２段階に分けて説明します。

❶まず、コイルを貫く磁束の変化を妨げる（邪魔をする）磁場を考えます。

磁束が増加する場合➡邪魔する磁場は磁束と逆向き
磁束が減少する場合➡邪魔する磁場は磁束と同じ向き

❷❶で考えた磁束の変化を邪魔する磁場に、**右ねじの法則**を適用します。邪魔する**磁場が右ねじの進む方向➡ねじ回す方向に誘導電流**が流れます。

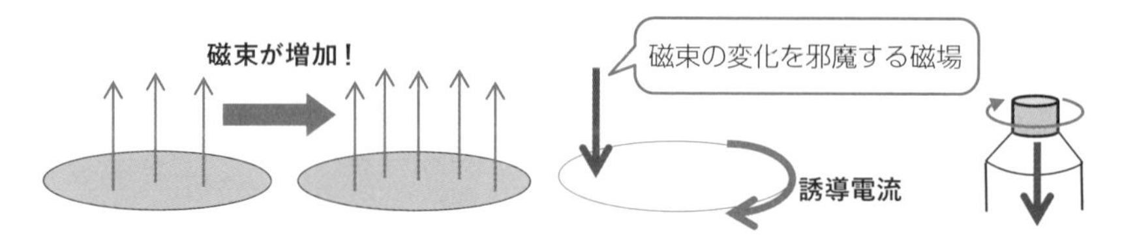

次節では、誘導起電力を式で表す、**ファラデーの法則**を考えます。

電磁誘導とICカードの仕組み

SUICAなどの非接触型カードには電磁誘導が使われています。カード内にはコイルとそれにつながれたICチップ（78節で登場しただダイオードなどの半導体部品の集合体）が埋めこまれているのです。改札機にはコイルがあり、ここから変化する磁場が絶えず送られ、カードを近づけると電磁誘導によってコイルに起電力が発生すると同時に磁場を通じて情報がやり取りされているのです。

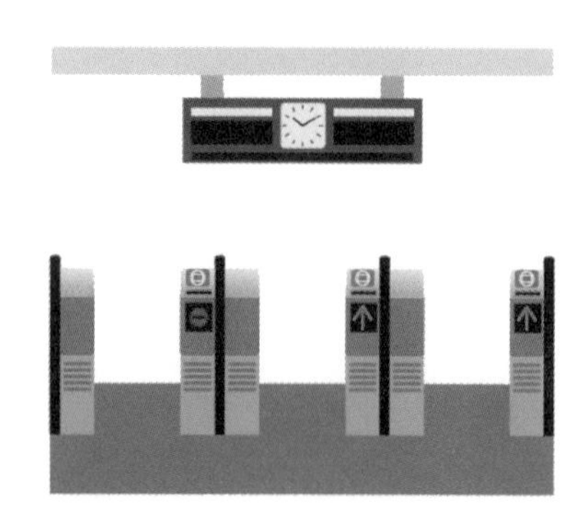

ファラデーの法則
誘導起電力の大きさを決める原理

前節では、電磁誘導を考えるために、コイルを貫く磁束Φを定義しました。この節では、ファラデーの法則をご紹介します。

コイルを貫く磁束線の本数

前節では電磁誘導を考えるために、コイルを貫く磁束Φを定義しました。

コイルを貫く磁束線の本数＝磁束：Φ〔Wb〕＝BS〔m²〕

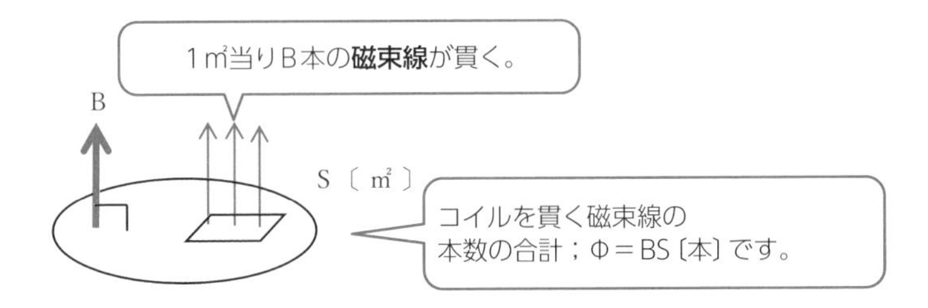

さらに誘導電流（誘導起電力）の方向を決めるレンツの法則が登場しました。

「誘導電流（または誘導起電力）はコイルを貫く磁束の変化を、誘導電流がつくる磁場によって妨げる（邪魔する）向きに流れる」

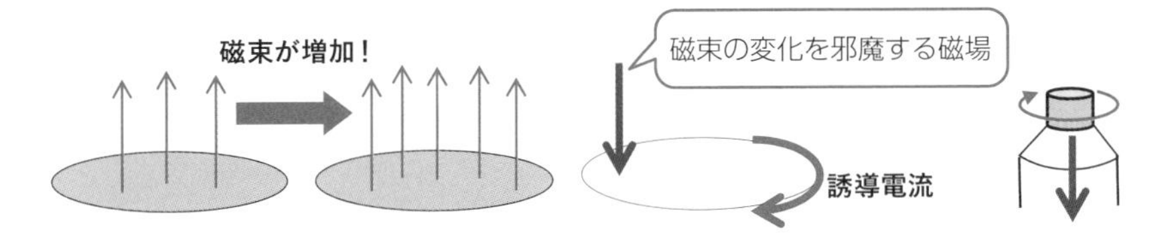

ここでは、コイルに生じる誘導起電力の大きさを決める**ファラデーの法則**を考えます。

ファラデーの法則（誘導起電力の大きさを決める原理）

コイルを貫く磁束Φ〔Wb〕を用いて、コイルに生じる起電力の大きさ；V〔V〕は、次の**ファラデーの法則**で決まります。

「コイルに生じる起電力V〔V〕の大きさは、1〔s〕あたりの磁束Φの増加に等しい」

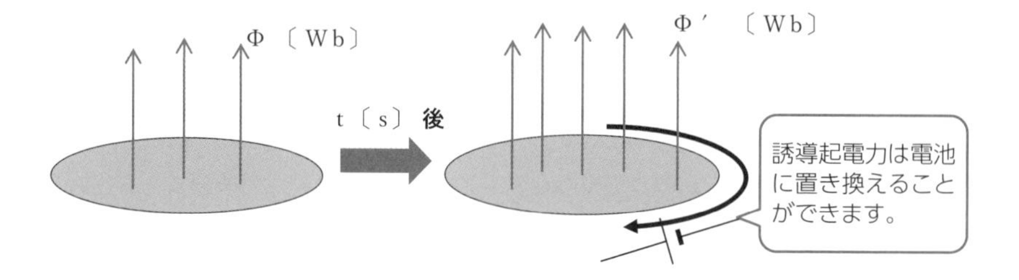

上の図のように、時間t〔s〕の間にコイルを貫く磁束がΦからΦ'〔Wb〕に増加した場合、電磁誘導による起電力Vの大きさは、次のように計算できます。

●**電磁誘導による起電力の大きさ**；$V〔V〕= \dfrac{\Phi' - \Phi〔Wb〕}{t〔s〕}$

（1秒あたりの磁束Φの増分）

ファラデーの功績

ファラデーはコイルに棒磁石を近づけたり離したりする実験を行うことにより電気が生まれることに気が付いたのです。これは発電の原理そのものです。

1831年に電磁誘導の法則が発表されましたが、実験に使用したコイルが現在ロンドンの王立協会に展示されています。

我々が電気のある暮らしができるのはすべてファラデーのおかげなのです。ファラデーは平和主義者としても有名です。クリミア戦争の際に政府から化学兵器を作ってもらえないかという要望がきたとき、ファラデーは机をたたいてこう言ったそうです。

「作ることは容易だ。しかし絶対に手を貸さない！」

83 交流電源

コンセントの電源はどうなってるの？

電流には2種類あります。直流と交流です。交流の発生の仕方などについて詳しく説明していきたいと思います。

2種類の電流

電流には2種類あります。それは「**直流**」と「**交流**」です。**直流**は次の図のように、電池に豆電球をつなぐと電流I〔A〕は時間t〔s〕によらず一定です。

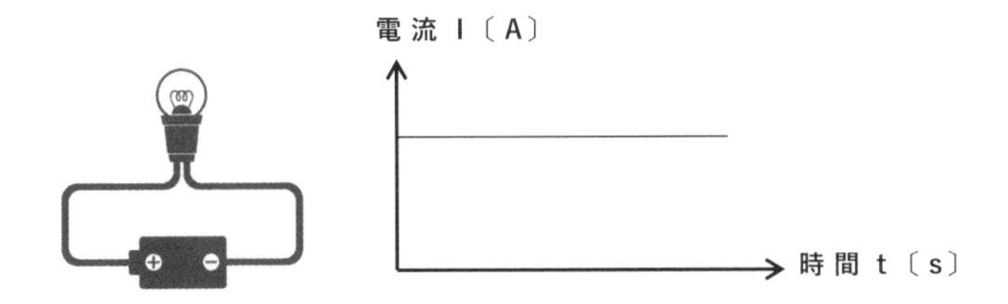

これに対して**交流**は次の図のようにコンセントに電球をつなぐと電流I〔A〕は時間t〔s〕によって+、−を同じリズムで繰り返します。

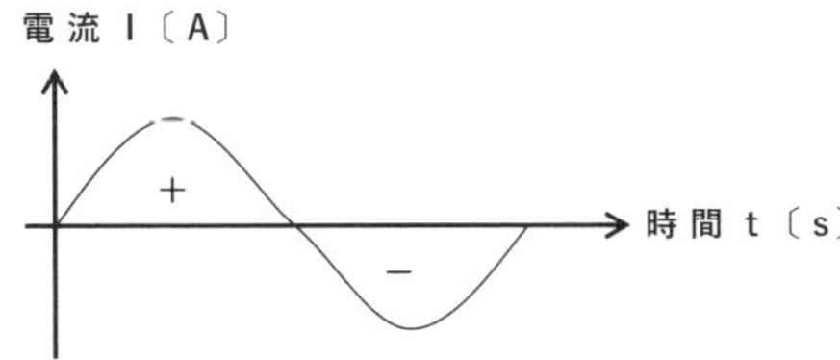

交流の発生方法

まず、交流はどのように生み出されるのかを考えます。次の図のように、N極、S極で挟まれた空間でコイルを回転させます。前章で登場したコイルを貫く磁束線の本数＝磁束Φが時間tとともに変化します。

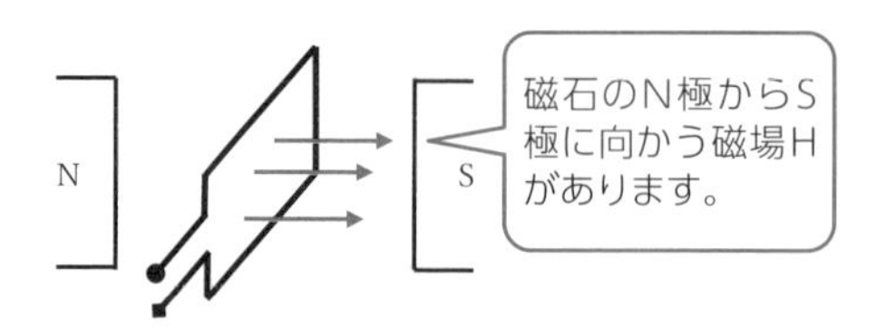

コイルとともに回転する立場で磁力線の変化を捉えると、次の図のように磁場が回転してるように見えます。90°ごとにコイルを貫く磁束線の本数Φの変化を追うと次のようになります。

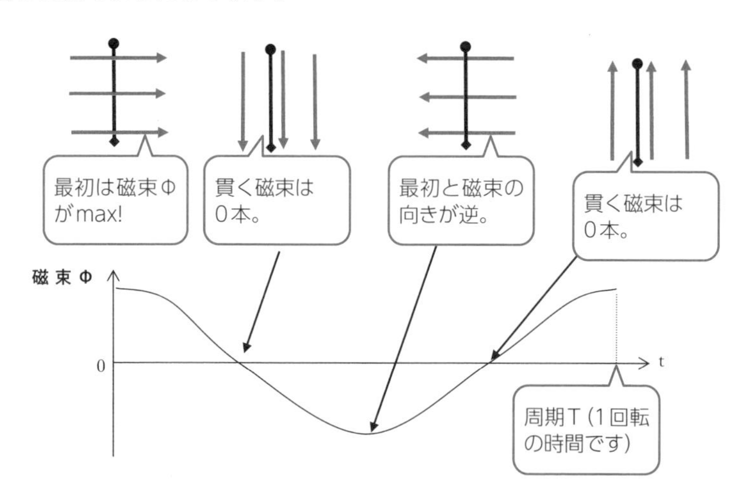

この結果、前の節で学んだ**電磁誘導**によって、周期的に増減を繰り返す起電力が発生します。これが**交流電源**なのです。

身近にある交流電圧は、家庭用のコンセントです。コンセントの電圧をグラフに表したものが、次の図です。

コンセントの電圧は141 Vと－141 Vの間で、周期的に変化しています。

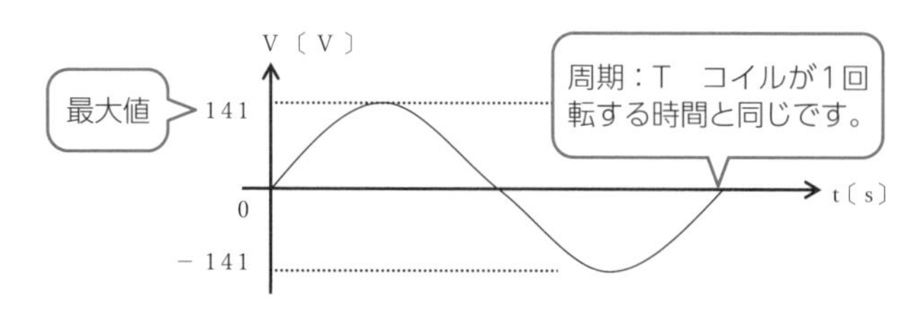

ところが、コンセントには100〔V〕って書いてあります。この、100〔V〕の意味を次の節で考えます。

84 実効値

コンセントの100〔V〕って何を表すの?

前節では、コイルを磁場内で回転する交流電圧が生まれることを説明してきました。ここでは、周波数、実効値ということについてご説明します。

家庭用コンセントの電圧グラフ

前節では、コイルを磁場内で回転する事で交流電圧が生まれることを説明しました。改めて家庭用コンセントの電圧グラフを与えます。

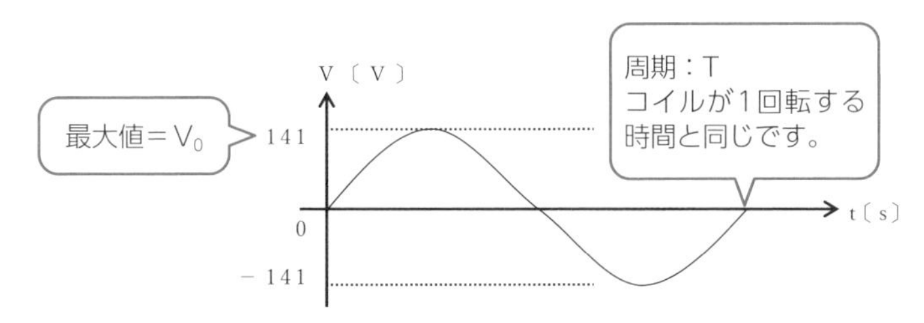

グラフの最大値は141〔V〕と実に中途半端な数字です。ところがコンセントにある100〔V〕は、何を表すのでしょうか？

実効値

コンセント電圧の最大値141〔V〕をV_0とします。0〔s〕以降の電圧Vの値をT/4〔s〕ごとにT〔s〕まで追うと次のようになります。

電圧 $V = V_0$、0、$-V_0$、0　(4個の数値が並びました)

変化する電圧は扱いにくいので平均値を考えます。平均値は数値の合計を数値の個数で割り算するので次のように計算できます。

Vの平均値 $= \{V_0 + 0 + (-V_0) + 0\} \div 4 = 0$〔V〕

上記のように単純な平均値は0〔V〕となってしまい役に立ちません。そこで0〔V〕からのばらつきを計算するためにV^2の平均値を計算したのち、平方根($\sqrt{\ }$)

を取ることを考えます。この平均値を**二乗平均平方根**といいます。

$$V^2\text{の平均値} = \{V_0^{\ 2} + 0^2 + (-V_0)^2 + 0^2\} \div 4 = \frac{V_0^{\ 2}}{2}$$

$$\sqrt{V^2\text{の平均値}} = \sqrt{\frac{V_0^{\ 2}}{2}} = \frac{V_0}{\sqrt{2}}$$

上記の電圧の最大値V_0を$\sqrt{2}$で割り算した値を**実効値**といい、記号でV_eと表現します。eは実効値を表す英単語effective valueの頭文字です。

●**交流電圧の実効値；**$V_e = \dfrac{V_0\text{(最大値)}}{\sqrt{2}}$

コンセントの電圧100〔V〕は電圧Vの二乗平均平方根である実効値V_eなのです。このことから、交流電圧の最大値V_0は実効値を用いて次のように計算できます。

$$\text{交流電圧の最大値}\ V_0 = \sqrt{2} \times V_e = 1.41 \times 100 = 141\text{〔V〕}$$

141〔V〕という中途半端な数字は$\sqrt{2}=1.41$から来ていることが分かります。**交流で電流、電圧が単なる数字で表現されていたら実効値と考えます。**

周期T周波数f

交流電圧が一回振動する時間：T〔s〕は**周期**、1〔s〕間に振動する回数を単振動では振動数と言いますが、交流では**周波数**：f〔Hz〕と言います。28節、49節で登場した振動数fと周期Tの関係と同様に周波数と周期の間には次の関係が成り立ちます。

●**周波数；**$f\text{〔}Hz\text{〕} = \dfrac{1}{T\text{〔}s\text{〕}}$　（周波数は周期の逆数）

周波数と日本の家庭用電気

本節で説明してきました周波数ですが、日本の家庭用電気は東西で50〔Hz〕と60〔Hz〕の2種類存在することをご存知の方が多いと思います。周波数の境目は静岡県の富士川と新潟県の糸魚川を結ぶ線にあります。

周波数の混在は国際的にも珍しいことであり、日本以外のどの国でも周波数は1つに統一されています。

2種類の周波数が混雑するに至った原因は、明治時代にさかのぼります。当時、電気を作るために関東では50〔Hz〕のドイツ、関西では60〔Hz〕のアメリカから発電機を輸入しました。明治時代の流れがそのまま現在に至ってしまったのです。

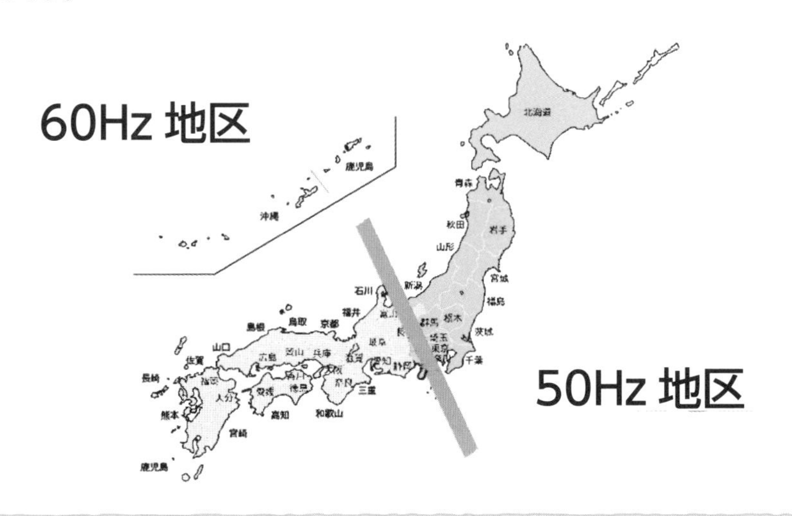

電磁波

電磁波の発生方法と分類、利用

ここでは、電磁波とはいったい何なのか？をご説明したいと思います。電磁波の発生方法や、分類とその利用方法などを解説します。

電磁波とはいったい何なのか？

私たちの周りは**電磁波**で満たされています。太陽光線、スマホからの電波、医療機関でのX線…すべて電磁波なのです。

そもそも電磁波とは一体何者なのでしょうか？　さらに、どのように電磁波が空間を伝わるのか？を本節で考えます。

電磁波の発生方法

81節で登場した電磁誘導により、コイルを貫く磁場Hが変化すると、**電磁誘導**によって**誘導電流**が流れます。電流は＋の電荷の移動なので、誘導電流の方向に＋の電荷が**静電気力**を受けたことになります。静電気力は電場Eからの力なので、誘導電流の方向に電場Eが生まれたはずです。ですからもし、コイルがなくても、**変化する磁場Hの周りには誘導電流の流れる方向に、電場Eが生じる**のです。

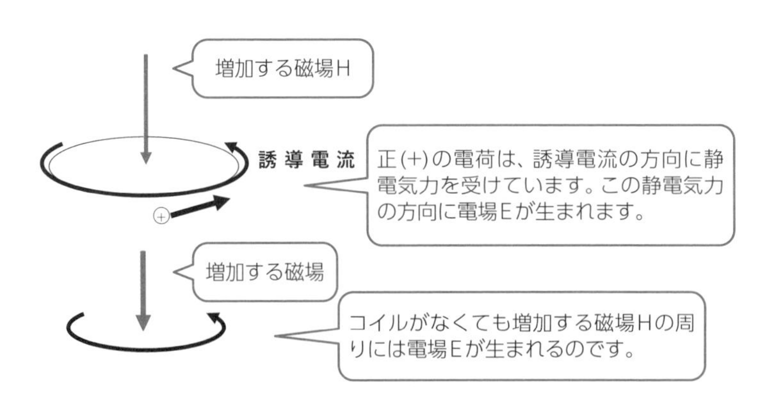

次の左図のように導線に電流Iが流れると、79節で示した右ねじの法則により、導線の周りには磁場Hが生まれます。

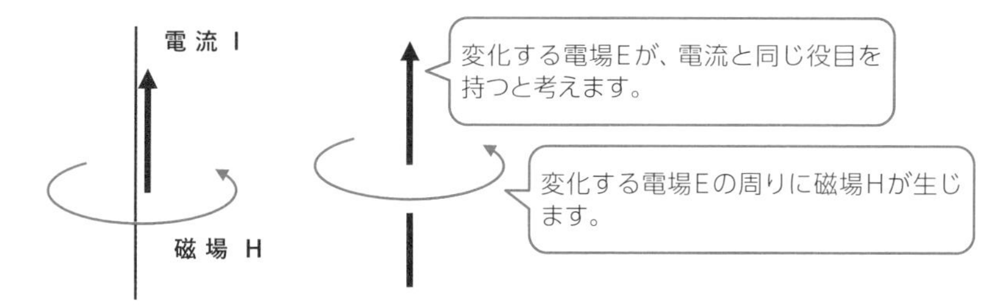

では、右図のように導線が無い状態で上向きの電場が増加する場合を考えます。イギリスの物理学者ジェームズ・クラーク・マクスウェルは、**電場Eの増加が電流と同じ役目を持つ**と考えたのです。すると、電場の周りに磁場Hが生まれるのです。

変化する磁場が電場を生み、変化する電場が磁場を生む…この繰り返しが空間を伝わる現象が電磁波なのです。

電磁波は真空中では光速 $c = 3.0 \times 10^8$〔m/s〕で伝わります。

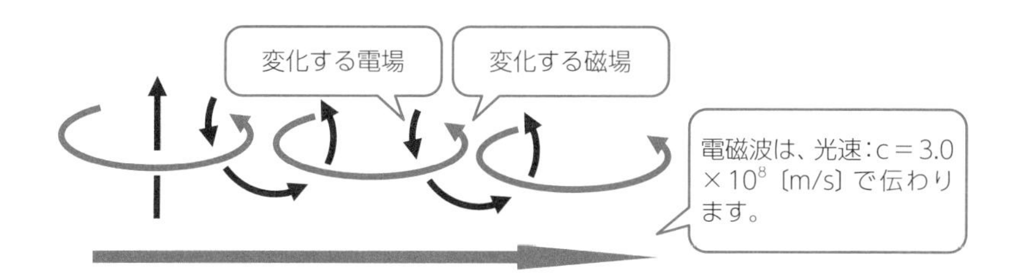

電磁波の分類とその利用

電磁波を、波長の長いものから順に並べると、以下の通りです。

●電波（0.1mmより長い）

ラジオ、TV放送、携帯電話に使われます。

●赤外線（0.1mm〜770nm）

＊1nm〔ナノメートル〕$= 10^{-9}$m

温度の高い物体から照射されます。熱線医療で使われます。

●可視光線（770nm～380nm）

人が目で見ることができる。波長が長いものから**赤**、**橙**、**黄**、**緑**、**青**、**藍**、**紫**の順に並びます。

●紫外線（380nm～1nm）

物質に化学反応を起こさせる性質が強い。日焼けの原因です。

●X線、ガンマ線（1nm以下）

X線は、物質を通過する性質があります。レントゲン写真などの医療検査に使われます。γ線はX線よりさらに波長の短い電磁波で**放射線**の一種です。

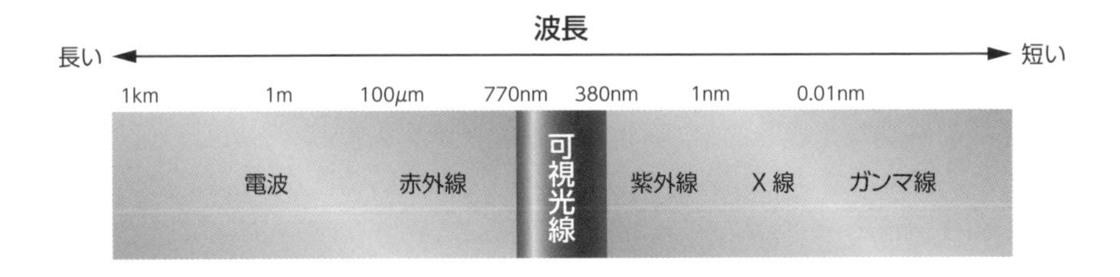

入試問題で熊登場！②

64節 p174の解答

コースAはダメそうですよね。スタートは遅いのに緩やかな斜面を移動するのに時間がかかるので熊にガブッと……

一見すると直線コースBが早そうですが、答えはBよりコースが長いCです。

なぜ、一見遠回りなコースが早いのでしょうか？

エネルギー保存則を考えるとスキーヤーの運動エネルギーと位置エネルギーの和が一定となります。このため斜面の下方に行くほど位置エネルギーが減るので運動エネルギーが増えます。つまり、スタートは遅くて、最後は速いですよね。遅い区間は短めに、速い区間を長めのコースを考えると、出だしを急角度で後半緩やかな斜面を選ぶことで結局時間が少なく済むのです。よって正解はCとなります。

第5章

原子

物理量の単位には大抵、人の名前が付いています。力の単位であれば〔N；ニュートン〕、エネルギーの単位であれば〔J；ジュール〕などです。

実は、日本人の名前が付いた単位があるのです。原子核の大きさに相当する長さとして〔ユカワ〕があります。日本人で初めてノーベル賞を取った物理学者、湯川秀樹博士にちなんだ単位です。

この章ではアインシュタインから始まり、素粒子の研究では湯川博士をはじめとする多くの日本人研究者が登場します。

アイザック・ニュートン
(1643～1727)

マリ・キュリー
(1867～1934)

光電効果①

ヤングの実験では説明がつかない!?

この節では、原子物理学の始まりとして光の正体は何なのかを考えます。

ヤングの実験、その後…

63節では1805年にヤングの実験によって光は波であるとの結論に至ったことを説明しました。ところが19世紀末に光を波と考えると説明のつかない現象が発見されました。その現象が**光電効果**です。

光電効果

1887年、ヘルツは金属に振動数の大きな光を照射すると、電子が金属の表面から飛び出す現象を発見しました。この現象が光電効果であり、飛び出す電子を**光電子**といいます。

光の振動数をf〔Hz〕、光電子の質量をm〔kg〕、速さの最大値をv_{max}〔m/s〕、1〔s〕あたりの光電子数をn〔個/s〕とします。

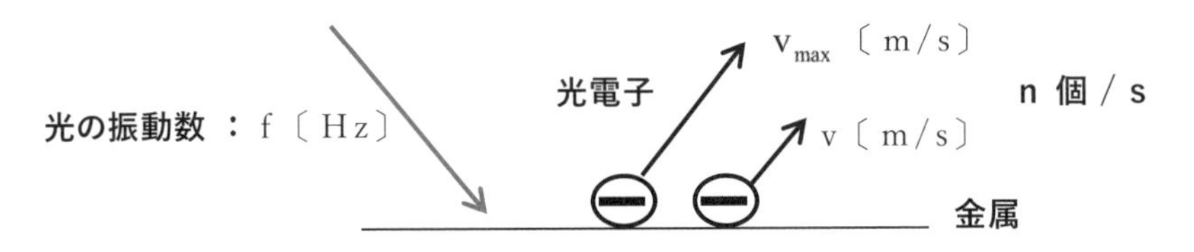

光電効果では、次の3つの実験結果が得られました。

●実験結果1

光の振動数f〔Hz〕が増えると、

光電子の運動エネルギーの最大値：K_{max}〔J〕$= \frac{1}{2}mv^2_{max}$が増えた。

●**実験結果2**

光の振動数f〔Hz〕は一定、光の強さ（明るさ）が増えると、K_{max}は変化せずに、光電子数n〔個/s〕が増えた。

●**実験結果3**

振動数f〔Hz〕がある決まった振動数f_0〔Hz〕より小さいと、どんなに光を強めても光電子はまったく出ない。

光電効果は、光のエネルギーが金属内の電子に与えられた結果、電子が運動エネルギーを得て飛び出す現象と考えることができます。

ところが、光電効果は光を波と考えると説明ができないのです。まず、波のエネルギーは振幅Aの2乗と振動数fの2乗に比例し、次の式で表すことができます。振幅Aの2乗は光の強さ（明るさ）に対応します。（∝は比例を表す記号です）

波のエネルギー$\propto A^2f^2$　（振幅の2乗と振動数の2乗に比例）……………………❶

❶の式から波のエネルギーは、光の強さ（A^2）を増やしても振動数fを増やしても、エネルギーが増えるのが分かります。ところが、実験結果1、2は振動数fを増加した場合と、光の強さ（A^2）を増やした場合で、結果が異なっています。これは光を波と考えると矛盾します。最も困るのが実験結果3です。

$f<f_0$でも、光の強さ（A^2）を増やすことでエネルギーはいくらでも増やせます。にも関わらず、電子はまったく飛び出すことは無いのです。1805年のヤングの実験示された光が波であることが綻び始めます。

20世紀の幕開け1905年、アインシュタインは光電効果を光を**光子**という粒子の流れだという**光量子仮説**を考えました。

アインシュタインの発想（光量子仮説）

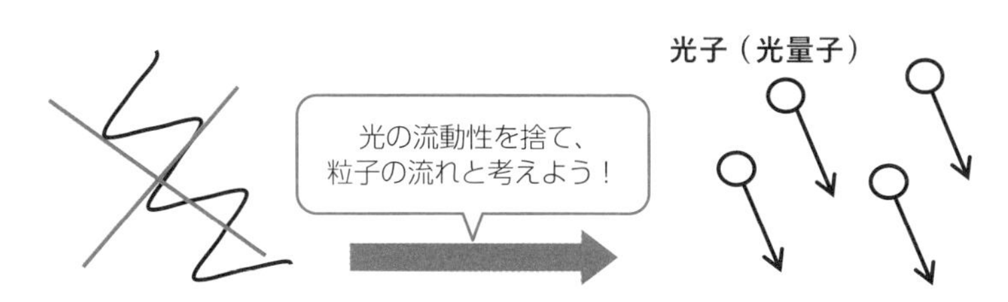

アインシュタインは、光子1個のエネルギー：E〔J〕を振動数f〔Hz〕に比例すると**仮定**し、次の式を与えました。

● **光子1個のエネルギー**；$E〔J〕= hf〔Hz〕$
プランク定数；$h = 6.6 \times 10^{-34}〔J \cdot s〕$

上記の比例定数hを**プランク定数**といいますが、6.6×10^{-34}はとてつもない小さな数字です。プランク定数hの単位は〔J/Hz〕となりそうですが、振動数fと周期Tは互いに逆数の関係$f = \dfrac{1}{T}$があるので、$\dfrac{1}{Hz}$は周期の単位〔s〕で表します。次の節ではアインシュタインの光量子仮説で光電効果が説明できるのかを考えます。

お金儲けと物理①

もし、過去と未来を自由に行き来できれば大儲けです。競馬であれば未来で着番情報を手に入れ、出走前の過去に戻って当たり馬券を購入するでしょう。あるいは、明日の株価の終値情報を手に入れ、過去に戻って値上がりする株を購入するのも良いでしょう。

タイムマシンは難しいですが将来の株価の変動を予想する分野がオプションです。オプションは、現在価格1000円の株を、1か月後に決まった価格（例えば、1000円）で買う（または売る）ことができる権利です。1か月後に株価が1500円に値上がりすると、1000円で購入する権利を行使すると500円儲かります。

（87節 p231に続く）

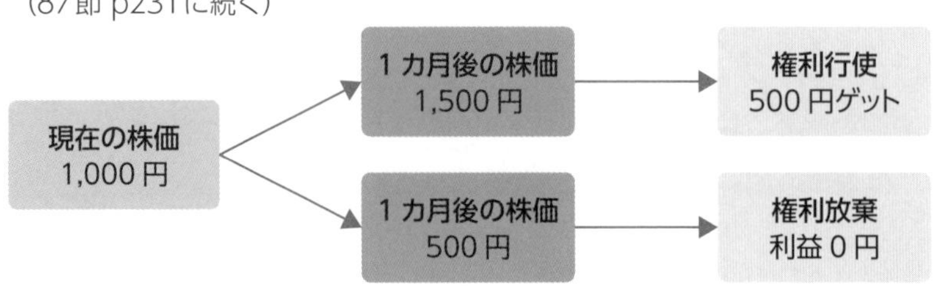

87 光電効果②

光量子仮説

前節では、光量子仮説に触れてきました。ここでは、さらに詳しく説明していきたいと思います。

光量子仮説から光電効果を説明する

前節では、光を粒子と捉えるアインシュタインの**光量子仮説**が登場しました。

光子1個のエネルギー；E〔J〕= hf〔Hz〕

プランク定数；$h = 6.6 \times 10^{-34}$〔J・s〕

本節では光量子仮説で光電効果が説明できるのかを考えます。

金属から光電子が飛び出す過程

光子の考えを基に、金属から光電子が飛び出す過程を考えます。

次の図は、金属内部と金属外部の電子のエネルギーにギャップがあることを発表しています。

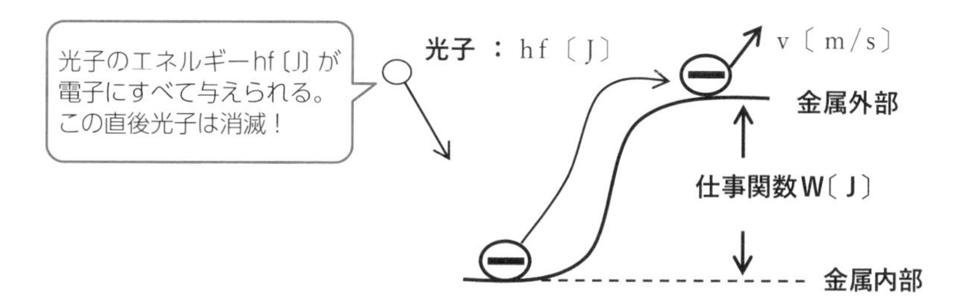

金属内部から金属外部まで電子を運び出すのに必要な仕事をW〔J〕と表し、**仕事関数**といいます。仕事関数は、金属の種類によって決まる定数です。

光子は金属にある1つの電子にhf〔J〕のエネルギーを与えます。hf〔J〕のエネルギーを得た電子は、金属内部から外部まで運ばれ速度v〔m/s〕を持つようになります。

このエネルギーの収支を式で表すと次のとおりです。

光電効果のエネルギー収支　$hf = \frac{1}{2}mv^2_{max} + W$ ……………………………… ❶

光電子の速さvは様々な値をとるのですが、上記の式は運動エネルギーの最大値 $\frac{1}{2}mv^2_{max}$ を与えると考えます。

❶の式を変形すると $\frac{1}{2}mv^2_{max} = hf - W$ となります。

これから**光電子の運動エネルギーの最大値は、振動数fだけで決まる**ことが分かります。以上で3つの実験結果が説明できます。

●実験結果1

振動数fが増えると $\frac{1}{2}mv^2_{max}$ が増えますね。

●実験結果3

光電子が飛び出すには、$\frac{1}{2}mv^2_{max}>0$ が必要です。これから、光電子が飛び出すための振動数fの範囲が決まります。

$$\frac{1}{2}mv^2_{max} = hf - W>0、f> \frac{W}{h} = f_0 \quad （限界振動数）$$

上記の f_0 は、プランク定数hと金属の仕事関数Wで決まる定数であり、**限界振動数**と呼ぶのです。ですから、振動数fが**限界振動数** f_0 より小さいと電子が出ないのです。

●実験結果2

光の振動数f〔Hz〕が一定ならば、光子のエネルギーhf〔J〕が一定なので、光電子の運動エネルギーの最大値は一定です。振動数が一定の状態で**光の強さを増やす場合、光子数を増やす**と考えます。光子数を増やすと飛び出す光電子数も増加します。

アインシュタインの光量子仮説は実験結果1、2、3がすべて説明できるので正しいことが分かります。

ニュートンは光を粒子と捉え、ヤングは光を波と捉えたのですが、アインシュタインは光を粒子と考えて光電効果の説明に成功したのです。

お金儲けと物理②

(p228からの続き)

オプションの価格を決める学問を**金融工学**といいますが、物理が関係しています。

アメリカのアポロ計画が終了してNASAからあぶれた物理の専門家をはじめとした技術者が、金融業界に大量に流れたことが金融工学の発展に寄与しています。フライパンをガスコンロにかけたときに、取っ手がだんだん熱くなりますが、この熱の伝わり方を解くのが熱伝導方程式です。オプションの価格はノーベル賞を受賞したブラックショールズの方程式で計算できますが、熱伝導方程式の解法が土台となっています。

ブラックショールズの方程式でノーベル賞を受賞したマイロン・ショールズはヘッジファンドLTCMを設立します。自ら生み出した方程式を武器に莫大な利益を生み出したのですが、ロシアの経済危機のあおりで破綻してしまいました。

アインシュタインの3つの論文

アインシュタインは1905年に3つの論文を発表しています。この年は「奇跡の年」といわれています。1つ目は「特殊相対性理論」2つ目は「ブラウン運動について」、3つ目は「光量子仮説」です。

アインシュタインを有名にしたのは、相対性理論ですが「光量子仮説」によりノーベル賞を受賞しています。ちなみに、1921年のノーベル賞の発表が遅れ、アインシュタインが受賞を知ったのは1922年、日本に向かう船上でした。

二重性・コンプトン効果

光子の運動量

光量子仮説で、光電効果を説明できましたが、光の回折や干渉などの現象は波でないと説明ができません。光は波なのか？　粒子なのか？

光は波か？　粒子か？

光を粒子と捉えたアインシュタインの光量子仮説により、光電効果は見事に説明できました。ところが、光の回折や干渉などの現象は波じゃないと説明できないのです。果たして光は波なのでしょうか？　粒子なのでしょうか？

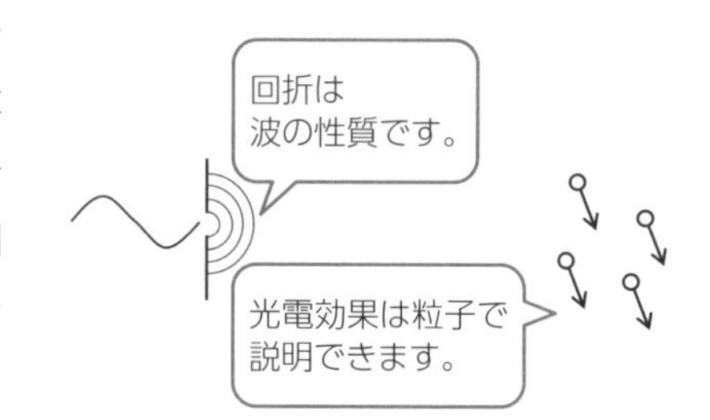

二重性

光は波動性と粒子性の両方の性質を兼ね備えた存在と考えるしかなさそうです。この2つの側面を持った状態を、**二重性**といいます。

二重性は電子のような微粒子にも現れます。それまで粒子と捉えた対象が波動性を持つことが後になって分かってきたのです。

波動性と粒子性の二重性を持つ物質やエネルギーの単位（光子ならばhf〔J〕）を**量子**といいます。量子は最近のニュースで**量子コンピューター**等で取り上げられる用語となりました。

コンプトン効果

電磁波の1つであるX線を物体に照射すると、様々な方向にX線が広がります。この現象を**散乱**といいます。

X線は電磁波なので、入射X線と散乱X線の波長は同じはずです。ところが散乱X線に、入射X線の波長λと異なる波長のものが含まれていることが分かったのです。この現象を**コンプトン効果**といいますが、X線を波と考えると説明できません。

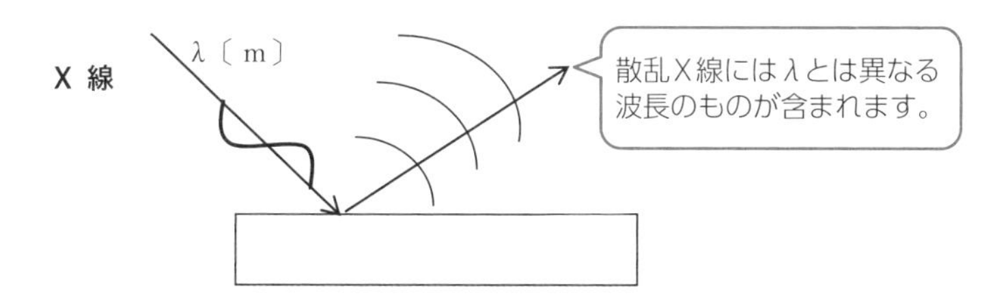

そこで、X線を光同様**光子**と考え、物質に含まれる電子との衝突と考えると波長が変化する現象がうまく説明できます。

衝突で必要となるのが、**光子の運動量**です。25節で示したように粒子の運動量はmv〔kg・m/s〕です。ところが光子の質量は0なので一見すると運動量は0となりそうなのですが、なぜか運動量を持ちます。結論をいうと次の通りです(理由は次節で示します)。

光子の運動量；p〔kg・m/s〕は、光子のエネルギーE〔J〕と真空中での光速c〔m/s〕を用いて次のように表すことができます。

光子の運動量：$p〔kg\cdot m/s〕= \frac{E〔J〕}{c〔m/s〕}$ ……………… ❶

86節で登場した振動数f〔Hz〕とプランク定数hを用いて表したエネルギーEの式；E＝hf〔J〕、光の波の性質を考えて49節で登場した波の伝わる速さv＝fλより、c＝fλの関係が得られます。これらを❶に代入すると、運動量pは次のように波長λで表すことができます。

● **光子の運動量**；$p〔kg\cdot m/s〕= \frac{E〔J〕}{c〔m/s〕} = \frac{hf}{f\lambda} = \frac{h}{\lambda}$

コンプトン効果を物質内の電子と光子の衝突と考えると、衝突前後で光子の運動量が変化するので波長λも変化することが説明できるのです。

コンプトンと核兵器開発

コンプトン効果はアメリカの物理学者アーサー・コンプトンによって発見されましたが、アインシュタインの光量子仮説の正しさを裏付けた功績により1927年にノーベル賞を受賞しています。ちなみに、コンプトンは後に核兵器開発のマンハッタン計画に関わっています。

質量とエネルギーの等価関係・粒子の波動性

波？　粒子？　どっちなの？

前節では、光子の運動量pを表す式が登場しました。この節では、質量とエネルギーの等価関係、粒子の波動性について説明していきたいと思います。

光子の運動量

前節では、光子の運動量pを表す次の式が登場しました。

光子の運動量；$p〔kg \cdot m/s〕= \frac{E〔J〕}{c〔m/s〕} = \frac{hf}{f\lambda} = \frac{h}{\lambda}$

ここではまず、光子の運動量pがなぜエネルギーEで表現できるのかを説明します。

質量とエネルギーの等価関係

質量m〔kg〕の物体が速度v〔m/s〕で移動する場合の運動量Pは、次のように表すことができます。

$P = mv$ ……………………………………………………………… ❶

ここでアインシュタインの**相対性理論**から得られる質量m〔kg〕とエネルギーE〔J〕の関係を示します。式のcは光速です。

● $E = mc^2$　（質量とエネルギーの等価関係）…………………………… ❷

上の式は、**質量とエネルギーが同じ価値を持つ**ことを表しています。通貨で例えると、円とドルの姿は違えども買い物ができるという面では同じ価値を持ちます。核反応の章で示しますが❷式は、質量がエネルギーに変わったり、エネルギーが質量に変わる場合があることを示しており、常識とは相いれない概念です。

光子のエネルギーE〔J〕を❷を利用して質量m〔kg〕に換算すると$m = \frac{E}{c^2}$と

なります。このことと、光子の移動速度v＝c〔m/s〕を❶に代入すると光子の運動量pは次のように計算できます。

光子の運動量； $p = mv = \dfrac{E}{c^2} \times c = \dfrac{E}{c}$

まさに光子の運動量Pはエネルギーを光速cでの割り算で計算できるのです。

粒子の波動性

86節は、光の粒子性について考えましたが、フランスの物理学者ルイ・ド・ブロイは、次のような仮説を立てます。「波と考えられた光が粒子の性質を持つのなら、電子などの微粒子はもしかして波動性を持ってるんじゃないのか」と。では、その波動性の波長λはどのように計算できるでしょうか？　ド・ブロイは粒子の運動量p＝mvと光子の運動量$P = \dfrac{h}{\lambda}$を＝で結んだのです。

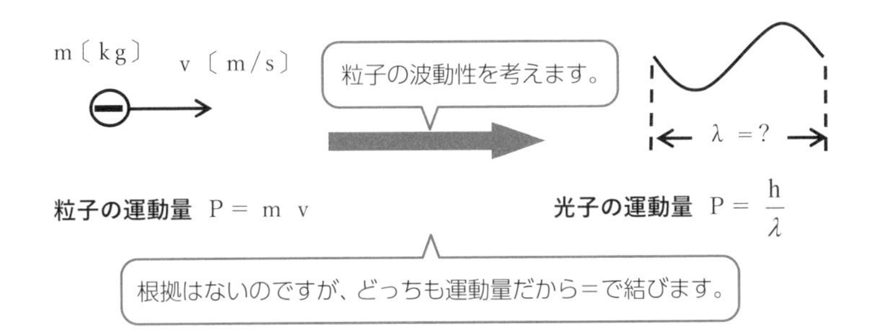

$mv = \dfrac{h}{\lambda}$、この式から波長λを計算すると次のようになります。

> **ド・ブロイの波長公式；** $\lambda = \dfrac{h}{mv}$〔m〕

ノーベル賞受賞の経緯

本節で登場した数式は、1924年に論文提出がありましたが、受け取った教授陣は誰一人理解できなかったようです。ところが唯一、アインシュタインがこの論文を認めた後に、電子線の干渉実験などからド・ブロイの波長公式は合っていることが分かりました。まさに粒子も二重性を持っていたのです。

論文提出の5年後、1929年（世界恐慌の年）にド・ブロイはノーベル賞を受賞しました。

水素原子

量子条件

原子の形といえば、＋の原子核の周りを－電子がぐるぐる回る構造が思い浮かぶと思います。これには大きな欠陥があります。

原子模型の大きな欠陥！

原子の形といえば次の左図のように、＋の原子核の周りを－電子がぐるぐる回る構造が思い浮かぶと思います。この原子模型はイギリスの物理学者**アーネスト・ラザフォード**によって提案されたのです。

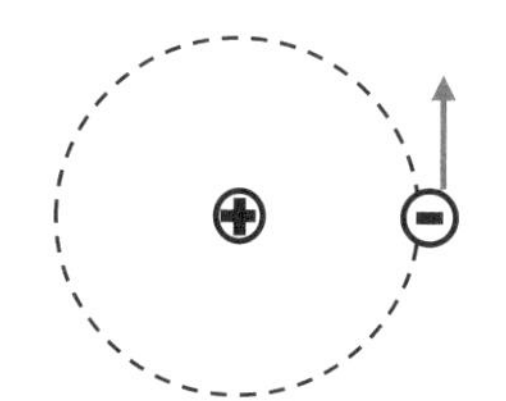

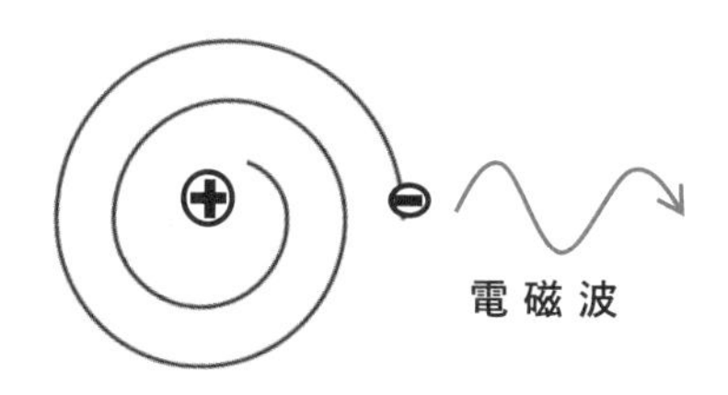

しかし、ラザフォードの原子模型には大きな欠陥があります。原子を横から眺めると電子が単振動するように見えます。これは電流の方向と大きさが変化する状態なので、**電磁波**が生まれます。電磁波はエネルギーを持つので、電子はエネルギーを失い、上右図のように軌道半径が小さくなって原子核に落ち込んでしまいます。つまり、ラザフォードの原子模型は安定した状態を保てないのです。この欠点を解消したのがデンマークの物理学者**ニールス・ボーア**です。

量子条件

最も単純な原子である、水素原子に注目します。水素原子は原子核が電気量＋e〔C〕の陽子、その周りを電気量－e〔C〕、質量m〔kg〕の軌道電子が円運動しています。軌道電子の円運動の半径をr、速さをvとします。もし半径rが定まるならば原子は安定な状態といえます。半径r、速さvが未知数なので２つの式があればr、vともに計算できます。１つ目の式は円運動の運動方程式です。

30節で登場した円運動の加速度aは中心向きで、大きさは$a = \frac{v^2}{r}$と表すことができます。下の図のように、電子は陽子からクーロン力を受けます。64節で登場したクーロン力$F = k\frac{Qq}{r^2}$に$Q = q = e$〔C〕を代入し、円運動の運動方程式を与えると次のようになります。

$ma = F$より、$m\frac{v^2}{r} = k\frac{e^2}{r^2}$ ………… ❶

❶だけでは、r、vが決まりません。そこでボーアは電子の波が軌道上にあると考えます。もし電子の波長：$\lambda = \frac{h}{mv}$が自然数（n＝1, 2, 3…）個収まれば次の図のように電子の波はきれいにつながります。このことを量子条件といい、式で表すと次の❷となります。

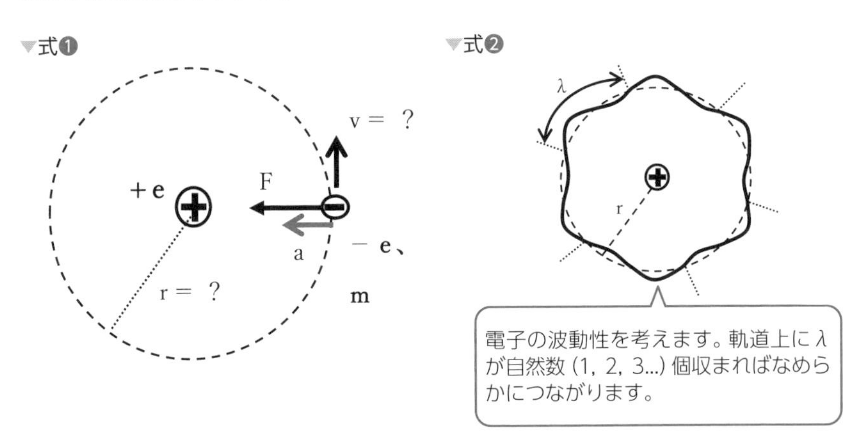

量子条件　$2\pi r = n\lambda = n\frac{h}{mv}$ ………… ❷

❶、❷から速さvを消去して半径rを求めると次のようになります。

$$r = \frac{h^2}{4\pi^2 mke^2}n^2 \quad (n = 1, 2, 3, \ldots)$$

上記の分数式は複雑に見えてただの定数です。大切なのはn^2です。もし分数式が1ならば、軌道半径rは1, 4, 9…〔m〕と、とびとびの値となり安定した原子を説明できます。ボーアは量子条件をはじめとする原子物理学の貢献により1922年にノーベル賞を受賞しています。

放射性元素と放射線崩壊

3種類の放射線の正体

放射線を放出する元素を放射性元素といいます。この節では、放射線元素の崩壊について説明したいと思います。

放射線元素と放射線崩壊

放射線を放出する元素を**放射性元素**といいます。キュリー夫妻が1898年に放射性元素であるラジウムとポロニウムを発見し1903年にノーベル賞を受賞しています。放射線はα線、β線、γ線の3種類あり、原子核から放出されます。不安定な核が放射線を放出後に安定した核に変わるのですが、この現象を**放射線崩壊**といいます。本節では3種類の放射線の正体を考えます。

原子の構造

原子は、原子核とその周りをまわる軌道電子からできています。電子は英語でelectron、電気量が−なので記号でe^-と表します。

原子核は、電気量＋e〔C〕の**陽子**と電気量0〔C〕の**中性子**からできています。陽子はprotonの頭文字でp、中性子はneutronの頭文字でnと表します。

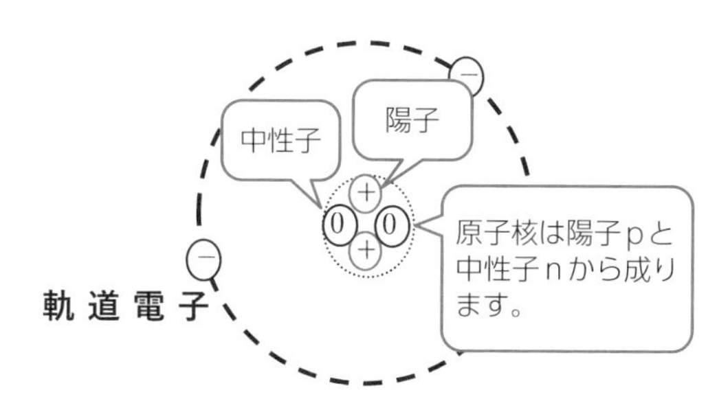

原子核の表し方

原子核の陽子数を**原子番号**：Z、陽子と中性子の合計を**質量数**：Aといいます。原子核は、Z、Aと元素記号X（水素ならH、ヘリウムならHe等）を用いて次のように表します。

放射線原子核の崩壊

❶α崩壊（核からα線が放出）

α線の正体は$^{4}_{2}He$（ヘリウムの原子核）です。α粒子が飛び出すと核の中身は、原子番号Zは2減り、質量数Aは4減ります。

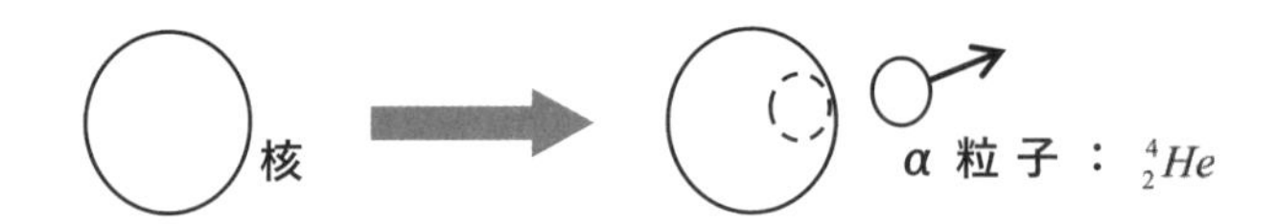

❷β崩壊（核からβ線が放出）

β粒子の正体は電子e^-です。注意したいのは、原子の軌道電子が放出されるのではなく、核から電子が放出されるのです。そもそも核内には、陽子pと中性子nしかないはずなのに不思議な現象です。

β崩壊は、核内で中性子n（電気量0）が陽子p（電気量＋e）に変わる現象なのですが、この際に電子e^-（電気量－e）が生まれると、電気量の合計が0〔C〕に保たれるのです。

核内での現象：中性子n➡陽子p＋電子e^-＋ニュートリノ
（電気量）　0〔C〕　＋e〔C〕　－e〔C〕　0〔C〕

＊上記の**ニュートリノ**は、電気量0〔C〕、質量はほぼ0〔kg〕の**素粒子**という粒子です。ちなみに、岐阜県飛騨市神岡町の鉱山地下1000mにスーパーカミオカンデというニュートリノの検出装置があります。β崩壊では核内の陽子が1コ増えるので、原子番号Zは1増加しますが、中性子1減、陽子1増なので質量数（陽子数＋中性子数）Aは変わりません。

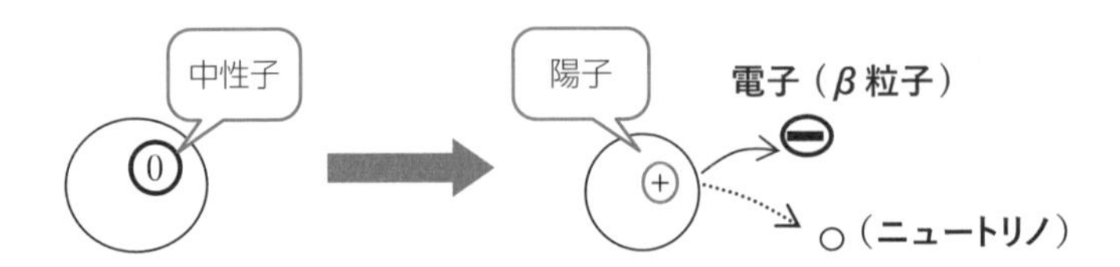

❸γ崩壊（核からγ線が放出）

γ線は85節でも示した通り波長の短い電磁波です。原子番号Z、質量数Aは変化がありません。

放射線の強さ、半減期

透過力と電離作用

前節で、放射性元素から放出されるα線、β線、γ線の3種類の放射線を学びました。ここでは放射線の違いとして透過力と電離作用について考えます。

放射線元素と放射線崩壊

前節では放射性元素から放出されるα線、β線、γ線の3種類の放射線が登場しましたが、本節ではまず、放射線の違いとして**透過力**と**電離作用**について考えます。

透過力とは物質を通過する能力です。α線（^4_2He）は透過力が小さく、1枚の紙で遮断できます。β線（電子）は紙は通過しますが、アルミの板で遮断できます。透過力が一番大きいのがγ線（電磁波）であり、厚い鉛の板でやっと遮断できます。

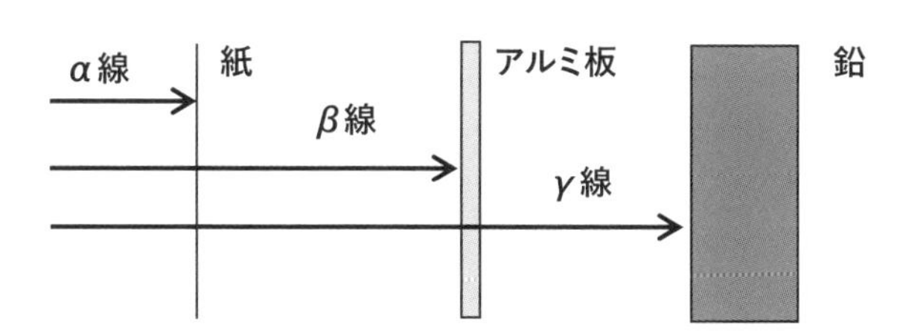

これに対し電離作用とは、放射線が物質にあたるときに物質内の軌道電子を原子核から引き離す作用です。ズバリ物質の破壊力です。

電離作用が最も大きいのがα線であり、これにβ線、γ線が続きます。以上を表にまとめると、次のようになります。

	α線（^4_2He）	β線（電子）	γ線（電磁波）
透過力	小	中	大
電離作用	大	中	小

放射線の単位（ベクレル、グレイ、シーベルト）

放射性物質が放出する放射線の強さは、**ベクレル〔Bq〕**という単位で表します。ベクレルは、**1〔s〕あたりに崩壊する原子核の数**です。例えば、1〔s〕間に200個の原子核が崩壊した場合は、200〔Bq〕と表します。

物質が受け取る放射線の強さは、**グレイ〔Gy〕**で表します。グレイは、**物質1kgあたりが吸収するエネルギー〔Jジュール〕**です。

ところが、同じ1〔Gy〕の強さでも放射線の種類によって人体に及ぼす影響が違います。**人体に及ぼす影響を加味した放射線の強さ**が**シーベルト〔Sv〕**です。

α線は電離作用が大きいのでβ線や、γ線に比べて人体に及ぼす影響が大きいのです。α線1Gyは20Sv、β、γ線は1Gyは1Svに換算して人体に及ぼす影響が評価できます。

半減期：T

放射性原子核は時間とともに崩壊が進むので、個数はどんどん減ります。核の個数がスタートの半分に減少するまでの時間を半減期といい、記号でTと表します。スタートの個数が1600個ならば、半減期T経過すると800個、さらに半減期T経過すると400個と減少します。

半減期Tは原子核の種類で決まる値です。具体的な半減期の例を以下に示します。

$^{238}_{92}U$（ウラン238）；T＝45億年

$^{134}_{53}I$（ヨウ素134）；T＝53分

$^{286}_{113}Nh$（ニホニウム286）；T＝20秒

上記のニホニウムは、理化学研究所で核融合によって生まれた日本人科学者が生み出した新種の原子核です。

炭素14による材木の年代測定

炭素14（$^{14}_{6}C$）の半減期Tは5730年ですが、古い建物等の年代測定に利用されます。炭素14は大気中の二酸化炭素（CO_2）に含まれていますが、植物はその二酸化炭素を取り込み、光合成を行うので植物内の炭素14の割合は大気と同じです。ところが、建造物のために木を切り倒す瞬間から二酸化炭素の取り込みがなくなるので、木材の炭素14は半減期5730年ごとに半減します。ですから古い建物に使われている材木の炭素14の減少量から年代が推定できるのです。

93 核反応

核分裂と連鎖反応

この節では、原子爆弾や、原子力発電は、核反応を通じて質量をエネルギーに変換していることを説明していきます。

質量とエネルギーEの等価関係

本節では核反応を扱いますが、89節で登場した**質量m〔kg〕とエネルギーE〔J〕の等価関係**がカギとなります。

● **質量とエネルギーの等価関係；** E〔J〕= m〔kg〕c^2

原子爆弾や、原子力発電は核反応を通じて質量をエネルギーに変換していることを説明します。

核分裂

次の核反応は、原子力発電所で行われている核反応の一例です。

ウラン235に中性子を当て、クリプトン、バリウムの2つに核が分裂し、3個の中性了が飛び出す**核分裂反応**です。

$$\underbrace{{}^{235}_{92}U + {}^{1}_{0}n\,(\text{中性子})}_{m\,[\text{kg}]} \Rightarrow \underbrace{{}^{144}_{56}Ba\,(\text{バリウム}) + {}^{89}_{36}Kr\,(\text{クリプトン}) + 3\,{}^{1}_{0}n}_{m'\,[\text{kg}]}$$

核反応では、**質量が保存されません**。反応前の質量をm〔kg〕、反応後の質量をm'〔kg〕を比較すると$m>m'$であり、反応前に比べ反応後の質量はわずかに減るのです。減った質量はどうなったのでしょうか？　まず、上記の核反応で生まれたエネルギーをQ〔J〕とします。質量m〔kg〕をエネルギーに換算したmc^2〔J〕を含めたエネルギー保存を与えると次のようになります。

$$mc^2\,[\text{J}] = m'c^2\,[\text{J}] + Q\,[\text{J}]$$

上記をエネルギーQ〔J〕について求めると、次のようになります。

核反応で生まれたエネルギー $Q = (m - m')c^2$〔J〕

つまり、核反応の質量の減少量 $m - m'$〔kg〕は核反応で生まれたエネルギーQ〔J〕に変換されたのです。

ちなみに光速 $c = 3 \times 10^8$〔m/s〕より、式で現れた c^2 は 9.0×10^{16} という非常に大きな数字なので、核反応で生まれるエネルギーは莫大であることが分かります。例えばウラン1gが生み出すエネルギーは石油に換算すると、2000ℓに相当するのです。改めて、ウラン235の核分裂に注目すると核反応後に3個の中性子が発生しています。それぞれの中性子がウラン235に衝突すると同じ反応が起き、これが繰り返されます。このため核分裂反応が3、9、27、81…と、ネズミ算的に増えます。増殖する核反応を**連鎖反応**といいます。

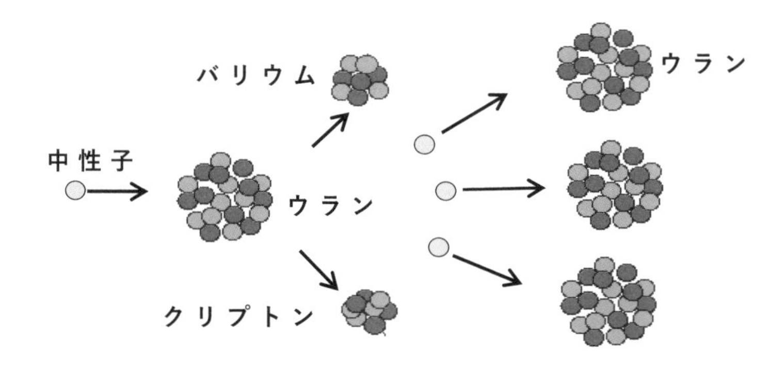

原子力発電所ではこの連鎖反応を常に制御する必要があります。原子力は魅力的ですが一歩間違うと福島原子力発電所のような大事故につながります。

広島の原子爆弾とウラン235による連鎖反応

ウラン235による連鎖反応は、広島に落とされた原子爆弾の核反応とまったく同じものです。1939年にアインシュタインはルーズベルト大統領にウランによる連鎖反応が実現されると強力な爆弾になること、ナチス・ドイツがそれに関わっている内容の手紙を送ります。この手紙が原子爆弾開発のマンハッタン計画の引き金になってしまったことをアインシュタインは生涯最大の過ちとして、その後の人生を平和のために捧げました。

素粒子

湯川秀樹博士の素粒子論

この節では、これ以上切り分けることができない最小単位、素粒子についてご説明します。

最小単位、素粒子

物質を細かく切り分けると段階的に分子、原子、原子核、陽子…などの粒子が現れます。これ以上切り分けることができない最小単位となる粒子を**素粒子**といいます。1930年代には、陽子、中性子、電子が素粒子と考えられていました。

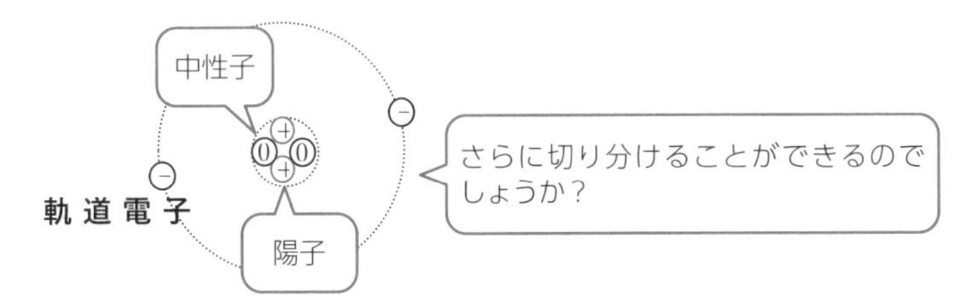

ところがそれ以降、地球に降り注ぐ宇宙線や粒子の加速器による実験から陽子、中性子、電子以外の様々な粒子が発見されたのです。

素粒子論の始まり…湯川秀樹博士

核の中で＋の電荷を持つ複数の陽子の存在は非常に不思議です。なぜなら＋の陽子は互いに反発力が働くからです。原子核は＋の陽子と電気量0の中性子からなり、－の粒子がないのになぜバラバラにならず安定しているのでしょうか？　当然この反発力に逆らって核子（陽子、中性子）を結びつける力が必要となります。

1934年、27歳の湯川秀樹博士は、核子の間で未知の粒子のやり取りによって核子を結びつける力＝**核力**が働くと考えました。博士は未知の粒子の質量を電子の200倍程度と予測したのです。電子と陽子の中間の質量を持つことから、新粒子を**中間子**と名付けました。原子物理学の開拓者であるボーアが1937来日した際に、湯川博士に君は新粒子が好きなのかと苦々しくいったそうです。

ところが、1947年に宇宙線から中間子か観測され湯川博士のアイディアが正しいことが証明され、1949年に中間子論で日本人初のノーベル賞を受賞しました。これ以降、宇宙線の観測からΔ粒子、Λ粒子、Σ粒子などの粒子が100以上見つかったのです。ここから、より基本的な粒子は何かが研究されます。まさに湯川博士によって素粒子論の扉が開かれたのです。

クォークとレプトン

現代物理学では、この世に存在する素粒子は次の6種類の**クォーク**と6種類の**レプトン**に分類されます。

	第一世代	第二世代	第三世代	電気量
クォーク	u アップ	c チャーム	t トップ	$\frac{2}{3}$e
	d ダウン	s ストレンジ	b ボトム	$-\frac{1}{3}$e
レプトン	ν_e 電子ニュートリノ	ν_μ ミューオンニュートリノ	ν_τ タウニュートリノ	0
	e 電子	μ ミューオン	τ タウ	−e

クォークが6種類（3世代）存在することは**小林誠**博士、**益川敏英**博士の両名が発表したのですが、のちにすべてのクォークが確認されたことを受けてノーベル賞を受賞しています。

例として陽子、中性子は次のアップ；uとダウンdの3種類の組み合わせでできています。

$$\text{陽子}\ (+\mathrm{e}) = \mathrm{u}\left(\frac{2}{3}\mathrm{e}\right) + \mathrm{u}\left(\frac{2}{3}\mathrm{e}\right) + \mathrm{d}\left(-\frac{1}{3}\mathrm{e}\right)$$

$$\text{中性子}\ (0\,[\mathrm{C}]) = \mathrm{u}\left(\frac{2}{3}\mathrm{e}\right) + \mathrm{d}\left(-\frac{1}{3}\mathrm{e}\right) + \mathrm{d}\left(-\frac{1}{3}\mathrm{e}\right)$$

レプトンの第一世代に分類されるニュートリノは91節のβ崩壊で登場しましたが、電気量が0で質量もほぼ0なので観測が非常に困難です。小柴昌俊博士主導の岐阜県のカミオカンデが太陽系外で発生したニュートリノを世界で初めてとらえたことで、ニュートリノ天文学の道を開いた業績でノーベル賞を受賞しています。また、ニュートリノに質量が存在する事を**梶田隆章**博士が示しノーベル賞を受賞しています。素粒子論は多くの日本人物理学が関わっていたことが分かります。

索引

あ行

か行

さ行

た行

な行

は行

ま行

や行

ら行

アルファベット・その他

memo

●著者紹介

鈴木誠治（すずき・せいじ）

北海道室蘭市出身。高校教師を経た後、大手予備校で講師をしながら一時期、銀座５丁目で飲食店の経営を行う。
現在は河合塾で首都圏を中心に物理を教える。また、２つの法人の経営を通じてコンサルティングとして、30社以上の法人の立ち上げ経営指導に関わる。また、ベンチャーキャピタルとして出資を行っている。
主な著書
『物理が初歩からしっかり身に付く「力学・熱力学」』
『物理が初歩からしっかり身に付く「電磁気・波動・原子」』
『儲かる物理』（以上　技術評論社）、
『エントロピーの世界』（朝日新聞出版社）

●編集協力　エデュコン

●イラスト　刈屋さちよ

新しい高校教科書に学ぶ大人の教養
高校物理

発行日　2023年　4月　1日　　第1版第1刷

著　者　鈴木　誠治

発行者　斉藤　和邦
発行所　株式会社　秀和システム
〒135-0016
東京都江東区東陽2-4-2　新宮ビル2F
Tel 03-6264-3105（販売）Fax 03-6264-3094
印刷所　三松堂印刷株式会社　Printed in Japan

ISBN978-4-7980-6704-9 C0042

定価はカバーに表示してあります。
乱丁本・落丁本はお取りかえいたします。
本書に関するご質問については、ご質問の内容と住所、氏名、電話番号を明記のうえ、当社編集部宛FAXまたは書面にてお送りください。お電話によるご質問は受け付けておりませんのであらかじめご了承ください。